台灣自然圖鑑 003

臺灣水生植物圖鑑【增訂版】

收錄全臺300種水生植物觀察鑑別重點，
認識水生植物不可或缺的最佳工具書。

李松柏·著

晨星出版

目次 Contents

師法自然──
欣賞、學習、認識水生植物

　　認識李松柏是他在臺大攻讀碩士的時候，雖然木訥但卻常流露出誠懇的眼神。在幾次的閒聊中，得知他的碩士論文是進行：「南仁山區亞熱帶雨林小苗更新之研究」。由於臺灣原生植物的小苗形態少有人研究，於是我就央求、鼓勵他，待學位完成後將這批小苗壓製成標本，並說服本館同仁將此批標本全數蒐藏，作為國立自然科學博物館植物標本館的永久蒐藏品，而松柏也很樂意地將該批標本捐贈之。

　　種子的萌芽是多數植物生長的第一步，但在自然界中，許多原生植物的種子並不像我們浸泡綠豆一樣，幾乎百分之百可以自行萌發生長，有些物種的種子甚至可以經過一、兩年才發芽。種子的形態常常有人觀察、研究，但是剛長葉子的小苗，常常和我們熟識成株的葉子不同。葉子的大小不用說，甚至連形狀、質地、排列等都不相同，不要說是一般民眾，往往是連植物學者在野外看到小苗（10 公分以下）都不認得，更不用說種子發芽後才長出兩、三片葉子。這也是松柏研究結果的重要性，正好可以補充臺灣原生植物長久以來的一大片空白。

　　之後松柏雖然返回龍海國小任教，但他持續在臺灣各地採集（主要偏重水生植物），並陸續將該標本贈送給科博館作永久蒐藏。我們在 1998 年曾一起發表茜草科豬殃殃屬（*Galium*）植物一文；2000 年松柏與臺灣大學植物系謝長富教授共同為臺灣植物誌（Flora of Taiwan）撰寫穀精草科（Eriocaulaceae）植物。隨著工

作、婚姻、家庭，松柏曾奔走於臺北、新竹、臺中之間，但這些並沒阻礙他對水生植物的熱愛，反而他自己或與其夫人曾美雲博士共同出版了數本鄉土教材或科普性書籍，例如《臺中縣濕地與水生植物》、《和水生植物做朋友》等，都可以證明松柏對水生植物的興趣、學識及專業是被肯定的。

坊間其實已經有一些水生植物的書籍，松柏仍出版專書似乎是有點冒險，然而這本圖鑑自有與其他書籍不同之處。在增訂版中，植物種類增加到 300 種，並依照新的分類系統架構調整，除了科名、學名做了部分更動，內容也做了一些修改。石松類植物及蕨類植物參考 TPG（Taiwan Pteridophyte Group, 2019）之架構，被子植物採用 APG Ⅳ 之系統（Angiosperm Phylogeny Group, 2016; Lin & Chung, 2017），植物保育等級以《2017 臺灣維管束植物紅皮書名錄》為基礎，並根據最新研究及野外資訊調整其保育等級。水生植物的浮水性、挺水性、沉水性等「生長類型」，則以簡單圖示作說明，使讀者一眼就可以知道該種植物的類型。本書中還不時穿插一些關於植物分類上的故事、種類間的研究、探討與如何區別相似種，使得原本枯燥的命名問題，在讀者賞閱美麗圖片間不知不覺就增加了許多分類學知識，一些我們平時不會注意到的特徵，在檢索表中就可以清楚觀察到而正確辨別。科學性、實用性、趣味性及學術性兼具，細細地品嚐，慢慢地翻閱，相信讀者們對認識水生植物的功力又可更上一層樓！

國立自然科學博物館植物學組

一雙腳凸遍水生植物處女地

　　也許是今生註定，也許是因緣際會，我與植物結下不解之緣。說是今生註定，是因為我的姓名三字，全與植物相關。回憶起碩士班時參加臺大「竹師校友會」，初見當時就讀中文所的學妹，她與我交談的第一句話就是：「學長，你叫李松柏，又唸植物所，你是生來就註定要唸植物的嗎？」至於因緣際會，是基於踏進水生植物領域，純屬偶然，本非夙願。待在竹師生物社與自然組期間，有機會跟隨許中泰老師參與許多探索生物領域的活動，只是當時興趣尚廣－有段時間，迷戀蕨類；也有陣子，鍾情螃蟹。在生物研究的廣闊世界裡，與水生植物的相遇，尚待機緣……

　　師專畢業之後，家住海線的我，本著男兒志在四方的豪情，並不想即刻返鄉任教，因而選擇到臺中霧峰教書；而師專同窗李進德，就在隔壁小學服務。每逢假日，我便往山裡跑，尋覓令我著迷不已的蕨類植物。一天，進德手握兩株不知名的水生植物來找我，要我鑑定，當時的我著實不知這兩株植物的「身分」，為此只好親自到它們的水生棲地考察一番，並檢索相關資料，而後判定這兩株植物分別是水薤以及萍蓬草，且皆是外來種。這件事促使我跑遍學校附近的水田、溝渠，也無意間發現此地水流是如此清澈晶瑩，棲身其間的水生植物又是這樣地柔韌可愛。所以，自此拋棄「舊愛」，另結「新歡」。在那段年輕的日子裡，騎著野狼摩托車，穿梭鄉間小路，探尋逐水而居的綠色植物，而後憑著並不十分專業的植物學背景與並不充盈的相關文獻，欣喜地進行著自己的水生植物研究之旅。當然，在這過程中，我遇到不少難題與困境，但憑著一份想要把事情弄清楚的執著，我不斷走入田野，累積從採集中所凝聚的點滴經驗，蒐集了世界各地水生植物文獻，結識了許多愛好水生植物的知己，並為深研植物專業而進入臺大植物研究所就讀，於是多年之後，我對水生植物的認知與研究，終能有所突破與提升。光陰荏苒，屈指一算，與這位「新歡」結緣，至今也已超過三十個年頭。

　　1990 年是「水生植物」研究的重要分界點，因為記錄臺灣水生植物的書籍自此相繼出版，令原本模糊的臺灣水生植物狀況，一下子明朗起來。而筆者躬逢其盛，

際會在茲，自然不會在這股臺灣生態意識覺醒的浪潮中缺席。一支筆，一臺電腦，一套攝影器材，一屋子海內外文獻，一雙腳「凸」來的臺灣水生植物標本，以及一腔對水生植物的癡迷愛戀，於是我加入水生植物專書撰作的行列。在撰寫專書與自然教學的生涯中，總有來自各界所提出的五花八門問題，例如：蓮花、荷花與睡蓮；荇菜與黃花荇菜、多穗薰草與雲林莞草、七星山穀精草與連萼穀精草、蘆葦與開卡蘆……等植物，如何區別異同？現有文獻似乎無法給予一個讓人滿意的答案。因此本書在撰寫時，除提供臺灣水生植物完整的「物種資料」之外，在圖片方面儘量力求呈現重要的辨識特徵；而「檢索表」的使用，則希望方便讀者得以獨力進行辨識各類同屬水生植物的異同。憑倚三十年的親身觀察與研究經驗，期盼自己能為懸疑多年的水生植物相關問題，貢獻一己小小私見。只是，想要呈現的東西很多，卻因部分照片或資訊文獻的不易取得，留下些許的遺憾。而筆者的才疏學淺，疏漏難免，還請各界不吝指正。

末了，該是致上感謝話語的時刻，本書得以順利出版，要歸功於許多朋友家人的協助與鼓勵。許多師長及好友慷慨提供寶貴意見及相關文獻，讓我在遇到困難與瓶頸時，得以順利解決，這份扶助之誠，令人感動。至於家父李金鐘先生及家母李紀金于女士，在家中經濟條件並不充裕的情況下，多年來還願意支持我進行他們口中所謂「野草」的研究工作；內子美雲則在繁忙的教學與研究工作之餘，幫忙潤色字句，同時分擔照料峻禎、孟真這一對子女的任務，且不時提供我一些想法與建議，因此這些家人，是我完就此書的最大動力。最後，願將本書獻給我的自然研究啟蒙老師－新竹教育大學已故教授許中泰老師，因為當年有他的引領與啟發，我才有機會徜徉植物的領域裡，進而促成本書的誕生；而他關愛學生、終身奉獻教育的精神，也將在未來的日子中，繼續激勵我，以堅定的步履，在自然教育與植物研究領域中，行行、重行行……

李松柏

2023.7.18 於新竹香山

學名

依據「植物命名法規」，學名應包含屬名、種小名及命名者。以下即針對本書出現的幾種類型加以說明。

1. *Nuphar shimadae* Hayata
   屬名　種小名　命名者

2. *Hydrolea zeylanica*（L.）Vahl ──── 後來訂定的命名者
   屬名　種小名　原來命名者

> 有些學名在其命名者中有出現括號者，此括號內及其後的命名者之來源有二：一為首位命名者放於括號內，將此名移動至他屬者，新的命名者置於括號後；二為分類階級有改動時，原先命名者置於括號內，而移動者置於括號後。

生長類型

依據水生植物是否固定在水底土壤中及植物體和水的垂直狀態關係，分為：漂浮性、沉水型、浮葉型、挺水型、溼生型等五種類型（參見第 16 頁）。

分布

概述該物種的世界分布情況，並說明臺灣目前的分布區域。

形態特徵

包括植株高度、葉形、葉緣、葉基等形態介紹；花冠顏色、形狀、花序，以及果實、種子的外觀等特徵說明，另外針對容易混淆的相似種作解說。

符號意義

依國際自然保育聯盟（IUCN）紅皮書類別及標準，標註各物種的保育等級：EX（滅絕）、EW（野外滅絕）、RE（區域滅絕）、CR（極危）、EN（瀕危）、VU（易危）、NT（接近受脅）、LC（暫無危險）。

水韭科

臺灣水韭
Isoetes taiwanensis DeVol

| 科　名 | 水韭科 Isoetaceae |
| 英文名 | Taiwan quillwort |

| 屬　名 | 水韭屬 *Isoetes* |
| 文　獻 | 張＆徐，1977；DeVol, 1972a、b |

分布

臺灣特有種，只生長於臺北陽明山國家公園七星山的夢幻湖。

形態特徵

多年生沉水性植物，水少時植株會露出水面。葉呈針狀，叢生於基部，長約 10～20cm，樣子有如水中的韭菜，故名水韭。葉子的基部扁平，孢子囊果就生長在這個部位，有大孢子囊果和小孢子囊果之分，且分別長在不同的葉子上。

▲小孢子葉中的小孢　▲大孢子葉可見明顯
子囊細小且多。　　的大孢子囊。

▲在水少的情況下，植株露出水面生長的情形。

60

3. *Eleocharis tetraquetra* Nees *ex* Wight
   表示新學名原為Nees最先提出，但因無正當描述或記載，成為非正當發表之學名，經Wight有效發表，在作者Wight前加*ex*，以示對前人Nees研究的尊重。

4. *Limnophila sp.*
   學名中出現*sp.*表示該物種仍未被鑑定或正式發表。

5. *Cyperus malaccensis* Lam. subsp. *monophyllus*（Vahl）T. Koyama
   學名中出現subsp.表示亞種。

6. *Trapa bicornis Osbeck* var. *taiwanensis*（Nakai）Xiong
   學名中出現var.表示變種。

7. *Polygonum praetermissum* Hook. f.
   學名中在命名者後的f.表示此一植物的命名者為Hooker之子。

植物小事典

位於陽明山國家公園七星山東南坡面的夢幻湖，海拔約860公尺，受地形影響，此處經常雲霧繚繞，如夢似幻，因而被稱為「夢幻湖」。此外，它還有個別稱，叫作「鴨池」，這是因為過去此湖常有候鳥、野鴨集聚於此的緣故。早期夢幻湖只不過是個不起眼的山中水池，知道的人並不多，但自從臺灣水韭的發現，遂使夢幻湖聲名大噪。

從植物地理學角度來看，在臺灣鄰近的中國、日本及菲律賓等地區都有水韭這類植物的發現，臺灣大學植物系棣慕華教授就曾推測臺灣應該也有水韭分布，但始終沒有任何的野外發現。1972年夏天，當時的臺灣大學植物系研究生張惠珠及徐國士，在七星山的鴨池（現稱夢幻湖）發現了水韭，經棣慕華教授的鑑定，將其命名為 *Isoetes taiwanensis* DeVol，直到今天臺灣水韭從未在夢幻湖以外的地方被發現。

水
韭
科

▲孢子囊果生長在葉片基部。

▲葉叢生於基部，細長針狀的葉片，像一株水中的小韭菜。

▼夢幻湖（1992年）。

61

植物小事典

作者對於該物種的研究觀察心得，並整理提供國內外相關研究資訊。

檢索書眉

將草本維管束植物分為蕨類植物、雙子葉植物、單子葉植物作為簡單檢索。

檢索表

針對較為難以辨識的物種，提供檢索表讓讀者得以獨力進行辨識各類同屬水生植物的異同。

什麼是水生植物

什麼是「水生植物」呢？它們和陸生植物有什麼不同？「水生植物」是一個分類學上的專有名詞嗎？

在自然界中水並不是呈兩個極端分布於陸地和水域，而是在陸地和水域之間呈現一種梯度性的變化。從深水區、淺水區到水邊土壤潮溼的地方，各種植物以不同的策略生長在這樣的環境，以適應不同水分梯度的變化。

從水邊往陸地方向，土壤的含水量逐漸減少，植物對水分的依賴也逐漸降低，然而即使是完全生長在陸地上的植物，對土壤水分的需求也不盡相同，有些植物需要較多的水分才能生長，有些則可以生長在乾旱的沙漠

地區。

因此，想要對水生植物下一個明確的定義並不容易，且至今國內外並沒有任何一個明確的定義，可以來界定「水生植物」的範圍。

一般說來，水生植物就是指「生長在水裡的植物」、「比陸生植物更依賴水」，它們並不是單指某一「分類群」的植物，而是泛指「所有生長在水中的植物」，因此像是植物體完全沉浸在水中的金魚藻、葉漂浮在水面的睡蓮、植物體完全漂浮在水面上的浮萍，以及植物體部分伸出水面的荷花，可說是典型的水生植物代表。

▲沉水植物「五角金魚藻」。

▶葉伸出水面的「荷花」。

▼浮葉植物「睡蓮」。

　　除此之外，還有一群植物被稱爲「溼生植物」，雖然它們的莖、葉並不會浸泡在水裡，但是因爲根部生長在潮溼的土壤中，因此經常被歸爲水生植物。然而，土壤中的水分應達到何種程度才稱得上是「潮溼土壤」，長期以來國內外一直都有不同的界定範圍，因此要在這中間做一個很明確的界線，實在很不容易。

　　在這些溼生植物中，茅膏菜科、蓼科、莎草科和禾本科等占有很大比例，因此容易影響到一個地區水生植物名錄的物種數目。

　　廣泛定義的「水生植物」包含了所有生長在水中「無維管束植物」的藻類、苔蘚類及「維管束植物」的蕨類、裸子植物、雙子葉植物、單子葉植物。而本書採用的是一般對「水生植物」的界定範圍，僅限於草本維管束植物，不包括藻類、苔蘚植物及木本維管束植物。

▲生長在潮溼土壤中的溼生植物。

▲水生苔蘚植物。

水生植物的生活型

生活型是指生物適應環境的特殊習性，同一生活型的生物，其形態通常很相似，而且在適應的特點上也頗為類似。

對水生植物來說，水的深淺為影響植物生活型的重要因素。從深水地區到潮溼土地，植物為了適應不同水分程度的環境，發展出各種生活習性，因此如果要更詳細探討微環境對植物生長和分布的影響，對生活型做更精細的劃分是有必要的。

一般將水生植物的生活型，依根部是否固定在水底土壤中分為「漂浮性水生植物」（free-floating plants）及

「根固著性水生植物」（rooted aquatic plants）兩大類。而「根固著性水生植物」可再根據植物體和水的垂直狀態關係，分為四種生活型。

不過生態環境中水的存在並非不變，由於「水量多寡」經常改變，因此植物的生活型也會隨著水位的變化而有所因應，例如：臺灣水韭、瓜皮草等植物在水深的情況下完全沉在水中，但在水較少的情況下則呈挺水生長；石龍尾、瓦氏水豬母乳等沉水植物，在水少時會長出挺水的枝條；小穀精草為溼生植物，但在沉水狀態下卻也生長良好，因此對水生植物生活型的描述，要以當時植物所處的環境狀態來判定，不能一概而論。

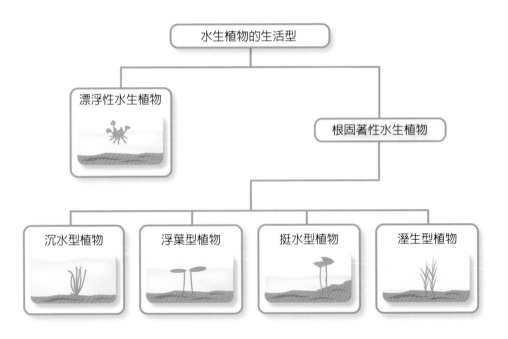

漂浮性植物

　　漂浮性植物又稱浮水植物，植物體完全漂浮在水面上，容易受到水流的影響四處漂流。有些種類具有根部，但根部通常是懸垂在水中，不會固著在水底，例如：青萍、大萍；沒有根部的種類較少，例如：無根萍。

　　漂浮性植物的葉面通常較為寬廣，以增加和水的接觸面，使植物體更容易浮在水面上，例如：水萍、水鱉；或者植株呈蓮座狀，讓整個植物體在水面上能更平穩生長，例如：大萍、布袋蓮。

▲無根萍（旁邊有青萍、卡州滿江紅）。

▶布袋蓮。

▲大萍。

17

沉水型植物

這類植物完全沉浸在水中，植物體的根部固定在水底，莖、葉完全沉沒在水中，例如：水蘊草、簀藻；或者植物體沒有根，植物體是懸浮在水中，例如：黃花狸藻、金魚藻。

沉水植物的身體通常很柔軟，葉片的形狀較爲細長、厚度較薄，以因應水位高低的變化，或在快速的水流中，以柔軟的身軀隨著水流擺動。

▲簀藻的葉薄而柔軟，一般在水田或是沼澤皆可看見。

▲金魚藻。

浮葉型植物

植物體的根部固定在土壤中，葉由細長而柔軟的葉柄支撐漂浮於水面，柔軟的葉柄能夠在水位改變的時候彎曲或伸展，使葉片保持浮在水面。例如：田字草、芡、王蓮、睡蓮、臺灣萍蓬草、水金英等。

▲睡蓮是常見的浮葉型植物。

▼克魯茲王蓮大型的浮水葉。

▲荸薺。

挺水型植物

　　植物體僅根部或極少部分生長在水中，莖或葉挺生於空氣中。由於部分植物體是伸出水中，因此植物體的支持性較高，和陸生植物很類似，並不會像沉水植物那樣的柔軟，例如：荷花、粉綠狐尾藻、荸薺、蘆葦。

▲蘆葦。

溼生型植物

　　植物根部生長在潮溼的土壤中，植物體並沒有浸泡在水中。這類的植物只是根部所生長的土壤含水量較高而已，因此在各方面的特徵都和陸生植物差不多，不過水分飽和的潮溼土壤仍然是它們最佳的生長環境，例如：水丁香、田蔥、香蒲等。

▲水丁香。

▲田蔥與莎草科植物。

19

水生植物的生態特性

水生植物在生活上與水脫離不了關係，由於植物體全部或一部分浸泡在水中，因此面臨到最大的問題就是如何在水中獲得足夠的「空氣」；而植物體如何在湍急的水流或波浪中隨波逐流，也都是水生植物所要面對的問題。

水生植物為了讓它們可以更能適應水中的生活環境，在形態和構造上發展出一些變化，例如：蓼科的紅花穗蓼、小二仙草科的聚藻和車前科的石龍尾，雖各屬於不同的分類群，但都具有相似的羽毛狀或掌狀沉水葉；睡蓮科的睡蓮及臺灣萍蓬草、睡菜科的莕菜、澤瀉科的冠果草、水鱉科的水鱉等也具有相似的圓心形浮水葉。

▲石龍尾屬植物的沉水葉。

▲睡蓮科的臺灣萍蓬草。

▲睡菜科的龍骨瓣莕菜。

葉形的變化

沉水葉 Submerged leaves

水生植物長期浸泡在水中，水就是它們最好的支持和依靠，由於它們不需要像陸生植物一樣有發達的支持組織來支撐植物體，所以通常水生植物的身體較爲柔軟。

就所有水生植物來說，它們的葉子和陸生植物一樣，有各種不同的形狀。然而，對於沉水植物而言，爲了減緩水流對植物體造成的衝擊，植物的葉子通常呈線形、絲狀或羽狀裂葉，莖、葉也都較柔軟，除了減少水的阻力，也增加植物體在水中接受光線和空氣的表面積。

植物生長在陸地上，水分會不斷的從葉面散失，因此陸生植物的葉片通常較厚，表面具有蠟質的表皮層，可以減少水分散失；而沉水植物就沒有這個問題，其葉片通常只有數層細胞厚，或者只有上下兩層細胞，水分可以直接透過細胞膜進入細胞中。

▲柳絲藻的線形葉。

▲流蘇菜絲狀的沉水葉。

▲長柄石龍尾的羽狀裂葉。

浮水葉 Floating leaves

　　浮葉或浮水的植物，葉片大多呈較寬闊的形狀，如圓形、橢圓形或心形等，這樣可以使它們更平穩的浮在水面上而不會翻覆。這類的植物體通常也都具有發達的氣室，藉著空氣的浮力使植物更容易浮在水面上，例如：布袋蓮、水鱉。而像睡蓮、芡等植物，葉片的下表面通常有明顯隆起的葉脈，這些葉脈中不僅有發達的通氣組織幫助漂浮，也有助於減緩水面的波浪；王蓮的葉緣向上反摺，一般也認為和增加浮力及減緩水中的波浪有關。

▶布袋蓮膨大的葉柄可幫助植物體漂浮水面。

◀王蓮葉子的直徑可達 2 公尺左右，葉緣向上摺起，有足夠的浮力承載約 80 公斤的重量。

▼芡葉下表面葉脈明顯隆起。

▌異型葉 Heterophylly

　　異型葉的發展在水生植物中也很常見，例如：眼子菜同時具有絲狀的沉水葉和橢圓形的浮水葉；異葉水蓑衣的沉水葉細裂成羽狀，挺水葉則呈橢圓形。瓦氏水豬母乳沉水時葉片數目變得更多，形狀也較細長；長出挺水枝條時，葉片則呈長卵形。石龍尾屬植物的挺水葉通常比沉水葉為寬，異葉石龍尾的挺水葉甚至呈長橢圓形，和纖細的羽狀葉外形完全不同。紅花穗蓴的沉水葉細裂成掌狀，浮水葉為線狀橢圓形，沉水葉長相和石龍尾的沉水葉很相似。

　　基本上，不論是哪一類型的水生植物，沉水葉通常較細，而挺水葉或浮水葉則較寬。部分水生植物的生長幼期，也常以較細長的沉水葉形態出現，例如：浮葉性植物冠果草成熟期的浮水葉為卵圓形，幼期葉（juvenile leaves）則為帶狀；挺水性的鴨舌草和三腳剪，幼期葉也都為帶狀；沉水的水車前草幼期葉也較細長，成熟植株葉片則呈寬卵形。

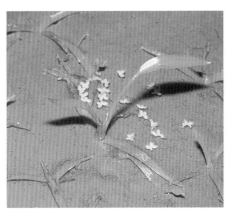

▲鴨舌草幼期植株的葉形呈帶狀。

▲冠果草的幼期植株。

▲多花鴨舌草挺水生長時葉形呈卵狀。

通氣組織

　　水生植物生活在水中，成功的發展出稱為「氣室」（air spaces）的「通氣組織」，這些氣室可以把空氣儲存在裡面，以解決水生植物生長在水中缺少空氣的問題。

　　荷花是大家最熟悉的例子，它的地下莖「蓮藕」中就有許多氣洞；布袋蓮、菱角膨大的葉柄，兼具儲存空氣和幫助漂浮的功能；水鱉的葉下表面中間區域，有一處像蜂窩狀的通氣組織；水禾的葉鞘成為氣囊狀；睡蓮的葉柄中也可以明顯看到許多通氣組織的孔道。

　　以上這些是較為明顯的例子，而在植物其他部位或是不同的水生植物，只要細心去觀察都不難發現水生植物發達的通氣組織，它們共同的目的，都是為了要因應生活在水中對空氣需求所產生的變化。

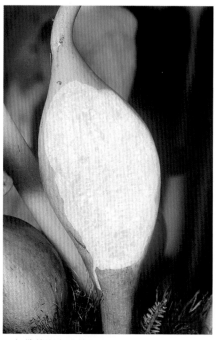

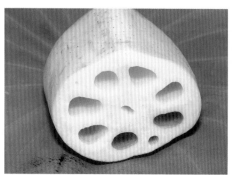

▲蓮藕的氣洞。

▲布袋蓮膨大的葉柄中有許多氣室。

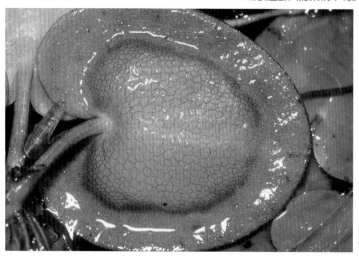

◀水鱉葉下表面蜂窩狀的通氣組織。

根部的功能

陸生植物的根兼具吸收和固著的功能,而水生植物由於長期生活在水中,身體直接和水接觸,植物體可以直接從水中吸收水分和養分,特別是那些沉水植物,因此水生植物根部吸收物質的功能就顯得不那麼重要,其主要功能則是在固定植物體。

生長在水中的水生植物容易被水沖走,因此水生植物常在莖節的地方長出不定根(adventive roots),一方面藉由抓住土壤以保住植物體不被沖走;另一方面,這樣的不定根也可讓植物體的頂端不斷向前生長,達到擴展族群的目的。

對於那些自由漂浮的水生植物,根部並沒有固著在水底,而是懸垂在水中,通常這些植物的根部對植物體的平衡會有一些幫助,使植物體不致於翻覆,例如:布袋蓮、大萍等植物,這些漂浮植物的根系通常很發達,有時根系的比例遠遠超過上端莖葉的比例。

▲布袋蓮發達的根系。

▼浮萍懸垂在水中的根系。

25

▲水丁香的氣生根。

　　有些植物更發展出氣生根（air roots），以因應缺乏氧氣的土壤和水中，例如：白花水龍和臺灣水龍在莖節地方，會有向水面生長的白色紡錘狀氣生根；水丁香也會從土中或水中長出一條一條白色的氣生根，這些氣生根中的海綿組織都非常發達，除了促進氣體的吸收之外，對增加浮力也有很大的幫助。

▶臺灣水龍的氣生根。

傳粉的多樣性
▌風力及動物

　　水生植物是一群原已演化為適應陸地上生活的植物，因為受到環境變化的影響，使它們再度改變本身的植物體去重新適應水中環境。

　　由於它們有性生殖的方式還是保留其祖先在陸地生活時的方式，因此水生植物雖然生長在水中，但它們的花通常還是開在水面上，然後藉由昆蟲、風等力量來傳粉，達到開花結果的目的，例如：聚藻、石龍尾、水蘊草、簀藻等沉水植物的花都是挺出水面，透過風力或動物來達到傳粉的目的。

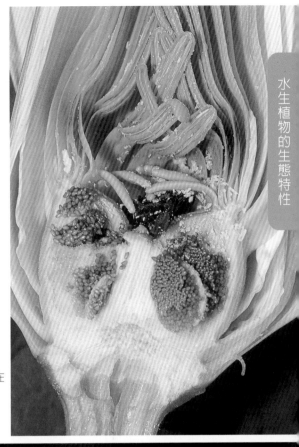

▶一隻昆蟲訪花後被困在睡蓮的花朵中。

▼印度莕菜的花朵吸引昆蟲訪花傳粉。

水力

水生植物生活在水中，因此傳粉一定少不了水這個重要媒介，例如：金魚藻、甘藻、茨藻等沉水植物的花都生長在水中，其傳粉完全在水中進行，水流就扮演極為重要的角色。而有些沉水植物如水王孫、苦草等則是把雄花完全釋放，使它自由漂浮在水面上，而雌花則會將長長的花梗伸到水面上，然後藉由風力或水流讓雄花和雌花靠近，以達到傳粉的目的。

▲水王孫的雄花靠水流四處漂浮。

閉花授粉

自然界中有些植物的花並不會伸出水面，也不打開，而是以花苞的形態在水中成長，裡面的花粉自行和雌蕊進行授粉的作用，產生果實和種子，這種方式稱為「閉花授粉」。這樣的情形在水生植物中很常見，對於水位和水流速度經常變化的水中環境，用這種方式可以確保順利完成繁殖的目的，例如：茨、石龍尾等植物。

▲生長在流水中的長柄石龍尾，經常以閉花授粉方式在水中結果。

▲茨亦會在水中進行閉花授粉。

繁殖的策略

有性生殖 Sexual reproduction

　　有性生殖是大多數植物採取的方式，植物開花、結果、產生種子，種子被散播出來，再萌發為新的植物體，這樣的過程和陸生植物並沒有什麼不同，只是水生植物生活在水中，水自然就成為它們散播種子重要的機制。

　　較特別的是有些植物的花是伸出水面上來，但在完成授粉後，果實則是在水中成熟，例如：布袋蓮、大萍、莕菜屬、菱角、睡蓮等植物。以布袋蓮為例，它把花軸抽長在空中，花期大約只有一天的時間，第二天花軸便以 180 度的角度向下彎，使花序接觸到水中，然後果實在水中成熟。睡蓮的花期約有三至四天，花開完後花軸會像螺旋一樣，將花朵拉入水中，莕草的雌花也有類似現象。

▲布袋蓮的花序在清晨開始綻開。

▲開完花後布袋蓮的花軸向下彎曲。

一般這些水生植物的果實在水中成熟後，便將種子釋放在水裡，接著這些種子會沉到水底等待適當的光線和溫度，然後在水中發芽成長。但有一些植物的種子被釋放出來後，並不會立即沉到水中，而是藉由種子上特殊的構造，讓種子漂浮在水面上一段時間再沉到水底，這種方式可以確保植物族群被散播出去，並減少和自己的競爭，例如：臺灣萍蓬草、荇菜、睡蓮等植物。

▲臺灣萍蓬草成熟裂開的果實。

▼小荇菜的種子從果實中散出後會暫時漂浮在水面上。

▲臺灣萍蓬草具有粗壯的地下走莖。

▲香蒲發達的地下走莖。

無性繁殖 Asexual reproduction

1. 地下根莖與走莖 Rhizomes and Stolons

　　無性繁殖在水生植物中扮演的功能，並不亞於有性繁殖的方式，這與水中環境的不確定性有很大關係，藉由無性繁殖的方式，植物可以有效且快速的達到擴展族群以及延續生命的目的，例如：浮萍類從葉狀體旁邊長出新的葉狀體，脫離之後又是一新的獨立個體。

　　以地下根莖或走莖來繁殖，在陸生植物和水生植物都很常見，例如：田字草、荷花、臺灣萍蓬草、蘆葦、香蒲等都具有發達的地下根莖；布袋蓮、大萍、水鱉等具有生長旺盛的走莖，能使個體數目快速增加。

▲布袋蓮以走莖行營養繁殖。

31

臺灣水生植物的多樣性

臺灣的水生植物有多少種？就如同前面所談的，由於我們無法對水生植物做一個明確的定義，所以對於一個地區水生植物的種類，會因不同的研究者而有很大差異，而溼生植物常是決定一個地區水生植物名錄的關鍵。

根據統計，臺灣的水生植物有 72 科 177 屬 452 種（表1），包括石松類、蕨類植物 13 科 20 種、雙子葉植物 40 科 209 種、單子葉植物 19 科 223 種，其中包含歸化植物 60 種（13.27%）、栽培植物 23 種（5.10%），原生種類則有 369 種（81.64%）。全世界水生植物比例不超過被子植物種數的 1%，而臺灣水生植物約占被子植物數量的 8.69% 左右，可見臺灣水生植物資源的豐富性，其中以雙子葉植物的車前科（26 種）、蓼科（25 種）、千屈菜科（20 種）及單子葉植物的莎草科（110 種）、禾本科（26 種）、水鱉科（22 種）等含有較多的種類。

雖然原生的種類占有很高比例，然而屬於臺灣特有的水生植物卻只有 24 種（表2），僅占所有水生植物種類的 5.31%，相對於臺灣所有維管束植物種類特有種的比例約 26.2%，水生植物特有種的比例明顯偏低。

▲臺灣水薤。

▲長柄石龍尾。

▲臺灣萍蓬草。

表 1. 臺灣水生植物數量一覽表 Number of taxa in the aquatic plants of Taiwan

類別	科	屬	種數				
			原生	歸化	栽培	合計	比例（%）
石松類	3	3	3	0	0	3	0.66
蕨類	10	14	15	2	0	17	3.76
其他雙子葉植物	4	8	10	2	1	13	2.88
真雙子葉植物	36	73	146	42	8	196	43.36
單子葉植物	19	79	195	14	14	223	49.34
合計	72	177	369	66	23	452	

表 2. 臺灣特有種水生植物 Endemic species of the aquatic plants in Taiwan

科別	種類	分布
水韭科 Isoetaceae	臺灣水韭 *Isoetes taiwanensis* DeVol	陽明山國家公園七星山夢幻湖
爵床科 Acanthaceae	大安水蓑衣 *Hygrophila pogonocalyx* Hayata	臺中、彰化地區
	宜蘭水蓑衣 *Hygrophila sp.*	宜蘭
	南仁山水蓑衣 *Hygrophila sp.*	墾丁國家公園南仁湖
繖形科 Apiaceae	翼莖水芹菜 *Oenanthe pterocaulon* Liu, Chao & Chuang	全島零星分布（宜蘭、臺北、 新竹、南投、嘉義、花蓮）
苦苣苔科 Gesneriaceae	玉玲花 *Whytockia sasakii* （Hayata） B. L. Burtt	宜蘭、臺北、桃園、新竹、南 投、嘉義、花蓮
千屈菜科 Lythraceae	玉里水豬母乳 *Rotala taiwaniana* Liu & Lu	花蓮玉里
	臺灣菱 *Trapa taiwanensis* Nakai	臺南、高雄
睡菜科 Menyanthaceae	龍潭莕菜 *Nymphoides lungtanensis* Li, Hsieh & Lin	桃園龍潭
睡蓮科 Nymphaeaceae	臺灣萍蓬草 *Nuphar shimadae* Hayata	桃園、新竹
車前科 Plantaginaceae	雷文氏水馬齒（細苞水馬齒） *Callitriche raveniana* Lansdown	臺北烏來
	桃園石龍尾 *Limnophila taoyuanensis* Yang & Yen	桃園、宜蘭
	屏東石龍尾 *Limnophila sp.*	屏東五溝水
	絲葉石龍尾 *Limnophila sp.*	宜蘭、桃園、嘉義、花蓮
報春花科 Primulaceae	玉山櫻草 *Primula miyabeana* T. Itô & Kawak.	全島中高海拔
毛茛科 Ranunculaceae	掌葉毛茛 *Ranunculus cheirophyllus* Hayata	全島中高海拔
	蓬萊毛茛 *Ranunculus formosa- montanus* Ohwi	全島中高海拔
水蕹科 Aponogetonaceae	臺灣水蕹 *Aponogeton taiwanensis* Masam.	臺中清水
莎草科 Cyperaceae	白穗飄拂草 *Fimbristylis shimadana* Ohwi	宜蘭、臺南、屏東
	臺南飄拂草 *Fimbristylis tainanensis* Ohwi	雲林、嘉義、潭南、高雄、屏 東、花蓮、臺東
穀精草科 Eriocaulaceae	七星山穀精草 *Eriocaulon chishingsanensis* Chang	陽明山國家公園七星山夢幻湖
	松蘿湖穀精草 *Eriocaulon sp.*	新北烏來松蘿湖
燈心草科 Juncaceae	郭氏燈心草 *Juncus kuohii* M. J. Jung	南投合歡山
	玉山燈心草 *Juncus triflorus* Ohwi	宜蘭、新竹、臺中、南投、嘉 義、臺東

臺灣水生植物的多樣性

分析臺灣的水生植物在全世界分布的情形（表3），可以看出廣泛分布種占38.05%，其次東亞的成分占13.72%，熱帶亞洲至東亞的成分占11.28%，熱帶亞洲的成分占10.84%，熱帶的成分占8.63%，美洲的成分則占9.51%。其中屬於亞洲地區的三個成分之總合則有35.84%，這個比例與世界廣泛分布的比例相近，可見臺灣水生植物除了廣泛分布種之外，亞洲成分的物種占有重要的地位，特別是從印度、馬來西亞、菲律賓、中南半島、中國東部及東南部、日本等地區。

◀原產南美洲的水蘊草在臺灣各地溝渠中很常見。

▲來自南美洲的布袋蓮已經成為全世界水域最常見的水生植物。

▲翼莖闊苞菊原產南美洲，已歸化臺灣全島各地。

表 3. 臺灣水生植物的世界分布類型 World distribution of the aquatic plants in Taiwan

分布類型	種數	比例（%）
熱帶 Tropical	39	8.63
熱帶亞洲 Tropical Asiatic	49	10.84
東亞 Eastern Asiatic	62	13.72
熱帶亞洲至東亞 Tropical Asiatic to Eastern Asiatic	51	11.28
美洲 America	43	9.51
世界廣泛分布 Cosmopolitan	172	38.05
特有種 Endemic	24	5.31
其他 Other	12	2.65

　　而在熱帶成分、世界廣泛分布種及其他類型中，有很多的種類是分布於非洲及澳洲地區；如果再把前面的亞洲成分一起來看，不難發現臺灣的水生植物分布類型，是和從非洲、印度至中南半島、馬來西亞、菲律賓、太平洋島嶼至澳洲這整個區域有很大的共同性。而屬於美洲的成分比較少，其中又包含了一些歸化及栽培的種類；倒是一些種類如：箭葉蓼、小葉四葉葎、白刺子莞、彎果茨藻、纖細茨藻等的分布是在東亞及北美或歐洲、東亞與北美之間有不連續分布的現象，種類雖然不多，但在植物地理分布上則有它特殊的意涵。

▶白刺子莞在美洲及臺灣與其鄰近地區呈不連續分布，其在臺灣僅發現於鴛鴦湖。

▲水杉菜過去曾為日本特有種，在臺灣發現於桃園及新竹一帶。

基本上臺灣的植物成分以熱帶物種居多，而屬於溫帶的成分則較少，在東亞成分中分布於東北亞，從臺灣、日本至韓國、中國東北及西伯利亞等地區較北方的種類也不多（表4），例如：菱、日本簀藻、疏稈水毛花、烏蘇里聚藻、地筍、水杉菜、小苔菜、卵葉水丁香、長戟葉蓼、毛澤番椒、澤番椒、擬紫蘇草、長柄石龍尾等，其中過去為日本特有種的水杉菜，在臺灣野外也被發現。

▶烏蘇里聚藻是分布於東北亞地區的溫帶種類，臺灣目前野外族群極為少見。

另外值得注意的是烏蘇里聚藻、水杉菜、澤番椒等較北方溫帶的種類，僅出現在臺灣北部的桃園及其鄰近的新竹地區，臺灣特有的臺灣萍蓬草也只分布於這個區域，而產於新竹的冠果眼子菜也出現在這裡，可以看出桃園及其鄰近的新竹這個地區的特殊性。

表 4. 六種分布類型植物成分舉例

世界廣泛分布	熱帶	南亞	東亞	東北亞	東喜馬拉雅
金魚藻	鹵蕨	小獅子草	分株假紫萁	菱	半邊蓮
聚藻	毛蕨	柳葉水蓑衣	窄葉澤瀉	小莕菜	圓葉澤瀉
牛毛顫	海馬齒	瓦氏水豬母乳	五角金魚藻	地筍	蔓蘘荷
蘆葦	南方狸藻	黃花莕菜	水蔥	水杉菜	單穗薹
青萍	絲葉狸藻	龍骨瓣莕菜	臺灣水龍	卵葉水丁香	聚生穗序薹
大茨藻	白花水龍	異葉石龍尾	連萼穀精草	冠果眼子菜	鏡子薹
馬藻	過長沙	田香草	長箭葉蓼	毛澤番椒	尼泊爾穀精草
龍鬚草	尖瓣花	異萼挖耳草	異匙葉藻	澤番椒	小葉燈心草
角果藻	覆瓦狀莎草	探芹草	微齒眼子菜	烏蘇里聚藻	鴛鴦湖燈心草
流蘇菜	李氏禾	水禾	線葉藻	長柄石龍尾	東亞黑三稜

　　此外臺灣也存在一些東喜馬拉雅的植物成分，例如：半邊蓮、圓葉澤瀉、蔓蘘荷、單穗薹、聚生穗序薹、鏡子薹、尼泊爾穀精草、小葉燈心草、鴛鴦湖燈心草、東亞黑三稜等，在臺灣這些種類大部分都分布於海拔較高的地方或山區，這些植物的存在可能與過去第四紀冰河期有很大的關係。

▶ 毛蕨為熱帶的植物成分。

▶東亞黑三稜為東喜馬拉雅植物成分的一員。

▲鴛鴦湖燈心草目前僅發現於印度錫金及臺灣鴛鴦湖地區。

▲蘆葦廣泛分布於全世界溫帶及熱帶地區。

41

▲過長沙為熱帶分布的植物。

▲瓦氏水豬母乳為南亞分布類型的植物。

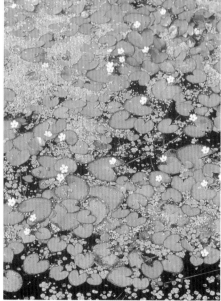

▲龍骨瓣莕菜主要分布於南亞地區。

形成臺灣水生植物資源豐富的因素，與臺灣所處的地理位置有很大關係。臺灣是一個海島，在地理位置上處於溫帶與熱帶的交界，且位於中國、日本、琉球、菲律賓的樞紐位置，因此植物的傳播很自然的會經過臺灣，使得各個地區的植物在臺灣匯集，再加上島上高山林立，約有 2／3 的面積為山地，從平地到高山，形成了熱帶、溫帶、寒帶等氣候類型，由於這樣的地理位置和海拔高度的垂直變化，造就了臺灣豐富而多樣的植物相。

　　對水生植物而言，臺灣的山勢陡峭，河川短而湍急，並不太適合水生植物生長，但是散布在各地的大小湖沼、溪流、溝渠、水塘、水田、溼地等環境，提供了水生植物更多樣而豐富的生育環境。

　　另外，由於臺灣位於鳥類東亞遷徙的路線上，每年候鳥由西伯利亞、華北、東北、韓國、日本來到臺灣，或從南方的中南半島、廣東、廣西、菲律賓等地區來到這裡，使得臺灣成為這條路線上候鳥的中繼站，而南來北往的候鳥將不同地區的水生植物種源帶至臺灣，讓臺灣蘊含了相當豐富的水生植物，其包含熱帶和溫帶的種類就超過四百種以上。

▼菱分布於東北亞地區。

臺灣水生植物的生育環境

臺灣從海邊至海拔 3000 公尺地區，都可以發現到水生植物的蹤跡。海拔 1000 公尺以下，是臺灣水生植物主要的生育環境，例如：以前南投縣的日月潭、現今宜蘭縣的雙連埤、陽明山國家公園的夢幻湖和屏東縣南仁湖等地區，都有豐富的水生植物資源；2000 公尺以下地區則是臺灣水生植物主要的分布區域，例如：新竹縣尖石鄉海拔 1670 公尺的鴛鴦湖、宜蘭縣南澳鄉海拔 1100 公尺的神祕湖，是目前臺灣水生植物相保存最完整的地方。

在臺灣 2000 公尺以上地區的水生植物種類並不多，宜蘭縣 2000 公尺左右山區的加羅湖群，以水毛花、燈心草、鏡子薹等挺水或溼生植物為主；阿里山姊妹潭是水馬齒分布海拔最高的地方。海拔 2200 公尺以上至 3200 公尺高山地區，在開闊草生地中積水的水窪溼地，或是高山湖泊岸邊附近潮溼的地方，聚生穗序薹是生長在此種環境中常見的水生植物，也是臺灣分布海拔最高的水生植物。

從平面的角度來看，從南到北、從西海岸至東海岸、從山區到海邊，都能找到水生植物的蹤跡，湖泊、池塘、溪流、溝渠、水田、沼澤溼地，以及海岸潮間帶等，各式各樣的水、溼生環境，孕育了臺灣豐富的水生植物資源。

▲臺灣多樣的水域環境蘊育多樣的水生植物（屏東縣五溝水）。

▲分布於海拔 1670 公尺鴛鴦湖中的疏稈水毛花。

湖沼

　　臺灣有水生植物分布的湖沼，主要位於北部及東北部地區，中部及南部則僅有日月潭及南仁湖。由於目前臺灣許多水生植物的生育環境已經消失或已不利它們生存，因此這些湖泊是臺灣水生植物最佳的生育環境，未來也可能成為這些水生植物最後的庇護場所。

　　臺灣高海拔地區的湖沼，基本上湖中沒有水生植物生長，僅在湖邊潮溼的地方有聚生穗序薹生長，例如海拔 3210 公尺的大水窟池，而這類位於臺灣山區的池沼雖不算典型的湖泊，此處還是依一般習慣，把這些水域包含在此作介紹。

　　中海拔地區除前面所提的加羅湖群之外，鴛鴦湖是目前臺灣最典型具代表性的湖泊，此湖不僅擁有豐富的水生植物資源，且具有許多溫帶及東喜馬拉雅的植物成分；松蘿湖海拔約 1300 公尺，因水位變化很大，湖中並沒有水生植物生長，僅湖邊潮溼的地方生長一些蓼科、燈心草科、莎草科及穀精草科等溼生性植物。

▲鴛鴦湖是臺灣中海拔水生植物生育環境的代表。

▲鴛鴦湖的水生植物具有許多溫帶及東喜馬拉雅的植物成分（東亞黑三稜）。

▲中嶺池中生長有大量的蓴菜族群。

海拔 1000 公尺左右的湖沼，以宜蘭南澳神祕湖的水生植物資源最豐富，其水生植物相並不亞於鴛鴦湖，除了也有東亞黑三稜分布之外，眼子菜科的微齒眼子菜及線葉藻都僅在神祕湖發現。宜蘭縣的中嶺池（海拔 900 公尺）及崙埤（海拔 800 公尺），是臺灣近年來發現有蓴菜和菱最大族群生長的地方；陽明山國家公園的夢幻湖（海拔 860 公尺），因有臺灣水韭的發現而聲名大噪。

海拔 700 公尺以下的湖沼，南投縣的日月潭是典型代表，過去曾是臺灣水生植物最豐富的湖泊之一，但因日治時期水利工程的施工，導致豐富的水生植物如茭、子午蓮、鬼菱等從此消失，如今湖中早已看不到水生植物的蹤影。

▼夢幻湖因有臺灣水韭而聞名。

　　而位於宜蘭縣員山鄉的雙連埤（海拔約 500 公尺），其水生植物相就好像是當年日月潭的縮影，主要有菱、絲葉石龍尾、蓴菜等水生植物，浮島上則有克拉莎、馬來刺子莞、三儉草等溼生型的植物。汐止新山夢湖（海拔約 300 公尺）為一天然水道堵塞形成的水域，湖面不大，水生植物主要分布於入水口的一端，例如大葉穀精草、荸薺、黃花狸藻等挺水或沉水植物，而南部則以位於屏東縣滿州鄉墾丁國家公園的南仁湖（海拔 320 公尺）為代表，南仁湖除前面的古湖為天然之外，其餘原為水田，後來經人工圍堵積水成今日的面貌，湖中水生植物有瓦氏水豬母乳、小莕菜、水紅骨蛇、紫蘇草等植物，不過現今李氏禾大量入侵，許多水生植物已逐漸消失。

▲雙連埤是臺灣低海拔重要的水生植物生育環境。　▲南仁湖有豐富的水生植物資源。

▲ 1994 年南仁湖的景觀。

47

水庫

　　人工興建的水庫在施工時，原來生長在這裡的水生植物遭受到破壞，但過了一段時間之後，一些水生植物還是會被帶進來，其中以蓼科、開卡蘆、水燭等植物為主；也有一些水生植物是人為丟棄，最常見的如布袋蓮和大萍等。新竹縣峨眉鄉的大埔水庫中就有大量的布袋蓮與大萍；新竹市的青草湖除了布袋蓮和大萍之外，還有香蒲、水燭、開卡蘆等，種類相當多；花蓮縣吉安鄉的鯉魚潭則有許多蓼科植物種類生長；高雄美濃中正湖原以灌溉為主要功能，湖中亦有大量的布袋蓮及大萍生長。

▲新竹縣峨嵋鄉大埔水庫中的大萍及布袋蓮。

▼新竹市的青草湖生長大量的布袋蓮、大萍及開卡蘆，也加速了水庫的淤積。

▲桃園龍潭地區的埤塘可見特有的臺灣萍蓬草。

水塘

　　本島各地分布許多大大小小的水塘，昔日作爲灌漑、養魚之用，現今這些功能可能已經消失，卻成爲水生植物重要的生長場所。水塘中常見的水生植物有聚藻、水王孫、馬藻、金魚藻、茨藻科植物等沉水性植物，其中桃園地區的埤塘最具代表性，因爲在上千個埤塘散布的桃園臺地上，孕育了臺灣特有的水生植物臺灣萍蓬草，還有其他四、五十種水生植物生長。

　　在西部海岸附近的池塘常有生長在半鹹水環境的流蘇菜生長，池邊或池中以香蒲、水燭、蘆葦、單葉鹹草等挺水性水生植物爲主，但後來許多水塘常被丟入布袋蓮或大萍，而這些植物先天生長條件極占優勢，很快地就覆蓋整個水域，導致原來水塘中沉水植物逐漸消失，水塘生態完全改變。

▲西部海岸地區的水塘中有沉水的聚藻及挺水的香蒲、海雀稗等植物（臺中市大甲）。

▲各地的水塘常有布袋蓮大量繁衍。

49

水田

　　水田是本島面積最大的水生環境，包含稻田、芋頭田、茭白筍田、菱角田等，水田裡種植的作物就是很典型的水生植物，而依附在水田環境中的其他水生植物，例如：水蕨、短柄花溝繁縷、青萍、水萍、野慈菇、鴨舌草、簀藻、異匙葉藻、尖瓣草、水丁香、稗、瓜皮草及牛毛顫等，都是各地稻田中最常見的種類；在北部地區以小穀精草、微果草、虻眼草、水馬齒、挖耳草、擬紫蘇草、小莕菜、拂尾藻、日本簀藻等水生植物較為常見。

　　水田中的這些水生植物基本上都屬於演替較初期的植物，一年兩期的稻作，使這些水生植物能繼續處於演替的初期，同時也減低許多後期競爭力較強的植物，使水生植物不致於被後期入侵的種類所取代而消失。當水田休耕之後，一些溼生種類便開始進入，例如李氏禾、毛蕨、香蒲、水燭、蘆葦等種類，最後水生植物完全消失，形成陸生植物社會。

▲水稻田中的鴨舌草。

▲水稻田是臺灣水生植物重要的生育環境（新竹縣竹北仙腳石）。

沼澤溼地

　　湖泊、池塘、溪流旁、休耕或廢耕的水田等環境，經過多年演替後形成潮溼的沼澤，這類的環境通常以挺水及溼生的水生植物為主，例如：宜蘭縣員山鄉的草埤經過演替後逐漸淤積，目前僅剩下溼生性的植物。在平地或沿海地區、河口附近、廢棄的池塘及水田等地區，以香蒲、蘆葦或毛蕨等植物最為常見。有些地區則會不斷從地下或山壁滲出水來，形成局部性的溼地，例如：新竹縣竹北蓮花寺的溼地，有大葉穀精草、菲律賓穀精草、田蔥、小葉燈心草、開卡蘆等植物；分布於全島各地的圓葉挖耳草，也喜歡生長在滲水山壁潮溼的地方；屏東佳樂水海岸和花東的泥火山區則有鹵蕨這種溼生性蕨類植物生長；高海拔開闊草生地上常形成水窪溼地，聚生穗序蔓是這種環境中唯一的水生植物。

▲常年潮溼的山壁是圓葉挖耳草最佳的生育環境（苗栗縣獅頭山）。

▼淺水潮溼的土壤是溼生植物的最愛（桃園縣平鎮）。

51

溪流

　　臺灣地區山勢陡峭，溪流短而急，不利於水生植物生長，但在較平緩的河段還是可以見到如馬藻、聚藻等流水性的水生植物生長，例如：大甲溪在出了東勢以後，海拔降到 1000 公尺以下，河流趨於平緩，因此在大甲溪東勢、石岡這段的河流中，就可以發現像馬藻、聚藻等流水性的水生植物，而且也常可發現臺灣水龍、豆瓣菜、金魚藻、水蘊草等植物的蹤跡，河床上則有許多風車草、香蒲、開卡蘆等植物生長；此外在各地的溪流中，還有長柄石龍尾、眼子菜、柳絲藻、匙葉眼子菜等沉水性植物；南部屏東地區的溪流則可見許多歸化的水生植物生長，例如異葉水蓑衣、粉綠狐尾藻、白頭天胡荽、布袋蓮、大萍等植物。

▲臺中市新社食水嵙溪生長許多沉水性水生植物。

▲平緩的水道是許多水生植物的最佳生育環境（大甲溪下游）。

▼屏東縣佳屏溪生長許多歸化水生植物。

▲屏東五溝水地區的溝渠中有豐富的水生植物資源。

溝渠

　　臺灣早期以農業為主，灌溉溝渠當然成為農作物生長重要的水源。穿梭於農地間大大小小的溝渠，自然成為水生植物重要的生育環境。

　　馬藻、聚藻、水王孫、水蘊草、匙葉眼子菜、眼子菜、龍鬚草、柳絲藻等俗稱「草蔘」的種類是常見的流水性水生植物。簀藻、臺灣水龍、苦草、青萍及蓼科等植物在溝渠中也很

常見。布袋蓮這種漂浮性水生植物，更是溝渠中的常客，全島各地低海拔的水域都可以看到它的蹤影，例如：中部臺中市新社地區的灌溉溝渠中可見長柄石龍尾、水蘊草、眼子菜、馬藻等沉水性植物；南部屏東五溝水地區的溝渠中則有異葉水蓑衣、粉綠狐尾藻、白頭天胡荽、小獅子草、長柄石龍尾、水蘊草等挺水、浮葉及沉水性植物。

53

河口

　　河流的出海口為淡水與海水交接之處，生長在這個區域的植物，必需適應比淡水中更高的鹽度。一般在這樣的環境中，大家最熟悉的莫過於紅樹林植物了，不過只要稍加留意，不難發現許多草本的水生植物，例如：北部的淡水河，中部的大安溪、大甲溪、塭寮溪及北部的蘭陽溪等，河口都有不少的水生植物生長，像是蘆葦、水燭、單葉鹹草、香蒲、雲林莞草、鹽地鼠尾粟、海馬齒等植物是這類環境中最常見的種類。

▶屏東縣後壁湖潮間帶有泰來藻與單脈二藥藻混生。

▲臺中市大安區塭寮溪口除了有水筆仔生長之外，還可發現單葉鹹草、雲林莞草等植物。

54

▲臺中市高美溼地有一大片廣大的雲林莞草生長。

海岸潮間帶

　　臺灣四面環海，海洋是一個不可忽視的重要資源，除了東海岸較陡峭之外，在西海岸、南海岸等地區，生長了一些海生的水生維管束植物，例如：新竹香山溼地有全臺最大的甘藻族群，雲林莞草和鹽地鼠尾粟在堤岸邊也有很大的族群。臺中清水高美溼地則有西部海岸最大面積的雲林莞草生長，有如一片廣大的海上草原，極為壯觀，此外還有鹽地鼠尾粟、粗根莖莎草、單葉鹹草、香蒲、甘藻等單子葉植物；彰化漢寶溼地也可見到雲林莞草的蹤跡。屏東墾丁國家公園一帶南灣和後壁湖，有泰來藻與單脈二藥藻這兩種沉水性的海草。這些生長在海中的水生植物，必須忍受高鹽度的海水浸泡，並從海水當中獲取植物體所需的水分，而它們開花和授粉也都是在海水中進行。

人為環境 ── 校園、植物園、休閒農園、人工溼地

近年來由於臺灣環境改變，造成了許多水生植物滅絕或瀕臨滅絕（表5），一些保育團體、研究機構、教育機構的人士，為了搶救及保存臺灣這些水生植物，因此營造生態水池、人工溼地來復育水生植物。

許多學校營造生態水池，除了可作為教學用途外，另一方面也保存許多水生植物種類；而政府部門機構如臺中市國立自然科學博物館、位於南投集集的生物多樣性研究所，這些單位所營造的生態水池則兼具教育推廣、物種保存及研究功能。

人工溼地不但讓地方的環境景觀改善，也提供一些原本賴水維生的動、植物得以有棲息及覓食的場所，不過更重要的還是讓大眾體會到自然環境的可貴性。

▲小學校園因自然課程教學的需求普遍設置生態水池（新竹市陽光國小）。

▲國立自然科學博物館位於溫室後方的生態水池具教育推廣的功能。

表 5. 臺灣野外已滅絕及嚴重瀕臨滅絕的水生植物舉例
Endangered and threatened species of the aquatic plants in Taiwan

臺灣水韭 *Isoetes taiwanensis*	絲葉石龍尾 *Limnophila sp.*
槐葉蘋 *Salvinia natans*	屏東石龍尾 *Limnophila sp.*
大安水蓑衣 *Hygrophila pogonocalyx*	菱 *Trapa bispinolsa* var. *jinumai*
宜蘭水蓑衣 *Hygrophila sp.*	小果菱 *Trapa incise*
南仁山水蓑衣 *Hygrophila sp.*	鬼菱 *Trapa maximowiczii*
烏蘇里聚藻 *Myriophyllum ussuriense*	澤芹 *Sium suave*
探芹草 *Hydrolea zeylanica*	圓葉澤瀉 *Caldesia grandis*
地筍 *Lycopus lucidus*	冠果草 *Sagittaria guayanensis* subsp. *lappula*
水虎尾 *Pogostemon stellatus*	臺灣水薤 *Aponogeton taiwanensis*
紫花挖耳草 *Utricularia uliginosa*	水社扁莎 *Cyperus unioloides*
水杉菜 *Rotala hippuris*	蒲 *Schoenoplectus triqueter*
瓦氏水豬母乳 *Rotala wallichii*	南投穀精草 *Eriocaulon nantoens*
黃花莕菜 *Nymphoides aurantiacum*	尼泊爾穀精草 *Eriocaulon nepalense*
印度莕菜 *Nymphoides indica*	水禾 *Hygroryza aristata*
龍潭莕菜 *Nymphoides lungtanensis*	野生稻 *Oryza rufipogon*
芡 *Euryale ferox*	水車前草 *Ottelia alismoides*
臺灣萍蓬草 *Nuphar shimadae*	品藻 *Lemna trisulca*
子午蓮 *Nymphaea tetragona*	彎果茨藻 *Najas ancistrocarpa*
異葉石龍尾 *Limnophila heterophylla*	大茨藻 *Najas marina*
東方石龍尾 *Limnophila sp.*	冠果眼子菜 *Potamogeton cristatus*
桃園石龍尾 *Limnophila taoyuanensis*	角果藻 *Zannichellia palustris*

此外，隨著農業型態轉變，傳統農耕已漸漸走向休閒農業方向，許多休閒農園（場）以水生植物為主題來吸引民眾，這樣一來除了將水生植物的附加價值再提升外，另一方面也讓人們對水生植物有更深入的認識。例如：桃園觀音及臺南白河以「蓮花」、臺南官田以「菱角」為主要號召植物。

這些人為的水生植物生育環境，基本上蒐集了各地的水生植物物種，對瀕臨消失的水生植物而言，可說是提供了一個很好的「避難所」。然而從生態的角度來看，除了教育及研究的需求之外，未來人工溼地的營造，應以當地物種為考量，如此不僅可突顯地區的特殊性，同時也提供本地物種生存的空間，讓生活在這個地區的民眾能認識自己的環境生態，例如：南投縣桃米村就是以營造出適當的溼地環境，讓原本生長在這個區域的水生植物生長，而不刻意引入其他地方的物種，這樣一來可讓當地的種源有機會再進入生長，否則現今每個人工溼地均如同一個大熔爐，匯集了全臺各地、甚至世界各地的水生植物種類，這對當地的生態是否會造成影響，或對原生水生植物的研究形成更多人為影響因素，值得我們共同來思考。

▲荷花是臺灣農業轉型休閒農業的重要植物。

水生植物
家族

本書被子植物採用 APG IV 之系統（The Angiosperm Phylogeny Group, 2016; Lin & Chung, 2017），石松類植物及蕨類植物則參考 TPG 之架構（Taiwan Pteridophyte Group, 2019）。植物保育等級以《2017 臺灣維管束植物紅皮書名錄》為基礎，並根據最新研究及野外資訊調整其保育等級。

臺灣水韭

Isoetes taiwanensis DeVol

科 名丨 水韭科 Isoetaceae	屬 名丨 水韭屬 *Isoetes*
英文名丨 Taiwan quillwort	文 獻丨 張 & 徐 , 1977；DeVol, 1972a、b

分布

　　臺灣特有種，只生長於臺北陽明山國家公園七星山的夢幻湖。

形態特徵

　　多年生沉水性植物，水少時植株會露出水面。葉呈針狀，叢生於基部，長約 10～20cm，樣子有如水中的韭菜，故名水韭。葉子的基部扁平，孢子囊果就生長在這個部位，有大孢子囊果和小孢子囊果之分，且分別長在不同的葉子上。

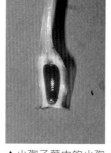 

▲小孢子葉中的小孢子囊細小且多。　▲大孢子葉可見明顯的大孢子囊。

▲在水少的情況下，植株露出水面生長的情形。

位於陽明山國家公園七星山東南坡面的夢幻湖，海拔約 860 公尺，受地形影響，此處經常雲霧繚繞，如夢似幻，因而被稱為「夢幻湖」。此外，它還有個別稱，叫作「鴨池」，這是因為過去此湖常有候鳥、野鴨集聚於此的緣故。早期夢幻湖只不過是個不起眼的山中水池，知道的人並不多，但自從臺灣水韭的發現，遂使夢幻湖聲名大噪。

從植物地理學角度來看，在臺灣鄰近的中國、日本及菲律賓等地區都有水韭這類植物的發現，臺灣大學植物系棣慕華教授就曾推測臺灣應該也有水韭分布，但始終沒有任何的野外發現。1972 年夏天，當時的臺灣大學植物系研究生張惠珠及徐國士，在七星山的鴨池（現稱夢幻湖）發現了水韭，經棣慕華教授的鑑定，將其命名為 *Isoetes taiwanensis* DeVol，直到今天臺灣水韭從未在夢幻湖以外的地方被發現。

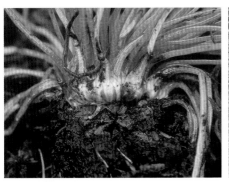

▲孢子囊果生長在葉片基部。

▲葉叢生於基部，細長針狀的葉片，像一株水中的小韭菜。

▼夢幻湖（1992 年）。

田字草

Marsilea minuta L.

科　名｜　田字草科 Marsileaceae

英文名｜　Crenate marsilea

屬　名｜　田字草屬 *Marsilea*

分布

　　分布於熱帶非洲和東南亞地區，主要生長在水田、田埂、沼澤溼地中。

形態特徵

　　多年生浮葉或挺水植物，根莖匍匐生長於地面，小葉長約 1.5 ～ 2cm，4 枚排成像「田」字的樣子，夜晚葉片會摺疊起來，有如睡眠狀。具有細長的葉柄，在水少的時候，葉柄可將葉片挺起於空中；水多時，葉柄則較柔軟，使葉片漂浮於水面。孢子囊果腋生，在冬天水乾的環境下形成。因根莖生長迅速，一直被農夫視為水田中厭惡的雜草，俗稱「鹽酸仔草」。

▲挺水生長植株。

▲孢子囊果於冬季水乾時期出現。

▲田字草常被誤認為是酢醬草，不過酢醬草的小葉 3 枚，田字草為 4 枚，可以容易區別。

分株假紫萁

Osmundastrum cinnamomeum (L.) C. Presl

科　名	紫萁科 Osmundaceae	屬　名	假紫萁屬 *Osmundastrum*
英文名	Cinnamon fern		

分布

　　韓國、日本、中國。臺灣產於宜蘭地區的草埤、埤埤及加羅湖群等沼澤溼地，數量非常稀少。

形態特徵

　　多年生溼生植物，落葉性，羽片和主軸之間具有關節。葉兩型，二回羽狀深裂，小羽片全緣。孢子葉較營養葉先長出來，隨後很快就凋萎。植株高約 60 ～ 100cm。地下部分二叉，以致地上部看起來像兩株，故名「分株假紫萁」。

▲營養葉。

▲孢子葉。

▲植株生長於沼澤溼地。

三叉葉星蕨

Leptochilus pteropus (Blume) Fraser-Jenk.

科　名 | 水龍骨科 Polypodiaceae　　　　屬　名 | 萊蕨屬 *Leptochilus*

分布

　　分布於熱帶及亞熱帶亞洲地區，生長在溪澗石頭或岩石上。

形態特徵

　　多年生溼生植物，根莖匍匐生長。單葉或三叉狀，長 10～30cm；單葉或頂端裂片寬 1～3cm，基部漸狹；葉柄短，翼狀；葉緣全緣，葉脈網狀。孢子囊群圓形，生長於中肋兩側與葉緣的中間。

▲三叉葉星蕨較常見於山區，多生長於潮溼的岩石上。

▲生長在溪流岩石上的植株，其葉呈單葉或三叉狀。

水社擬萊蕨

Phymatosorus longissimus (Blume) Pic. Serm.

科 名	水龍骨科 Polypodiaceae	屬 名	瘤蕨屬 *Phymatosorus*
別 名	長葉星蕨	文 獻	Liu & Kuo, 2007

分布

　　東南亞印度、中國、中南半島、印尼、馬來西亞、菲律賓、琉球、臺灣及密克羅尼希亞等太平洋島嶼地區。臺灣過去僅發現於南投日月潭地區，2002 年於屏東牡丹及臺東蘭嶼等地區又發現新的族群分布。

形態特徵

　　根莖橫走，直徑約 4 ～ 8mm，頂端密被鱗片。葉一回羽狀深裂，葉柄長約 10 ～ 80cm，葉身長約 30 ～ 120cm，羽軸具 0.1 ～ 1cm 寬的翼葉，裂片約 10 ～ 30 對，長約 10 ～ 16cm 或更長，葉緣常呈波浪狀。孢子囊群圓形，生長於裂片中脈兩側各一行，深陷，於葉上表面可見明顯之突起。

▲孢子囊群生長於裂片中脈兩側各一行。

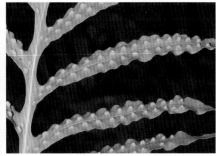

▲葉下表面孢子囊群深陷致使上表面明顯突起。

◀植株。

鹵蕨

Acrostichum aureum L.

| 科　名｜ 鳳尾蕨科 Pteridaceae | 屬　名｜ 鹵蕨屬 *Acrostichum* |

別　名｜ 凹蕨

分布

　　分布於熱帶和亞熱帶地區；臺灣生長於東部花蓮羅山、臺東電光等泥火山地區，及墾丁國家公園佳樂水海岸一帶。

形態特徵

　　多年生溼生植物，植株叢生狀。葉大型，高度可達1～2m。一回羽狀複葉，小葉長橢圓形，革質。葉脈網狀，網眼中無網狀小脈。孢子囊群生長於葉片頂端的孢子葉上。

◀孢子囊群在孢子葉上全面著生。

▲孢子葉位於羽片上端小葉。

▲小葉呈長橢圓形，排列成一回羽狀複葉。

北方水蕨

Ceratopteris gaudichaudii Brongn. var. *vulgaris* Masuyama & Watano

科　名	鳳尾蕨科 Pteridaceae	屬　名	水蕨屬 *Ceratopteris*
別　名	姬水蕨	文　獻	Masuyama & Watano, 2010

分布

亞洲中國、日本、韓國、尼泊爾、臺灣及大洋洲夏威夷、關島等地區。

形態特徵

一年生溼生植物，高約5～35cm。葉兩型，被稀疏鱗片，初生營養葉一至二回羽狀深裂，平展或斜生，約2～5cm長，裂片寬2～5mm；後生營養葉通常為三回羽狀深裂，斜生，7～33cm長，裂片約1.5～2mm寬；葉柄短於葉身。孢子葉三至四回羽狀深裂，裂片線形，寬約1mm，孢子囊群生於反捲的葉緣內。植株葉柄短於葉身，裂片缺刻處常生有芽孢，通常不會生長出不定芽。

▲北方水蕨裂片先端通常較尖。

▲植株。

植物小事典

　　本種常生長於水田淺水處或潮溼的田埂上，過去一直被當成水蕨（*Ceratopteris thalictroides*（L.）Brongn.），然北方水蕨植株較小型，葉柄短於葉身，裂片先端通常是尖的。水蕨植株通常較大且肥厚，其葉柄與葉身等長或長於葉身，裂片先端多為鈍形，裂片缺刻處常生有不定芽。其次水蕨較常發現生長於水中，而北方水蕨則通常生長於潮溼的土壤環境，兩者有明顯的不同。

▲孢子葉。

▲幼株。

水蕨

Ceratopteris thalictroides (L.) Brongn.

科　名｜	鳳尾蕨科 Pteridaceae		屬　名｜	水蕨屬 *Ceratopteris*
英文名｜	Water fern		文　獻｜	Masuyama & Watano, 2010

分布

　　亞洲至澳洲及大洋洲、中美洲等地區。臺灣常見於水溝、水田、潮溼地等地方。

形態特徵

　　一年生挺水或溼生植物，高約 10 ～ 50cm。葉兩型，葉柄上被稀疏鱗片，初生浮水葉一回羽狀深裂，裂片橢圓形至長橢圓形，先端圓或鈍，裂片寬0.7～1.5cm；營養葉直立生長，一至四回羽狀深裂，裂片長橢圓形至長卵形，寬0.3～1cm，先端鈍。孢子葉明顯較營養葉大型，三至五回羽狀深裂，裂片線形，孢子囊群生於反捲的葉緣內。植株葉柄與葉身等長或長於葉身，裂片缺刻處常生有不定芽。

▲生長於溝渠中的植株，中間最高者為孢子葉。

▲初生浮水葉。

▶營養葉（較孢子葉寬）。

69

卡州滿江紅

Azolla caroliniana Willd.

科 名	槐葉蘋科 Salviniaceae
英文名	Great fairy moss
文 獻	Chang *et al.*, 2020

屬 名	滿江紅屬 *Azolla*
別 名	日本滿江紅

分布

原產美洲，現已歸化臺灣全島。

形態特徵

漂浮水面的多年生蕨類植物，植物體約 1cm 大小，植株外觀略呈多邊形，邊緣呈枝狀突出，綠色、紅色或小羽片邊緣呈紅色。小羽片互生，緊密重疊生長，小羽片上方具顯著突起。根懸垂水中，根毛早落。

植物小事典

本物種在過去一直被當作是日本滿江紅（*Azolla japonica* Fr. et Sav.），較新的研究根據分子生物及形態特徵的分析，顯示其應為分布於美洲的卡州滿江紅，然其與墨西哥滿江紅（*Azolla mexicana* Schltdl. & Cham. *ex* Kunze），在分子生物上的表現亦有相當高的相似性，未來更多的研究將可更釐清本種的分類地位。

◀▼卡州滿江紅植株外觀就像樹枝狀向外突出。

▲植株到了冬天轉為紅色。

▲在北部的稻田中，卡州滿江紅與青萍混生。

滿江紅

Azolla pinnata R. Brown

科　名｜ 槐葉蘋科 Salviniaceae　　　　屬　名｜ 滿江紅屬 *Azolla*

英文名｜ Floating fern, Water-velvet, Mosquito fern

分布

　　分布於非洲、亞洲、澳洲、太平洋島嶼；臺灣各地的水田、池塘、沼澤地區零星分布。

形態特徵

　　多年生漂浮在水面上的植物，植物體約 1cm 大小，外觀呈明顯的正三角形，綠色，冬天寒冷時才會轉為紅褐色。小羽片互生，排列較鬆，呈二列，小羽片上方具顯著突起。根懸垂水中，根毛明顯。

▲冬季時小羽片會變成紅褐色。

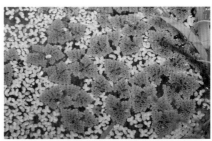

▶植株外觀呈三角形。

▲夏季時植株呈翠綠色。

71

人厭槐葉蘋

Salvinia molesta D. S. Mitchell

科　名｜　槐葉蘋科 Salviniaceae　　　　屬　名｜　槐葉蘋屬 *Salvinia*

文　獻｜　年, 1996

分布

　　原產南美洲，為一雜交種，現已歸化至全世界各地。臺灣原為水族引進，近年來已大量繁殖。

形態特徵

　　多年生漂浮水面植物，沒有根，葉3枚輪生，2枚浮在水面上，另1枚沉在水中呈鬚根狀；浮水葉上有許多突起，每一突起具有一總柄，總柄頂端分成4條分支毛。葉呈兩型，生長初期近於圓形至橢圓形，平貼水面，葉片呈平展狀，稱為初生型；生長密集時，葉片較大，略呈摺疊狀，葉片較大且厚，長約2cm，寬約3cm，葉片成摺合狀，稱為次生型。孢子囊果卵形，從沉水葉基部長出，成串狀，裡面無孢子形成。

▲浮水葉表面的毛具總柄，末端向內彎。

▲孢子囊果呈長串狀（孢子囊果內無孢子囊生長）。

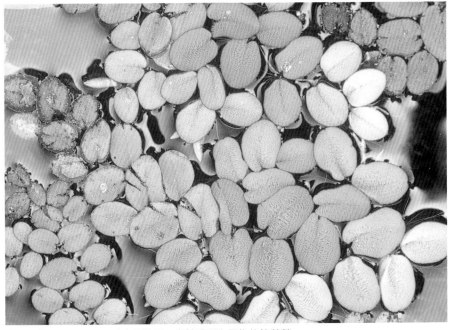

▲初生型葉片較圓且平貼水面生長，常被誤認為原生的槐葉蘋。

▲大量人厭槐葉蘋密集生長（次生型葉片肥厚呈摺合狀）。

槐葉蘋

Salvinia natans (L.) All.

科　名｜	槐葉蘋科 Salviniaceae	屬　名｜	槐葉蘋屬 *Salvinia*
英文名｜	Floating moss		

分布

分布於歐洲、亞洲、非洲及北美洲。臺灣各地低海拔水田、池塘等地區均有生長，近年來幾乎在野外消失。

▲浮水葉下表面呈褐色，以及聚集在沉水葉基部的孢子囊果。

形態特徵

多年生漂浮水面的植物，沒有根，葉3枚輪生，2枚浮在水面上，另1枚沉在水中呈鬚根狀，浮水葉上有許多突起，每一突起具有4根毛叢生在一起。葉長橢圓形，長約1～1.5cm，寬約0.6～0.7cm。孢子囊果球形，聚集在沉水葉的基部。

▶浮水葉表面的毛為4根離生毛。

▲浮水葉長橢圓形，上表面具毛狀突起。

毛蕨

Cyclosorus interruptus (Willd.) H. Ito

科 名	金星蕨科 Thelypteridaceae	屬 名	毛蕨屬 *Cyclosorus*

別 名｜ 鐵毛蕨

分布

泛熱帶分布，臺灣各地均有分布，生長在低海拔湖沼溼地、廢耕地等潮溼的地方。

形態特徵

多年生溼生植物，具有長的走莖，植株高約 60 ～ 100cm。二回羽狀裂葉，頂羽片和側羽片相同，長約 5 ～ 12cm，鋸齒狀。孢子囊群生長於小脈上，靠近葉緣的地方。

▶植株生長於沼澤地，葉呈二回羽狀裂葉。

▲葉片背面及孢子囊群生長情形。

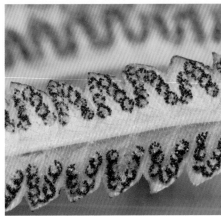

▲孢子囊群生長於小脈上，靠近葉緣的地方。

水蓑衣屬**Hygrophila**：全世界約有85種，水生約有40種；臺灣產7～8種。

種檢索表				
❶葉兩型，沉水葉羽狀深裂，挺水葉橢圓形 —— 異葉水蓑衣 *H. difformis*				
❶葉單型，長橢圓形至披針狀線形	❷花冠外側具卵形苞片	❸花冠長於2cm，葉兩面密布粗毛 —— 大安水蓑衣 *H. pogonocalyx*		
		❸花冠約1cm長	❹葉披針形至線狀披針形 —— 披針葉水蓑衣 *H. lancea*	
			❹葉倒卵形至長橢圓形 —— 南仁山水蓑衣 *Hygrophila sp.*	
	❷花冠外側無苞片	❺花冠約2cm長	❻葉長披針形 —— 柳葉水蓑衣 *H. salicifolia*	
			❻葉長橢圓形至倒長卵形 —— 宜蘭水蓑衣 *Hygrophila sp.*	
		❺花冠短於1cm —— 小獅子草 *H. polysperma*		

【註】全世界有關水蓑衣屬的分類尚不完整，亟需更進一步的研究。

異葉水蓑衣

Hygrophila difformis (Linn. f.) Blume

科　名｜ 爵床科 Acanthaceae	屬　名｜ 水蓑衣屬 *Hygrophila*
英文名｜ Water wisteria	

分布

　　原產印度半島北部，在臺灣是由水族業者所引進，目前在野外已有大量的族群。

形態特徵

　　多年生挺水植物，由於沉水葉和挺水葉的形狀不同，故名「異葉水蓑衣」。葉對生，兩型，沉水葉裂成羽狀；挺水葉則呈橢圓形，長約 4cm，寬約 2.5cm，鋸齒緣。花紫紅色，唇形，腋生。

▲沉水葉呈羽狀深裂。

▲花朵生於挺水枝條葉腋。

▲花冠呈紫色。

◀挺水枝條蔓生於水面上，葉片呈橢圓形（屏東縣四溝水）。

77

披針葉水蓑衣

Hygrophila lancea (Thunb.) Miq.

| 科 名 | 爵床科 Acanthaceae | 屬 名 | 水蓑衣屬 *Hygrophila* |

別 名 | 水蓑衣

分布

　　分布於東南亞地區，臺灣主要生長在中、北部低海拔地區的池塘或水田邊潮溼的地方。

形態特徵

　　一至多年生溼生植物，莖四方形。葉對生，具白色短毛，披針形至線狀披針形，長約 4 ～ 17cm，寬約 0.5 ～ 0.8cm。花期在秋季，花腋生，唇形，紫紅色，長約 1cm；花萼 5 裂，裂片邊緣具白色長毛；具有 1 枚長卵形的苞片，苞片長約 0.8cm，伏貼於花朵外側，邊緣及背面具白色長毛；雄蕊 4 枚，2 長 2 短。果實長橢圓形，種子略呈扁平狀。部分書籍記載的「北埔水蓑衣」和「線葉水蓑衣」，筆者認為都是披針葉水蓑衣的變異。

▲花朵腋生，外側有 1 枚長卵形的苞片。

▲葉披針形至線狀披針形。

▲果實長橢圓形，較苞片長。

大安水蓑衣

Hygrophila pogonocalyx Hayata

科 名丨 爵床科 Acanthaceae

屬 名丨 水蓑衣屬 *Hygrophila*

文 獻丨 王等, 2000；Huang *et al.*, 2001

爵
床
科

分布

　　臺灣特有種，目前僅知分布於西部彰化、臺中一帶沿海地區，生長在田間、水邊潮溼的地方。

形態特徵

　　多年生溼生植物，莖四方形。葉對生，長橢圓形，長約 8 ～ 15cm，寬約 3 ～ 4cm，上下表面密布粗毛。花期在秋、冬季，花紫紅色，唇形，腋生，長約 2.5cm；具有一卵形的苞片，伏貼於花朵外側，苞片長約1.2cm，寬約 0.5 ～ 0.6cm。本種和其他種最大的不同在於葉形大，葉片、花萼、苞片上均密被許多毛。本種目前有結果和不結果兩個生長類型，除了會不會結果之外，其間的差異仍有待進一步研究。

▲長卵形的苞片密被白毛。

▲大型的花朵，長度超過 2 公分。

▲大安水蓑衣主要生長於水邊的環境（臺中市清水高美，1994 年）。

79

爵床科

大安水蓑衣最早為島田彌市（Y. Shimada）1917年（大正六年）在雲林斗六所採集到，1920年（大正九年）早田文藏（B. Hayata）在其所著的《臺灣植物圖譜》（Icones Plantarum Formosanarum）第九卷中發表為新種。此種植物的特徵是其長橢圓形的葉片上密被許多毛，粉紅色的花朵大而明顯，長約2cm，花萼上也密布許多毛。學名中的字根「*pogon*」是「髯毛」的意思，「*calyx*」是「花萼」，「*pogonocalyx*」整個字就是指「具有髯毛的花萼」。

從標本的紀錄可以發現，在彰化地區也有採集紀錄，因此在過去，這

▲成熟種子略扁平，呈褐色。

種植物可能遍布中部沿海地區鄉鎮，主要生長在水溝旁、池塘邊等靠近水的地方。由於花期在秋、冬季節（8月至12月），不開花時較不顯目，又無特殊的用途，因此常遭農夫剷除。

▲生育環境（臺中市龍井水溝邊）。

　　目前主要分布於臺中市大安、清水及龍井等地區，在這些大安水簑衣中，我們發現除了大安地區這個族群會結果產生種子外，其餘在清水和龍井的族群都不結種子。

　　從外形上來看，大安的族群葉片顯得略窄而厚，清水和龍井的族群葉片則較薄且寬，不過差異還是很小。

　　如果從生長型來看，清水、龍井的族群傾向於半直立的生長方式，而大安的族群則從半直立到直立的生長方式。從花期來看則有明顯的不同，大安的族群花期明顯較早，約在 8 月分就已經開花；而清水和龍井的族群要到 11 月分才開花。以族群遺傳的方法來分析（王唯匡等，2000），也發現清水和龍井族群間的親緣關係較接近，而大安的族群則和它們有明顯不同。

▲大安生育地植株外觀。

▲高美生育地植株外觀。

小獅子草

Hygrophila polysperma (Roxb.) T. Anderson

科 名| 爵床科 Acanthaceae 屬 名| 水蓑衣屬 *Hygrophila*

分布

　　分布於亞洲地區印度至中南半島、中國南方，臺灣全島各地低海拔溝渠、溪流等地方均有生長。

形態特徵

　　多年生沉水或挺水植物，植株高約 10 ～ 20cm，葉對生，橢圓狀披針形，長約 1 ～ 2.5cm，挺水葉兩面被毛，先端鈍。花開於枝條的上端；腋生、單一，花紫色或白色；雄蕊 4 枚，2 枚不孕。果實長橢圓形。

▲葉橢圓狀披針形，花朵單生於葉腋處。

▲沉水葉常呈紅褐色。

▲水流緩慢處，枝葉挺出水面生長，呈綠色（臺中市清水）。

82

柳葉水蓑衣

Hygrophila salicifolia (Vahl) Nees

科 名 | 爵床科 Acanthaceae

屬 名 | 水蓑衣屬 *Hygrophila*

分布

分布於亞洲南部印度至中國、馬來西亞、菲律賓等地區。臺灣過去全島均有分布，目前主要分布於南部地區的稻田、沼澤地等潮溼的地方。

形態特徵

一或多年生溼生植物，全株光滑無毛。葉對生，長披針形，有如柳葉，故名「柳葉水蓑衣」。葉長約 10 ～ 12cm，寬約 1.5 ～ 2cm；開花時期的枝條上，葉片變得較小，長約 5 ～ 8cm，寬約 0.8 ～ 1cm。秋冬季節開花，花淡紫紅色，唇形，腋生，長約 1.8cm。

▶葉長披針形，光滑無毛（屏東縣恆春）。

▲果實。

▲開花枝條葉片明顯短小，花朵腋生。

宜蘭水蓑衣

Hygrophila sp.

科 名｜ 爵床科 Acanthaceae　　　　　　屬 名｜ 水蓑衣屬 *Hygrophila*

爵床科

分布

僅知分布於宜蘭地區。

形態特徵

多年生溼生植物，莖方形，無毛，高可達 150cm 以上。葉對生，長橢圓形至倒長卵形，長約 8 ～ 12cm，寬約 3 ～ 4cm，先端鈍，基部楔形，上下表面具白色短毛。花紫紅色，唇形，長約 2cm；花萼 5 裂，長約 1cm，裂片披針形。本種與大安水蓑衣很相似，但葉質地較薄，葉面的毛也較短，花萼外無卵形苞片，可與之區別。從花萼外無卵形苞片及花朵的特徵來看，本種與柳葉水蓑衣較接近。

▶葉呈倒長卵形，表面被白色短毛。

▲花朵生於葉腋，外側無卵形苞片。

▲宜蘭水蓑衣是臺灣最大型的水蓑衣屬植物之一。

南仁山水蓑衣

Hygrophila sp.

科　名｜ 爵床科 Acanthaceae

屬　名｜ 水蓑衣屬 *Hygrophila*

分布

　　目前只發現於屏東縣墾丁國家公園南仁湖邊潮溼的地方。

形態特徵

　　一至多年生溼生植物，莖四方形，葉對生，倒卵形至長橢圓形，長約 1.5～4.5cm，寬約 0.5～1cm，先端鈍，上表面光滑，下表面及葉緣具白色短毛。花期在秋季，花腋生，唇形，紫紅色，長約 1cm；花萼 5 裂，裂片長披針形，邊緣及中肋具白色長毛；具有 1 枚卵形的苞片，苞片長約 0.6cm，伏貼於花朵外側；雄蕊 4 枚，2 長 2 短。果實長橢圓形，種子略呈扁平狀。本種與披針葉水蓑衣極相似，最大差別在於葉子的形狀。

▲葉呈倒卵形至長橢圓形，先端鈍。

▲果實長橢圓形，長於苞片。

▶花腋生，長約 1cm，外側具有 1 枚卵形的苞片。

海馬齒

Sesuvium portulacastrum (L.) L.

科 名｜ 番杏科 Aizoaceae　　　　　**屬 名｜** 海馬齒屬 *Sesuvium*

分布

　　泛熱帶分布，臺灣生長於沿海地區沙灘、魚塭、鹽田等潮溼的地方，漲潮時浸泡在海水中。

形態特徵

　　多年生匍匐性草本植物，莖肉質，多分枝，綠色或紅色。葉肉質，對生，橢圓狀披針形至線狀披針形，長約 1～6cm。花腋生，花被片 5 枚，花瓣狀，內側紫紅色，外側綠色，雄蕊多數。

▲植株肉質；葉橢圓狀披針形至線狀披針形。

▶花腋生，粉紅色花被片 5 枚、雄蕊數量多。

▲植株匍匐於地面生長。

長梗滿天星

Alternanthera philoxeroides (Mart.) Griseb.

科　名｜	莧科 Amaranthaceae	屬　名｜	蓮子草屬 *Alternanthera*
英文名｜	Alligator weed	別　名｜	空心蓮子草

分布

　　原產於南美洲，目前已歸化於北美、亞洲、澳洲等地區。臺灣全島平地水田、溝渠、池塘常可見到成群生長的族群。

形態特徵

　　多年生挺水植物，莖中空，橫臥或斜上，高約 10 ～ 30cm。葉對生，倒卵狀披針形，長約 2 ～ 7cm，寬約 1 ～ 2cm，幾無柄。穗狀花序腋生，聚集成頭狀，花序直徑約 1cm，具有長 1 ～ 5cm 的花梗，花被白色。胞果倒卵形，包於花被片內。

▲莖中空，匍匐生長於水面。

▲花序聚集成頭狀。

▲頭狀花序具長梗，生長於葉腋。

水芹菜屬**Oenanthe**：約30種；臺灣有2種。

種檢索表

❶莖圓柱狀 ——
　　　　　　　　　　　　水芹菜 *O. javanica*

❶莖5～6稜，具翼 ——
　　　　　　　　　　　　翼莖水芹菜 *O. pterocaulon*

水芹菜

Oenanthe javanica (Blume) DC.

| 科　名 | 繖形科 Apiaceae | 屬　名 | 水芹菜屬 *Oenanthe* |

英文名 | Water dropwort, Rainbow water parsley, Water celery, Java water dropwort, Water fennel

分布

　　分布於中國、日本、琉球、馬來西亞、印度和澳洲等地區。臺灣生長於低至中海拔水田、溝渠、池塘等潮溼的地方。

形態特徵

　　生長在潮溼地的多年生草本，植株光滑無毛，高約 10 ～ 40cm。葉一至三回羽狀，呈三角形外觀，小葉鋸齒緣；葉柄長可達 10cm，基部成鞘狀。聚繖花序頂生或腋生，花白色，花瓣 5 枚；花柱長，宿存。果實為離果，長橢圓形。

▲花序。

▲因外觀與芹菜相似，故有「水芹菜」之名。

▲水芹菜主要生長在潮溼的環境，其嫩葉可炒食，嚐起來風味絕佳。

翼莖水芹菜

Oenanthe pterocaulon Liu, Chao & Chuang

科　名 | 繖形科 Apiaceae　　　　　　屬　名 | 水芹菜屬 *Oenanthe*

分布

　　特有種，僅分布於北部地區，相關標本紀錄並不多。

形態特徵

　　多年生溼生或挺水植物，高約 30 ～ 50 cm，莖翼狀，具 5 ～ 6 稜。二回羽狀複葉，小葉片長橢圓形，先端尖，基部楔形，長約 3 ～ 6cm，寬約 1 ～ 2cm，邊緣鋸齒狀；葉柄長約 4 ～ 10cm。聚繖花序頂生，花白色；花萼齒狀，宿存。果實為離果，長橢圓形。

▲聚繖花序由許多小白花組成。

植物小事典

　　1998 年 Pu Fa-ting 於 Novon 雜誌發表了一個水芹菜的新階級亞種，「*Oenathe javanica*（Blume）DC. subsp. *rosthornii*（Diels）Pu」（卵葉水芹），並於 2005 年 Flora of China 第 14 卷將臺灣的翼莖水芹菜列為卵葉水芹的異名。對於 Flora of China 的處理，此處暫為保留，宜再做進一步的比較與研究。

▲果實呈長橢圓形。

▲植株莖部呈翼狀，故名「翼莖水芹菜」。

澤芹

Sium suave Walt.

科　名	繖形科 Apiaceae	屬　名	零餘子屬 *Sium*
英文名	Water parsnip	別　名	細葉零餘子

分布

　　廣泛分布於北美、東歐、西伯利亞、中國、韓國、日本等地區。臺灣紀錄中只有在臺中及彰化一帶的水田、廢耕地等地方有採集紀錄，目前野外並沒有更新的發現，由於植株具藥用，被廣泛栽植。

形態特徵

　　一至多年生溼生植物，植株高可達 120cm，光滑無毛，莖中空。奇數羽狀複葉，長約 20 ～ 40cm；小葉 4 ～ 5 對，小葉長約 4.5 ～ 10cm，寬約 1.5 ～ 3cm，基部歪斜，鋸齒緣。聚繖花序頂生，花白色，直徑約 3mm；花瓣 5 枚，長約 1mm。果實卵形，長約 2mm，具稜。

▲植株生育環境。

▲成熟果實。

▲羽狀複葉由葉基歪斜的小葉構成。

臺灣天胡荽

Hydrocotyle batrachium Hance

科 名	五加科 Araliaceae	屬 名	天胡荽屬 *Hydrocotyle*
英文名	Formosan pennywort	別 名	臺灣止血草、檄葉止血草、變地錦、遍地錦

分布

東亞從中國中部至東南部、越南、琉球、臺灣及菲律賓等地區，臺灣普遍分布於全島潮溼的地方、水田邊、草地、池沼中。

形態特徵

多年生匍匐生長的草本，莖細、光滑，節處生根。葉輪廓圓形，掌狀深裂，裂片 3 ～ 5，裂片幾乎近於葉柄處；裂片倒卵形至三角狀卵形，長約 0.6 ～ 1.3cm，裂片先端具數淺裂，或裂片再具中裂；葉上表面光滑或被疏毛，下表面具長反捲毛；葉柄約 0.5 ～ 11cm 長，被長毛。纖形花序生於葉腋，具 5 ～ 18 朵花，花序梗短於葉柄；花瓣 5 枚，卵形，綠白色，先端尖；雄蕊與花瓣互生；花柱短。果實近圓形，扁壓狀。

▲花與果實。

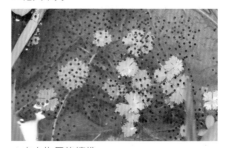

▲水中生長的植株。

▲掌狀深裂的葉片。

◀浮葉生長。

白頭天胡荽

Hydrocotyle leucocephala Chamisso & Schlechtendal

科 名| 五加科 Aralicaeae

屬 名| 天胡荽屬 *Hydrocotyle*

英文名| Pennywort

分布

原產中南美洲，臺灣原為水族栽培，目前已有大量野外族群生長。

形態特徵

多年生浮葉或挺水植物，莖匍匐水面。葉圓形，直徑約 3 ～ 6cm，邊緣圓齒狀，基部深裂；上表面綠色，光滑；下表面綠白色，有毛；具長柄，被白色毛。繖形花序呈頭狀，花軸被毛；花瓣 5 枚，白色；雄蕊 5 枚；花梗長約 1.5 ～ 1.75 mm。

▲浮葉生長植株。

▶果實（尚未成熟）。

◀繖形花序呈頭狀，花瓣白色。

▼挺水植株。

銅錢草

Hydrocotyle verticillata Thunb.

科　名	五加科 Araliaceae	屬　名	天胡荽屬 *Hydrocotyle*

英文名｜ whorled pennywort, whorled marshpennywort or shield pennywort

別　名｜ 香菇草、錢幣草

五加科

分布

　　美洲、非洲索馬利亞至南非、高加索至伊朗北部，現已歸化至歐洲、澳洲等地區。臺灣原為水族引進作為觀賞植物，現已溢出於各地野外。

形態特徵

　　多年生草本，莖匍匐地面，節處生根，每一節長一枚葉片。葉圓形，盾狀，直徑約 2.8 ～ 5.7cm，葉緣淺齒狀，葉兩面光滑無毛；葉脈 10 ～ 14 條呈輻射狀；葉柄長約 11 ～ 24cm，無毛。花序腋生，輪生聚繖花序，2 ～ 4 輪，花序長約 11.5 ～ 28cm，約與葉同高。花徑約 3mm，花瓣 5 枚，白色，整齊；雄蕊 5 枚，柱頭 2；果實扁圓形，長約 2mm，寬約 2.5mm，具梗。

▲植株。

◀花序。

植物小事典

　　本種經常和另一種產於歐洲的野天胡荽（*Hydrocotyle vulgaris* L.）混淆，然而銅錢草植物體光滑無毛，葉脈9條以上，花序大約與葉片高度相等；而野天胡荽葉柄明顯被毛，葉脈7～9條，花序短於葉片高度，兩者可明顯區別，臺灣目前應無野天胡荽。銅錢草生長力極強，適應各種不同環境，對原生生態的影響不容忽視。

▲葉片上有 10～14 條葉脈。

▲生長於田野的植株。

帚馬蘭

Aster subulatus Michaux

科 名｜ 菊科 Asteraceae	屬 名｜ 紫菀屬 *Aster*
別 名｜ 掃帚菊	

分布

原產北美洲，現已遍布北半球地區；臺灣平地廢耕水田、水邊、沼澤等地方常見。

形態特徵

一年生溼生植物，高度可達180cm，植株光滑無毛。葉互生，橢圓狀披針形，長約 14 ～ 17cm，寬約 2.5cm，先端尖，鋸齒緣，無柄。花期在冬季，花序頂生，頭狀花序聚集成圓錐狀。頭狀花序直徑約 5 ～ 6mm，舌狀花淡紫色，筒狀花黃色；瘦果具白色冠毛。

▲幼株。

▲頭狀花序直徑約 5 ～ 6mm，舌狀花淡紫色，筒狀花黃色。

▲花序由許多頭狀花序構成，排成圓錐狀。

◀植株葉互生，橢圓狀披針形。

鱧腸

Eclipta prostrata L.

科 名	菊科 Asteraceae	屬 名	鱧腸屬 *Eclipta*
英文名	White eclipta	別 名	墨菜

分布

　　分布於全世界溫暖地區；臺灣全島平地水田、水邊、溝渠邊很常見。

形態特徵

　　多年生溼生植物，直立或半直立，莖圓形，帶紅色，具白色短毛，摸起來粗糙。葉橢圓狀披針形，長 5 ～ 14cm，寬 1.2 ～ 4cm，上表面光滑，下表面具白色短毛，疏鋸齒緣。頭狀花序頂生或腋生，直徑長約 1cm，具長梗，舌狀花白色。果實綠色。

▶植株葉對生，粗糙，頭狀花序腋生，具長梗。

▲頭狀花序白色。

▲綠色的小果實。

光冠水菊

Gymnocoronis spilanthoides (D. Don *ex* Hook. & Arn.) DC.

| 科 名 | 菊科 Asteraceae | 屬 名 | 光冠水菊屬 *Gymnocoronis* |

英文名 | Water snowballl, Senegal tea

菊科

分布

原產北美洲；臺灣原本由水族業者引進，一般當作庭園造景，近來多種植為蝴蝶蜜源植物。

形態特徵

多年生挺水植物，植株高約 50 ～ 100cm，植株光滑。葉對生，卵狀披針形，長 7 ～ 12cm，寬 2 ～ 5cm，鋸齒緣，先端尖。頭狀花序頂生，只有筒狀花，花冠白色。種子細小，沒有冠毛。

▲光冠水菊為紫斑蝶、青斑蝶等蝴蝶的蜜源植物。

◀光冠水菊的繁殖力非常強盛。

翼莖闊苞菊

Pluchea sagittalis (Lam.) Cabrera

科　名｜ 菊科 Asteraceae　　　　屬　名｜ 闊苞菊屬 *Pluchea*

文　獻｜ Peng *et al.*, 1998

分布

　　原產南美洲，已向北歸化至北美洲。臺灣全島各地低海拔稻田、沼澤、溼地、潮溼的地方都可以發現。

形態特徵

　　一年生溼生植物，植株高可達 1m 以上，全株有毛，莖部具有由葉向下延伸形成的翼。葉互生，卵狀，長 6 ～ 12cm，寬 2 ～ 5cm，先端尖，邊緣鋸齒狀。頭狀花序頂生，直徑約 7 ～ 8 mm，外緣的花白色，中心部分的花帶紫色；頭狀花序在頂端聚集，形成繖房狀的花序。

▶植株生長於潮溼的地方，花序在頂端成繖房狀。

▲繖房狀的花序。

▲莖部有翼狀構造是本種明顯的特徵。

蔊菜

Cardamine flexuosa With.

科　名｜	十字花科 Brassicaceae	屬　名｜	碎米薺屬 *Cardamine*
英文名｜	Small-leaved bittercress	文　獻｜	沈 ,1996
別　名｜	細葉碎米薺		

分布

北半球溫帶地區，數量很多，臺灣全島各地相當普遍，農田、菜園、溝渠、沼澤等地區都可發現。

形態特徵

一年生植物，直立或沉水生長，高約 10～15cm。葉互生，羽狀，長約 5～7 cm，小葉 3～9 枚，頂羽片較側羽片大，鈍頭。總狀花序頂生，花瓣白色，4 枚。果實為長角果，扁線形，直立，長約 2cm。

▶葉羽狀，頂羽片較側羽片大，鈍頭。

▲花及長角果。

▲生長於流水中的植株。

豆瓣菜

Nasturtium officinale R. Br.

科　名｜	十字花科 Brassicaceae	屬　名｜	豆瓣菜屬 *Nasturtium*	
英文名｜	Watercress	別　名｜	無心菜、水芥菜	

分布

原產歐洲地中海一帶、亞洲，目前已歸化至美洲、非洲、澳洲、紐西蘭等地區。臺灣從平地至中海拔地區的溪流、溝渠、農田等水中或水邊都可以發現。

▲葉羽狀全裂。

形態特徵

多年生挺水植物，高約 10 ～ 20cm，莖多分枝，半匍匐性。葉互生，羽狀，長約 6 ～ 12cm，小葉 3 ～ 11 枚，頂小葉較側小葉大，近圓形。總狀花序頂生或腋生，花瓣白色，4 枚，有些品種不開花。果實為長角果，長約 1 ～ 1.8 cm。

▲豆瓣菜其嫩莖葉可以食用。

▲豆瓣菜常見於各地溪流水流緩慢的地方（大甲溪）。

101

蓴

Brasenia schreberi J. F. Gmel.

科 名	蓴科 Cabombaceae		屬 名	蓴屬 *Brasenia*
英文名	Water shield		別 名	茆、水葵、蒓菜

分布

　　本種為蓴屬唯一的一種，廣泛分布於世界熱帶及溫帶地區。臺灣只生長在北部宜蘭山區的少數湖沼中，海拔均在 900 公尺以下，如中嶺池、崙埤；雙連埤、草埤原有分布，目前均已消失。

形態特徵

　　多年生浮葉植物。葉漂浮於水面上，呈橢圓形，長約 6 ～ 10cm，寬約 5cm，葉柄盾狀著生。兩性花，花萼 3 枚，和花瓣的長相相似，暗紅色；雄蕊多數，約 30 枚；雌蕊離生，心皮約 10 枚。果實為聚生果，卵狀橢圓形，長約 0.8 cm，花柱宿存，呈喙狀；每一個果實之中約有種子 1 ～ 2 個，種子呈卵形。橢圓形的葉子及幼嫩部位具膠質，是本種明顯的特徵。

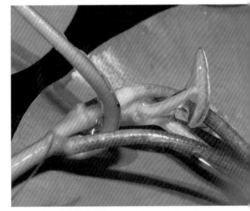

▲嫩葉上透明狀膠質。

▲浮葉生長的蓴，葉片橢圓形；池中另有浮葉植物日本菱混生（崙埤）。

中國是世界上對水生植物採集利用、馴化栽培歷史悠久的地區，早在周代的《詩經‧魯頌》裡就有提到：「思樂泮水，薄采其茆。魯侯戾止，在泮飲酒。」句中的「茆」就是蓴菜；《周禮‧天官》書中也有以醃漬的蓴菜作為祭祀食物記載。魏晉時代《世說新語》中也有「千里蓴羹」的典故，道盡了這種食物的美味可口；另外《晉書‧張翰傳》中的「鱸膾蓴羹」，更把蓴菜和鱸魚並提，說明了蓴菜在中國飲食史上所占的地位。

蓴菜主要是以富含膠質的莖和嫩葉做湯煮食，嚐起來柔滑可口。不過臺灣地區要吃到這種食物並不容易，目前只生長於宜蘭的中嶺池和崙埤兩地。在中國大陸長江以南地區，有較大規模的栽植，以供應市場所需。

▲開花第一天雌蕊伸長。

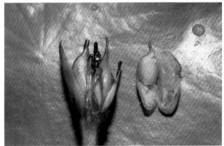
▲果實中有1～2顆種子（此處1顆未發育）。

▲開花第二天雄蕊伸長。

▲葉下表面綠色及葉柄上透明膠質（崙埤）。

▲果實為聚生果。

▲雙連埤、草埤的個體葉下表面紫色。

白花穗蓴

Cabomba caroliniana A. Gray

科　名｜ 蓴科 Cabombaceae	屬　名｜ 穗蓴屬 *Cabomba*
英文名｜ Fanwort, Carolina water shield	文　獻｜ Orgaard, 1991
別　名｜ 水盾草	

分布

原產北美地區。臺灣原為栽培種，部分流入野外湖沼，如宜蘭雙連埤曾出現大量族群。

形態特徵

多年生沉水植物，沉水葉對生，葉深裂呈掌狀，二～三回二叉分歧，外觀呈扇狀。開花時長出浮水葉，浮水葉互生，長橢圓形，盾狀著生，長約 1 ～ 2cm。花白色，挺出水面，花被片 6 枚，雄蕊 6 枚，雌蕊 3 枚。

▲浮水葉長橢圓形，盾狀著生，於開花期長出來。

▲沉水葉呈掌狀深裂。

▲白色的花朵挺出水面生長。

104

紅花穗蓴

Cabomba furcata Schult. & Schult. f.

科 名｜ 蓴科 Cabombaceae

屬 名｜ 穗蓴屬 *Cabomba*

分布

原產中、南美地區。臺灣原為栽培種，部分流入野外溪流中，如早期臺中市新社食水嵙溪。

形態特徵

多年生沉水植物，沉水葉對生或3葉輪生，葉深裂呈掌狀，3～5回二叉分歧，外觀呈扇狀。開花時長出浮水葉，浮水葉互生，長橢圓形，盾狀著生，長約1～2cm。花粉紅色，挺出水面，花被片6枚，雄蕊6枚，雌蕊3枚。

植物小事典

穗蓴屬（*Cabomba*）與蓴屬（*Brasenia*）原屬於睡蓮科的成員，由於花部的特徵及果實的形態和睡蓮科有很大差異，因此從睡蓮科中分離獨立為蓴科。蓴科的花為子房上位，萼片3～4枚，花瓣3～4枚，離生心皮；而睡蓮科的花為子房上位或周位，花瓣多數，心皮離生或合生，柱頭通常合生成盤狀。

臺灣原生蓴科植物僅有蓴屬的蓴菜，穗蓴均為水族引進後部分流入野外生長。蓴屬與穗蓴屬的差別在於：蓴屬植物無沉水的掌狀裂葉，葉均為盾狀的浮水葉，沉水幼嫩部分具有膠質；而穗蓴屬具有沉水的掌狀裂葉，浮水葉則是在開花期才一起長出來，沉水部位不具膠質。紅花穗蓴早期曾在臺中市的食水嵙溪出現，不過很快就消失，此後不再有野外的生長紀錄，推測其在臺灣的野外適應仍無法長期建立更大的族群。倒是白花穗蓴出現在宜蘭的雙連埤，很快的就建立大量族群，足以和原生的絲葉石龍尾競爭。白花穗蓴目前已是惡名昭彰，在澳洲和日本都對當地的生態造成很大衝擊，中國大陸也在2000年發表白花穗蓴歸化的報導。而雙連埤的白花穗蓴早期曾有人認為是候鳥帶來，現在大家都一致認為應是人為放流所造成的。筆者在1991年第一次造訪雙連埤時並無白花穗蓴的任何蹤跡，短短幾年就發現它已蔓延大量的族群，可見白花穗蓴野外適應能力相當好。

▲沉水葉掌狀深裂；浮水葉於開花時長出。

山梗菜屬**Lobelia**：約415種；臺灣有5種，水生3種。

種檢索表

❶葉寬卵形 ―
　　　　　　　　　　　　　圓葉山梗菜 *L. zeylanica*

❶葉橢圓形至披針形 ―
　　　❷具匍匐莖 ―
　　　　　　　　　半邊蓮 *L. Chinensis*

　　　❷不具匍匐莖 ―
　　　短柄半邊蓮 *L. dopatrioides* var. *cantonensis*

半邊蓮

Lobelia chinensis Lour.

科　名	桔梗科 Campanulaceae	屬　名	山梗菜屬 *Lobelia*
英文名	Chinense lobelia	別　名	鐮仔草

分布

　　印度、斯里蘭卡、印尼、日本、臺灣等東亞地區。臺灣分布於低海拔水田、溼地，數量很多。

形態特徵

　　多年生溼生植物，高約 10 ～ 20cm，莖光滑，具匍匐走莖。葉互生，排成二列，長橢圓形，先端尖，長約 1 ～ 2cm，寬約 3 ～ 5mm，微齒緣，無柄。花腋生，不整齊，單一，花萼 5 裂；花冠淡紫色，5 裂，長約 1 ～ 1.2cm。

▲花朵呈兩側對稱。

▲花冠淡紫色，5 裂，不整齊。

▲成群生長的族群。

短柄半邊蓮

Lobelia dopatrioides Kurz var. *cantonensis* (Danguy) W. J. de Wilde & Duyfjes

科　名｜	桔梗科 Campanulaceae	屬　名｜	山梗菜屬 *Lobelia*
別　名｜	直立半邊蓮	文　獻｜	Wilde & Duyfjes, 2012

分布

　　西藏、中國、中南半島、日本、臺灣、新幾內亞等地區，臺灣主要分布於北部和東北部低海拔水田、沼澤等地區。

形態特徵

　　一年生溼生植物，莖直立，高約 10 ～ 20 cm。葉互生，橢圓形至披針形，長約 0.5 ～ 2cm，寬約 4 ～ 8 mm，鋸齒緣，無柄。花腋生，不整齊，單一，具長梗；花萼 5 裂；花冠淡紫色或白色，唇形，約 5 ～ 8 mm。

▲植株直立生長，葉互生。

▲花朵（白色）生於近莖頂端的葉腋，具長梗。

▲花冠唇形（淡紫色）。

圓葉山梗菜

Lobelia zeylanica L.

科　名｜ 桔梗科 Campanulaceae　　　　　屬　名｜ 山梗菜屬 *Lobelia*

分布

　　分布於東亞，從印度、斯里蘭卡、中國、臺灣、菲律賓、印尼、馬來西亞至新幾內亞。臺灣主要生長於森林中潮溼的地方。

形態特徵

　　一年生溼生植物，較低部位莖部匍匐地面，節處生根，莖略呈三角形。葉卵形至寬卵形，長約 1 ～ 6cm，寬約 1 ～ 3.5cm，鋸齒緣，先端尖，基部鈍至近心形；上表面光滑或具疏毛，下表面明顯具毛。花腋生，花冠唇形，淡藍色或淡紫色；花萼裂片長披針形，花萼筒具有明顯的毛。蒴果倒圓錐形至倒橢圓狀卵形。

▲果實倒圓錐形至倒橢圓狀卵形，具長柄。

▲花冠 2 唇形，淡藍色或淡紫色。

▲植株匍匐地面生長，葉卵形至寬卵形。

109

金魚藻

Ceratophyllum demersum L.

科　名｜	金魚藻科 Ceratophyllaceae	屬　名｜	金魚藻屬 *Ceratophyllum*
英文名｜	Hornwort, Common hornweed	別　名｜	松藻
文　獻｜	Wilmot-Dear, 1985；Les, 1986a、b；Les, 1988a、b、c；Les, 1989		

分布

　　全世界廣泛分布，臺灣全島低海拔地區溪流、溝渠、池塘、湖泊均可見。

形態特徵

　　多年生沉水植物，植物體從種子發芽到成熟均沒有根，莖細長，多分枝。葉二叉狀分歧，長約 1.5〜2cm，葉邊緣具有細小的鋸齒。雌雄同株，單性，花均開於水中，花被細小，苞片狀；雄花具 6〜12 枚雄蕊；雌花子房卵形，花柱單一，細長，宿存。果實頂端有 1 根由花柱所形成的頂刺，基部也有 2 根基刺。

▲果實具 1 頂刺及 2 基刺。

▲生長在流水中的植株（大甲溪）。

▲雄花腋生，具多枚雄蕊。

五角金魚藻

Ceratophyllum demersum L. var. *quadrispinum* Makino

科 名│ 金魚藻科 Ceratophyllaceae　　　　屬 名│ 金魚藻屬 *Ceratophyllum*

分布

烏蘇里、中國、日本、琉球及臺灣。生育環境和金魚藻相同。

形態特徵

本種外觀與金魚藻幾乎相同，不易區分。最大的差異在於果實的特徵，金魚藻的果實有 3 根刺；五角金魚藻有 5 根刺，除了頂刺及 2 根基刺外，果實側面尚有 2 根側刺，側刺長短變化大，有時僅於果實兩側各留下側刺的痕跡，而無突出生長的側刺。

▲雄花腋生，具有多枚雄蕊。

▲葉二叉狀分歧，葉邊緣具有細小的鋸齒；果實具 5 根刺（此處未完全發育）。

▲生長在靜水池塘的五角金魚藻（臺中市龍井）。

空心菜

Ipomoea aquatica Forssk.

科　名	旋花科 Convolvulaceae	屬　名	牽牛花屬 *Ipomoea*
英文名	Water convolvulus, Swamp morningglory	別　名	蕹菜、甕菜、水甕菜

分布

舊世界熱帶及亞熱帶地區，目前已歸化至全球其他地區。臺灣全島栽培為蔬菜，部分成為野生的族群。

▲粉紅色花植株。

形態特徵

一至多年生植物，莖中空，橫躺在水面，節處生根。葉均向空中生長，單一，卵形至卵狀披針形，先端尖，基部心形，長約 4～12cm，寬約 3～10cm，具長柄。花腋生，花冠白色或粉紅色，漏斗狀，直徑約 5～6cm。蒴果球形，直徑約 1cm，種子 4 枚。

▲一般栽培的植株大多開白色花朵。

▲莖中空，匍匐於水面生長，葉向上伸展。

植物小事典

　　大家對「水蕹菜」或「空心菜」這種蔬菜並不陌生，但絕對很難想像，平常種在菜園中的空心菜，竟然是一種水生植物。

　　空心菜是一種廣泛分布在熱帶和亞熱帶沼澤地區的蔓性植物，東南亞地區很早就拿來當作食物，中國南方地區則是最早將它栽培為蔬菜的地方。人工栽植的空心菜，植株不高，但如果一段時間不摘採，枝條自然越長越長，最後成為蔓性。

　　空心菜的生長季節在夏季，是臺灣地區夏季重要的葉菜類植物，各地農田都有栽植，宜蘭礁溪的溫泉空心菜，其實是讓它回到最適合生長的水中環境。植株在秋、冬季開花結果，寒冷的冬天枯萎。明代李時珍的《本草綱目》對空心菜的習性就有很詳細的描述，並具有解毒和治難產等功能。

▲宜蘭礁溪溫泉空心菜。

▲果實呈球狀，內有種子 4 枚。

金錢草

Drosera burmanni Vahl

科　名｜	茅膏菜科 Droseraceae		屬　名｜	茅膏菜屬 *Drosera*
別　名｜	錦地羅、寬葉毛氈苔			

分布

　　熱帶及亞熱帶亞洲至西太平洋地區斯里蘭卡、印度至中國、中南半島，臺灣、菲律賓、爪哇、婆羅洲至新幾內亞、澳洲等地區。臺灣分布於桃園、新竹、嘉義等低海拔地區潮溼的山壁或草生地，過去宜蘭、基隆、臺北、臺中、花蓮、臺東等地區均有紀錄。

形態特徵

　　一或多年生草本，植株密生黏性腺毛。葉基生，蓮座狀，寬倒卵形，長約 6 ～ 12mm，葉柄長約 1 ～ 1.5cm。花莖 1 ～ 3，長約 10cm，卷繖花序約 3 ～ 10 朵花，具梗；花瓣 5 枚，倒卵形，白色；雄蕊 5 枚，花柱 5；蒴果球狀。

▲花朵。

▼受困的小動物逐漸被消化。

▲生育地。

▲植株。

長葉茅膏菜

Drosera finlaysoniana Wall. *ex* Arn.

| 科 名 | 茅膏菜科 Droseraceae | 屬 名 | 茅膏菜屬 *Drosera* |
| 別 名 | 芬利松毛膏菜 | 文 獻 | Barrett & Lowrie, 2013 |

分布

　　廣泛分布於東南亞越南、寮國、臺灣、中國、臺灣、澳洲等地區。分布於西部桃園、新竹、苗栗等低山地區沙質或紅土潮溼土地。

形態特徵

　　一年生草本，莖纖細，高約15cm，群株密被黏性腺毛。葉互生，線形，長約 4 ～ 6cm，寬約 2 ～ 2.5mm，向先端漸尖，先端捲曲，腺毛分布於整個葉片從先端至葉基部到達莖軸處；葉無柄。花莖生於莖上與葉對生，通常長於葉，卷繖花序約有 3 ～ 9 朵花；花瓣 5 枚，倒卵形，白色或粉紅色；雄蕊 5 枚；花柱 3，每一花柱又 2 叉至近基部，先端成反曲狀；蒴果卵圓形，種子細小，表面具明顯網紋。

▲花朵。

▲植株。

植物小事典

　　過去約有超過 10 個以上的分類群，都混在所謂的印度長葉茅膏菜複合群中（*Drosera indica* L. complex），Barrett & Lowrie（2013）對澳洲所產的茅膏菜屬 *section Arachnopus*，實際觀察植物葉部腺毛的分布及特徵、花藥的形態、種子表面紋路及大小，也檢視相關的模式標本，對印度長葉茅膏菜複合群重新做了界定。臺灣所產的長葉茅膏菜（*Drosera finlaysoniana* Wall. *ex* Arn.）葉部的腺毛分布到達莖軸處；花藥的形態為標準型，非帽狀或膨大狀；種子細小，具明顯的網紋，網格內部的邊角較圓弧，網格底部具有沙狀的星叢特徵。印度長葉毛膏菜葉部的腺毛分布未到達莖軸處；其分布從非洲、馬達加斯加、亞洲熱帶及亞熱帶地區至婆羅洲、新幾內亞。

▲葉部的腺毛。

小毛氈苔

Drosera spathulata Lab.

科　名｜ 茅膏菜科 Droseraceae　　　　屬　名｜ 茅膏菜屬 *Drosera*

LC

分布

　　日本、韓國、中國、琉球、臺灣、馬來西亞、婆羅洲、新幾內亞、澳洲、紐西蘭等地區。臺灣分布於基隆、宜蘭、臺北、桃園、新竹、臺東等地區溼地或潮溼的山壁。

形態特徵

　　一至多年生草本，植株密生黏性腺毛。葉基生，蓮座狀，匙形，綠色或偏紅色，長約 0.6 ～ 2cm，寬約 2 ～ 5mm，具柄。花莖 1 ～ 4，長約 15cm，卷繖花序；花白色或粉紅色，花瓣 5 枚，橢圓狀倒卵形；雄蕊 5 枚；花柱 3，每一花柱再 2 叉；蒴果圓形。本種為臺灣地區最常見的茅膏菜屬成員，目前野外數量尚穩定，北部地區較為常見。

▶生育環境。

▲白色花朵。

▲粉紅色花朵。

▲葉面上的腺毛。

▲植株。

短柄花溝繁縷

Elatine ambigua Wight

科　名｜	溝繁縷科 Elatinaceae	屬　名｜	溝繁縷屬 *Elatine*
英文名｜	Waterwort, Mud purslane	文　獻｜	Huang, 1994

分布

　　東亞及南亞地區，目前已歸化至歐洲及美洲地區。臺灣常見於稻田或沼澤地。

形態特徵

　　一年生小型沉水或溼生植物，植物體匍匐生長在淺水的地方，節處生根。葉對生，卵形至長卵形，長約 0.3 ～ 1cm，寬約 2 ～ 4mm，無柄，在沉水的情況下葉子會變得較長。花腋生，萼片 3 枚；花瓣 3 枚，粉紅色；無梗。蒴果球形，直徑約 2mm。

▲果實球形，生長於葉腋。

▶短柄花溝繁縷的植株矮小，多平貼土壤表面生長，所以很容易被忽略。

▲植株小型，匍匐生長在淺水或潮溼的地方。

變葉山螞蝗

Grona heterophylla (Willd.) H. Ohashi & K. Ohashi

科　名｜	豆科 Fabaceae	屬　名｜	假地豆屬 *Grona*
別　名｜	異葉山螞蝗	文　獻｜	Ohashia & Ohashi, 2018

分布

　　分布於亞洲、太平洋諸島、菲律賓、印尼、新幾內亞及非洲馬達加斯加，臺灣生長於全島低海拔開闊的潮溼地。

形態特徵

　　細長匍匐生長的草本，莖上被白色毛，節間長。三出複葉，小葉倒卵狀橢圓形，上表面光滑，下表面被毛；先端圓形，微凹；基部楔形；頂生小葉較大，長約 6～18mm，寬約 5～10mm；葉柄長約 8～10mm，被毛。花小，腋生，紫紅色，5～6mm 長，花梗被毛。莢果，扁平，3～6節，長約 1～2cm，寬約 3mm，腹面隘縮，背側連續。

▲果實。

▲植株。

▲生育地。

玉玲花

Whytockia sasakii (Hayata) B. L. Burtt

科 名	苦苣苔科 Gesneriaceae	屬 名	異葉苣苔屬 *Whytockia*

別 名 | 臺灣異葉苣苔

分布

為臺灣特有種，分布於全臺低至中海拔潮溼的森林、山壁、小山溝旁。

形態特徵

多年生草本，斜生；莖多汁液，先端具褐色細柔毛，基部漸光滑。葉歪斜，無柄或近無柄；卵形至卵狀長橢圓形，長約 1.8 ～ 10.5cm，先端尖，基部歪斜，上表面及下表面被細柔毛。花梗及花萼被毛；花冠白色，脣形，上脣 2 裂，下脣 3 裂，內側具黃色腺毛。果實近球形，徑約 3.5 ～ 4mm。

▲生育環境。

▲植株。

▲果實。

▲花朵。

小二仙草

Gonocarpus micranthus Thunb.

科 名| 小二仙草科 Haloragaceae

屬 名| 小二仙草屬 *Gonocarpus*

分布

熱帶及亞熱帶亞洲中國、韓國、日本、臺灣、馬來西亞至澳洲、紐西蘭等地區。臺灣分布於全島低海拔至3000公尺潮溼的地方。

形態特徵

多年生草本，直立、斜上或貼近於地面，植株光滑，高約 10 ～20cm。葉通常對生，卵形，革質，長約 0.6 ～ 1.7cm，寬約 4 ～ 8mm，鋸齒緣，先端尖。圓錐花序，頂生，約3 ～ 9cm 長；花萼筒寬倒卵形，紅褐色；花萼 4 枚，三角形，綠色；花瓣 4 枚，紅褐色；雄蕊 8 枚；柱頭羽毛狀；果實近球形。

▲植株。

▲花序。

▲生育環境。

聚藻屬**Myriophyllum**：約68種；臺灣有3種。

種檢索表

① 植株沉水生長，羽狀葉裂片線形，雌雄同株 ——
聚藻 *M. spicatum*

① 植株挺水生長 ——

② 羽狀葉裂片細小、齒狀，雌雄同株 ——
烏蘇里聚藻 *M. ussuriense*

② 羽狀葉裂片線形，雌雄異株 ——
粉綠狐尾藻 *M. aquaticum*

【註】臺灣聚藻屬過去還有雙室狐尾藻*Myriophyllum dicoccum* F. Muell.，是正宗嚴敬在1939年
採於臺北內湖的紀錄，除此之外並無其它的發現，本種在臺灣應早已消失。

粉綠狐尾藻

Myriophyllum aquaticum (Vell.) Verdc.

科　名	小二仙草科 Haloragaceae
英文名	Parrot's feather
別　名	水聚藻、大聚藻

屬　名	聚藻屬 *Myriophyllum*
文　獻	Li & Hsieh, 1996

分布

原產於南美洲，現今已在全世界各地栽培或歸化。

形態特徵

多年生挺水植物，雌雄異株，臺灣並無雄性的個體，挺水葉具白粉。葉 4 ～ 6 枚輪生，羽狀，長約 1.7 ～ 4cm，寬約 0.4 ～ 1.2cm，每 1 枚羽葉約有 25 ～ 30 枚線形的羽片。花期在 5 ～ 7 月，花腋生，具短的花梗，花梗長約 0.3 mm，基部具有白色長披針形的小苞片；無花瓣；雌蕊柱頭白色；未曾見過果實，以營養繁殖為主。

▲雌花生長於葉腋。

▲匍匐水面的枝條，葉 4 ～ 6 枚輪生，羽狀。

▲植株成群挺水生長。

聚藻

Myriophyllum spicatum L.

| 科 名 | 小二仙草科 Haloragaceae | 屬 名 | 聚藻屬 *Myriophyllum* |

英文名 | Water-milfoil, Eurasian watermilfoil

分布

全世界廣泛分布的植物，在本島的數量也相當多，主要生長在溪流、溝渠、池塘中，在西部濱海地區的野塘中常可見到它的蹤跡。

形態特徵

多年生沉水植物，莖葉柔軟，葉4枚輪生，羽毛狀，長 2.5 ～ 3cm。穗狀花序頂生，雄花在花序的頂端，雌花在下端。由於葉片呈細裂狀，外觀與金魚藻相似，所以也有人把聚藻稱做「金魚藻」。

▲沉水生長，葉羽毛狀，4 枚輪生。

▲穗狀花序於開花時挺出水面。

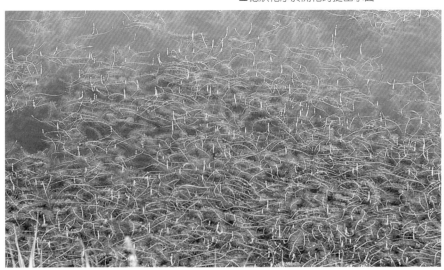

▲沉水生長的聚藻常出現在池塘的環境。

烏蘇里聚藻

Myriophyllum ussuriense (Regel) Maxim.

科　名｜ 小二仙草科 Haloragaceae　　　　屬　名｜ 聚藻屬 *Myriophyllum*

分布

　　原產於東亞的中國、韓國、日本。臺灣是本種植物分布的最南限，主要分布於新竹湖口以北、桃園及新北等低海拔地區的池塘、溝渠等溼地中，野外族群極為少見。

形態特徵

　　多年生挺水植物；葉輪生，羽狀，長約 0.7 ～ 1cm。花單性，腋生，花被4枚；雄花在枝條的上部，雄蕊8枚；雌花在枝條的中部（雄花的下端），壺形，柱頭4，具有許多腺毛，有時可見 1 ～ 3 枚雄蕊。本種羽狀葉裂片的部分較細小，可以和聚藻及粉綠狐尾藻有明顯的區別。

植物小事典

　　2017臺灣維管束植物紅皮書名錄將烏蘇里聚藻列為外來歸化植物，其認定有待商榷。

▲雌花。

▲雄花。

▲植株挺水生長，花開於枝條頂端的葉腋。

探芹草

Hydrolea zeylanica (L.) Vahl

科 名｜ 田基麻科 Hydroleaceae 　　　　屬 名｜ 探芹草屬 *Hydrolea*

CR

分布

舊世界熱帶：巴基斯坦、印度至中南半島、中國、臺灣、菲律賓、婆羅洲至澳洲等地區，臺灣僅分布於屏東縣萬巒一帶的溝渠或溪流中。

形態特徵

一年生挺水或溼生植物，高約30～60cm，莖光滑或具毛，頂端常具腺毛。葉互生，披針形，先端尖，基部楔形，長約2～10cm，寬約0.3～2.5cm。花頂生，花萼5枚，具腺毛；花瓣5枚，藍色。蒴果球形，長約4～5mm。花期在冬季。

▲花開於枝條頂端，花萼、花梗具明顯腺毛。

◀花瓣藍色。

▲葉披針形，光滑無毛。

地耳草

Hypericum japonicum Thunb.

| 科 名 | 金絲桃科 Hypericaceae |
| 英文名 | Japanese St. Johnswort |

| 屬 名 | 金絲桃屬 *Hypericum* |
| 別 名 | 小還魂 |

分布

　　中國、韓國、日本、琉球、臺灣、斯里蘭卡、尼泊爾、澳洲、紐西蘭。臺灣低海拔地區稻田、溝渠、沼澤等潮溼的地方很常見。

形態特徵

　　一年生溼生植物，高約 10 ～ 20cm，莖方形。葉對生，卵形至橢圓狀卵形，全緣，先端圓鈍，基部心形，呈抱莖狀，長約 0.5 ～ 1cm，寬約 4 ～ 6mm，無柄，一至三出脈。花頂生，直徑約 4 ～ 8mm；花萼 5 枚，花瓣黃色，雄蕊多數，子房單一。蒴果卵形。

▲地耳草多生長於潮溼的土壤。

▲花朵生於枝條的頂端，花瓣5枚，黃色。

▲葉對生具三出脈，基部呈抱莖狀。

129

地筍

Lycopus lucidus Turcz.

科 名 | 唇形科 Lamiaceae

別 名 | 地笋

屬 名 | 地筍屬 *Lycopus*

分布

　　西伯利亞、中國、滿洲、韓國、日本、臺灣等東亞地區。臺灣僅分布於臺灣北部少數地區，數量不多。

形態特徵

　　多年生溼生植物，高約 40 ～ 100cm，莖方形，有毛，具走莖。葉對生，橢圓形至長橢圓形，先端尖，基部楔形，長約 6 ～ 7cm，寬約 1.5 ～ 3cm，鋸齒緣，上下表面多少有毛，下表面具腺點。花腋生，花冠白色，管狀鐘形，長約 4mm，約與花萼等長。小堅果倒卵形，長約 2mm。

▲植株直立，莖方形；葉對生，長橢圓形，粗鋸齒狀。

▲花白色，腋生。

▲地筍白色的小花聚集成聚繖狀。

耳葉刺蕊草

Pogostemon auricularia (L.) Hassk.

科　名	唇形科 Lamiaceae	屬　名	刺蕊草屬 *Pogostemon*

別　名｜ 密花節節紅

分布

　　東南亞從印度、斯里蘭卡、東喜馬拉雅、尼泊爾至中國、中南半島、馬來西亞、印尼、臺灣、菲律賓、婆羅洲、新幾內亞等地區。臺灣分布於全島低海拔沼澤地、林緣溼潤的地方。

形態特徵

　　一年生草本，高可達 1m，多分枝，基部平臥，莖上密被直立長毛。葉對生，長橢圓狀卵形，長 2 ～ 7cm，寬 1 ～ 2cm，先端銳尖，基部楔形，具柄，鋸齒緣，葉兩面均被長毛，下表面具腺點。穗狀花序頂生，細長，約 4 ～ 11cm，花密集，數量多；花冠白色或淡紫色，筒狀，先端 4 裂；雄蕊 4 枚。果實近球狀，長約 0.5mm。

▲花序。

▲生育環境。

▲植株。

水虎尾

Pogostemon stellatus (Lour.) Kuntze

科 名 | 唇形科 Lamiaceae　　　　　　　屬 名 | 刺蕊草屬 *Pogostemon*

分布

　　中國、日本、臺灣、馬來西亞、印度和澳洲。臺灣分布於低海拔地區的稻田或溼地。

形態特徵

　　一年生溼生植物，高約 10 〜 60cm，莖方形。葉 3 〜 8 枚輪生，線形至披針形，長約 1.5 〜 7cm，寬約 0.2 〜 1.3cm，先端尖，基部楔形，鋸齒緣，無柄。穗狀花序頂生，長約 2 〜 6cm，具有密毛；花萼管狀，具密毛，5 裂；花冠淡紫色，4 裂。果實扁球形，長約 0.4 〜 0.7 mm。

▲植株葉輪生，花序頂生。

　　臺灣有關水虎尾的記載並不多，《臺灣植物誌》的標本紀錄僅臺北及高雄有兩份採集紀錄。根據近期的一些文獻，水虎尾在全臺各地呈零星分布狀態，且已被列為瀕臨絕滅的植物，其分布在中部的蓮華池、北部的臺北地區、東北部宜蘭的雙連埤及東部花蓮等地區。相較於野外的狀況，由於其外觀形態特殊，水虎尾在水族及庭園造景中是很常見的種類。在挺水狀態下，輪生葉的形態及粉紅色的穗狀花序就相當吸引人們目光；而在沉水情況之下，略帶紅色的葉片，葉片數也變得更多且細長，顯得更細緻，因而深受水族界的喜愛。話說回來，以水虎尾生長的狀況來看，它會在野外變得稀有，應是與臺灣土地的開發及利用有很大關係，生育地不斷地縮減，導致水虎尾的族群數量變得稀少。

唇形科

▲穗狀花序上有許多小花朵。

▲水虎尾常被利用於水族缸的美化和造景上。

狸藻屬**Utricularia**：約240種；臺灣有11種。

種檢索表	❶植株生長於潮溼的地方，單葉	❷葉近圓形 —— 圓葉挖耳草 *U. striatula*		
		❷葉線形、倒披針形至倒長橢圓形	❸距貼近於下唇，約2倍長於下唇；花冠紫紅色 —— 長距挖耳草 *U. caerulea*	
			❸距垂直於下唇，約與下唇等長；花冠紫紅色、紫色或黃色	❹花冠黃色；葉線形至線狀倒披針形 —— 挖耳草 *U. bifida*
				❹花冠紫色；葉倒披針形 —— 紫花挖耳草 *U. uliginosa*
	❶植株沉水生長，葉羽狀深裂	❺葉呈分叉絲狀，0.5～1.5cm長；花冠0.4～0.8 cm —— 絲葉狸藻 *U. gibba*		
		❺葉呈羽狀，1.5～4cm長；花冠1～1.5cm長	❻羽片均在同一平面上；花序軸上具有鱗片 —— 南方狸藻 *U. australis*	
			❻羽片不在同一平面上；花序軸上無鱗片或極少數出現1個鱗片 —— 黃花狸藻 *U. aurea*	

【註】：此處檢索表不包含新歸化的禾葉挖耳草、利維達挖耳草、史氏挖耳草、三色挖耳草等種類，目前這4種植物均僅見於臺北五指山周邊內湖、汐止一帶。另尚有一新紀錄的異萼挖耳草（*Utricularia heterosepata* Benj.），目前僅發現於花蓮豐濱一處生育地。

黃花狸藻

Utricularia aurea Lour.

科　名	狸藻科 Lentibulariaceae
英文名	Yellow bladderwort

屬　名	狸藻屬 *Utricularia*
文　獻	郭 , 1968；趙 , 2003；Taylor, 1989

狸藻科

分布

　　東亞、南亞及澳洲。臺灣分布於全島低海拔的池塘、湖泊、稻田等地區。

形態特徵

　　一或多年生沉水植物，無根。匍匐枝圓柱形，長可達 1m。葉互生，多次深裂成細絲狀。捕蟲囊多數，生於葉裂片的側面，具短柄。花序軸直立，挺出水面，長約 5 ～ 25cm；花約 3 ～ 6 朵，花梗直立，花後彎向下，長約 0.6 ～ 1cm；花冠黃色，唇形，長約 1 ～ 1.5cm，下唇較大；距長筒狀，長度約與下唇等長。蒴果球形，直徑約 0.5cm。本種與南方狸藻很相似，差異在於本種花序軸上無鱗片，南方狸藻花序軸上具有鱗片。

▲花梗在開完花後會向下彎。

▲捕蟲囊。

▲生育環境（雙連埤，1997 年）。

▶黃花狸藻黃色的唇形花朵是狸藻屬中最大型的種類之一。

135

南方狸藻

Utricularia australis R. Br.

科　名｜　狸藻科 Lentibulariaceae　　　　屬　名｜　狸藻屬 *Utricularia*

英文名｜　Yellow bladderwort, Common bladderwort

分布

　　歐洲、亞洲、非洲、澳洲、紐西蘭。臺灣生長於全島各地低海拔靜止水域、稻田、池塘等地方，目前主要發現於北部及東北部地區。

形態特徵

　　多年生沉水植物，無根。匍匐枝細，直徑約 0.3 ～ 2mm，冬芽位於枝條末端。葉互生，2 裂，兩個裂片約等長，長約 1.5 ～ 4cm；二回羽狀深裂，末羽片絲狀，羽片和小羽片呈一個平面；羽軸略呈「之」字形。捕蟲囊具短柄，兩型，具 2 枚剛毛。花序軸直立，挺出水面，長約 10 ～ 30cm，花序軸上具 1 ～ 3 枚鱗片；花約 2 ～ 5 朵，花梗直立，開花後呈曲線彎下；花冠黃色，唇形，長約 1.2 ～ 2cm，下唇較上唇大，下唇的寬度遠大於長度；距近圓錐形，短於下唇。蒴果球形，直徑約 4 mm。

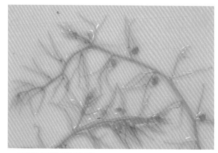

▲葉片呈絲狀分裂。

▲生育環境（崙埤），南方狸藻羽片和小羽片都在同一個平面上。

挖耳草

Utricularia bifida L.

科 名| 狸藻科 Lentibulariaceae

屬 名| 狸藻屬 *Utricularia*

分布

南亞、東南亞及澳洲。臺灣分布於全島低至中海拔稻田和溼地。

形態特徵

一年生小型溼生植物，無根。匍匐枝少數，絲狀。葉由匍匐枝長出，線形至線狀倒披針形，長約 1.5～2cm，寬約 0.1cm。捕蟲囊長於匍匐枝及葉身上，約 1mm 大小。花序軸直立，長約 3～20cm，軸上具少數鱗片。花4～6朵，花萼二裂，長約5～6mm；花冠黃色，唇形，0.6～1cm長；距長度約與下唇等長，與下唇從不同角度叉開。蒴果廣橢圓形，長約3mm。

▲線形的葉片由匍匐枝長出，露出於地面。

▲植株生長於水底，開花時花序挺出水面。

▲挖耳草主要生長在淺水或潮溼的地方（小溝渠）。

137

長距挖耳草

Utricularia caerulea L.

| 科 名 | 狸藻科 Lentibulariaceae | 屬 名 | 狸藻屬 *Utricularia* |

別 名 | 短梗挖耳草

分布

　　馬達加斯加、印度至中南半島、中國、韓國、日本、臺灣等南亞、東南亞地區至澳洲。臺灣分布於北部低海拔地區的溼地。

形態特徵

　　一年生小型溼生植物，無根。匍匐枝少數，絲狀。葉由匍匐枝長出，長橢圓形至長橢圓狀披針形，長約 0.5 ～ 1.5cm，寬約 0.1 ～ 0.2cm。捕蟲囊長於匍匐枝及葉身上，約 1 ～ 1.5mm 大小。花序軸直立，長約 5 ～ 20cm，軸上具多數鱗片。花 2 ～ 6 朵，花冠紫紅色，唇形，長約 0.4 ～ 1.1cm；距較下唇長。蒴果球形或橢圓形，長約 2mm。

▲花序。

▼橢圓形的葉片由匍匐枝長出，露出於地面上。

絲葉狸藻

Utricularia gibba L.

科　名	狸藻科 Lentibulariaceae	屬　名	狸藻屬 *Utricularia*

英文名 | Yellow bladderwort, Cone-spure bladderwort

分布

　　泛熱帶分布，臺灣全島低海拔至中海拔地區的稻田、池塘、湖泊、沼澤等溼地相當常見。

形態特徵

　　一至多年生沉水性小型植物，植物體絲狀，無根。匍匐枝多數，絲狀，細長，可達20cm以上。葉多數，絲狀，長約 0.5 ～ 1.5cm。捕蟲囊側生於葉身上，約 1 ～ 2mm 大小，具短柄。花序軸挺出水面，長約 8 ～ 15cm，纖細；花萼 2 枚，綠色，卵形，2.5 ～ 3mm 長；花瓣黃色，唇形，長約 0.4 ～ 2.5cm；有距，距略長於下唇，方向約與下唇平行；花梗長約 5 ～ 6mm。果實近圓形，長約 3mm。本種花冠的大小變化很大，常被認為是不同的種類。

▲捕蟲囊側生於葉身上，具短柄。

▲花（小型花冠）。

▲球狀的果實。

▲花冠黃色，距略長於下唇（大型花冠）。

禾葉挖耳草

Utricularia graminifolia Vahl

科　名｜ 狸藻科 Lentibulariaceae　　　　屬　名｜ 狸藻屬 *Utricularia*

文　獻｜ 劉等, 2011

分布

　　原產於印度、斯里蘭卡、中國、緬甸、泰國，臺灣歸化於北部內湖、汐止一帶山區滲水山壁及路旁溼地。

形態特徵

　　一或多年生溼生植物，根莖及走莖絲狀，多分枝。葉數量多，線形至狹倒卵形，寬可達6mm，具柄，總長可達4cm；先端圓至微尖；三出脈。捕蟲囊生於根莖、走莖及葉上，球狀，具柄。花序直立，細長，花序軸4～30cm長，約2～6朵花；苞片卵狀三角形，小苞片明顯較苞片短小且狹窄；花萼裂片不等形，卵形，下方裂片小於上方裂片，先端微二齒狀。花冠淡紫色至紫色，0.7～1.5cm長；上唇長橢圓形，長於上方花萼裂片；下唇近圓形，基部有明顯的鼓起。距狹錐狀，微彎，先端漸尖，長於下唇。花絲線形；蒴果橢圓體形，約2.5mm長；種子卵形至橢圓體狀，具細長的網紋。

▲線形的葉片。

▲潮溼山壁上的族群。

▲花朵。

利維達挖耳草

Utricularia livida E. Meyer

科　名｜　狸藻科 Lentibulariaceae

別　名｜　鉛色挖耳草、青色挖耳草

屬　名｜　狸藻屬 *Utricularia*

文　獻｜　周等 , 2015

分布

　　非洲東部向南至非洲南部、馬達加斯加，及中美洲墨西哥等地區；臺灣歸化於北部五指山一帶山區路旁溼地。

形態特徵

　　一或多年生溼生植物，具根莖；走莖多分枝，長可達 5cm。葉數量少，通常 1 枚生於花軸基部，其餘散生於走莖上；葉線形至倒卵狀匙形，長 0.2 ～ 7cm，寬 1 ～ 6mm，具柄；捕蟲囊生於根莖、走莖及葉上。花序直立，花序軸細長，花單生或於花序軸上端分枝，約 2 ～ 8 朵花；苞片與小苞片略等長；花萼裂片卵形，上下略相等，2 ～ 5mm 長。花冠 5 ～ 15mm 長，白色或淺至深紫色，下唇基部具黃斑或無；上唇先端圓或截形；下唇略圓形，基部有兩側隆起；距錐狀，與下唇等長至兩倍長；花絲彎曲；蒴果球形，約 2mm 長。

▲花序。

▲花朵。

▲倒卵狀匙形的葉片。

史氏挖耳草

Utricularia smithiana Wight

科 名	狸藻科 Lentibulariaceae	屬 名	狸藻屬 *Utricularia*

文 獻 | Hsu *et al.*, 2017

分布

原產於印度，臺灣歸化於北部汐止五指山一帶山區滲水山壁及路旁溼地。

形態特徵

多年生溼生植物，根莖及走莖細長，多分枝。葉數量多，線形，約 1.5mm 寬，先端圓，長約 1.5 ～ 5cm，具柄，總長可達 10cm；三出脈。捕蟲囊生於走莖及葉上，球狀，具柄。花序直立或纏繞狀，細長，花序軸 10 ～ 20cm 長，約 2 ～ 8 朵花；苞片卵狀三角形，約 2mm 長；小苞片長披針形，約與苞片等長；花萼裂片不等形，卵形，下方裂片略小於上方裂片，先端微二齒狀。花冠淡紫色至紫色，1.5 ～ 2cm 長；上唇倒卵形至長橢圓形；下唇近圓形，基部明顯鼓起。距狹錐狀，微彎，先端漸尖，約與下唇等長。花絲線形；子房卵球形，蒴果寬橢圓體形，約 3 ～ 4mm 長；種子球狀，具多邊形的網紋。

▲生育環境。

植物小事典

　本種與禾葉挖耳草極為相似，史氏挖耳草的花序軸常為纏繞狀，花冠較長；禾葉挖耳草花序軸直立，花冠較短；種子形狀及種子上的網紋亦有不同。

▶花朵。

▲線形的葉片。

圓葉挖耳草

Utricularia striatula Sm.

科　名 | 狸藻科 Lentibulariaceae
屬　名 | 狸藻屬 *Utricularia*

分布

　　非洲至亞洲、新幾內亞。臺灣分布於全島低海拔潮溼的石頭、樹幹及長年潮溼的地方。

形態特徵

　　一至多年生溼生植物，無根，具假根。葉蓮座狀生長於走莖上，圓形或近圓形，約 1～5mm 寬，具長柄。走莖橫走地面，絲狀，白色，具互生的葉片。捕蟲囊散生於橫走的走莖上，卵形，長約 0.6～1mm，具柄；口側生，具 2 枚由背部延伸的觸狀毛，觸狀毛上具有柄腺體。總狀花序，花序軸 1～20cm 長；花白色、粉紅色或淡紫色，約 1～10 朵。花冠長約 0.4～1cm，上唇小，長、寬約 1 mm，2 或 3 裂；下唇圓形或寬橢圓形，長約 2～7mm，寬約 3～9mm，頂端呈 3～5淺裂。距與下唇垂直，長度約與下唇等長。蒴果球形，種子倒卵形至窄倒卵形。

▲植株生長於潮溼的岩壁上。

▲花白色，花冠下唇較上唇寬大。

▲植株具白色走莖，捕蟲囊生於走莖上。

三色挖耳草

Utricularia tricolor A. St.-Hil.

科　名｜ 狸藻科 Lentibulariaceae 　　　 屬　名｜ 狸藻屬 *Utricularia*

文　獻｜ Hsu *et al.*, 2017

分布

　　原產南美洲，臺灣歸化於北部五指山汐止及基隆七堵一帶山區路旁溼地。

形態特徵

　　多年生溼生植物，根莖及走莖絲狀，少分枝。葉 1 ～ 3 枚生於花序軸基部，寬倒卵形或近圓形，長約 1 ～ 1.5cm，寬約 1.5cm，具長柄。捕蟲囊生於根莖及走莖上，具柄，寬卵形。花序直立，花序軸 10 ～ 30cm 長，1 ～ 4 朵花；苞片卵狀三角形，3 條脈；小苞片約與苞片等長，線形；花萼裂片略等長，上方裂片寬卵形或近圓形，下方裂片略短，先端微凹。花冠紫色或淡紫色，長約 1 ～ 2.5cm，上唇寬卵形，下唇寬橢圓形，基部具白色和黃色斑，下唇先端圓形、全緣或三淺裂；距狹錐狀，微彎，略與下唇等長。蒴果略扁球狀，3 ～ 4mm 長；種子狹圓柱體形。

▲葉片寬倒卵形或近圓形。

▲生育環境。

紫花挖耳草

Utricularia uliginosa Vahl

科　名｜ 狸藻科 Lentibulariaceae	屬　名｜ 狸藻屬 *Utricularia*
英文名｜ Purple bladderwort	別　名｜ 齒萼挖耳草

分布

　　印度至澳洲。臺灣僅桃園地區有採集紀錄，近年並無新的發現。

形態特徵

　　多年生溼生植物，無根，具假根。葉生長於走莖上，互生，長披針形至線形，2.5～5cm長，1.5～6mm寬。捕蟲囊生長於假根、走莖及葉上，具柄；口基生，上唇具2觸狀毛，觸狀毛上具有柄腺體。總狀花序，花序軸3～30cm長；花藍色、淡紫色或白色，約2～10朵。花冠約3～7mm長，上唇近圓形，先端微凹；下唇近圓形，較上唇大。距伸直或微彎，與下唇垂直或略呈銳角，長度約與下唇等長。蒴果橢圓至圓形，種子近球形或寬橢圓形。

▶植株手繪圖。

母草科**Linderniaceae**：原為玄參科（Scrophulariaceae）的成員，現今在分子生物親緣演化的研究顯示母草屬（**Lindernia**）非單系群（non-monophyletic），較新的分類架構將這一群植物置於母草科。臺灣約有8屬24種，水生約有5屬10種。
泥花草屬**Bonnaya**：約有15種；臺灣有4種，水生約2種。
母草屬**Lindernia**：約有65種；臺灣有8種，水生約4種。
倒地蜈蚣屬**Torenia**：約有68種；臺灣有5種，水生約1種。

種檢索表	❶基出葉脈3～5條	❷雄蕊4，退化雄蕊無；葉橢圓形，全緣 —— 陌上菜 *L. procumbens*		
		❷雄蕊2，退化雄蕊2；葉倒卵狀橢圓形或卵狀披針形	❸花梗短於鄰近的葉，葉倒卵狀橢圓形 —— 美洲母草 *L. dubia*	
			❸花梗長於鄰近的葉，葉卵狀披針形 —— 擬櫻草 *L.dubia* var. *anagallidea*	
	❶葉脈羽狀	❹雄蕊4，退化雄蕊無 —— 心葉母草 *T. anagallis*		
		❹雄蕊2，退化雄蕊2；葉橢圓狀倒披針形	❺葉緣鋸齒10對以下 —— 泥花草 *B. antipoda*	
			❺葉緣鋸齒10對以上 —— 旱田草 *B. ruelloides*	

泥花草

Bonnaya antipoda (L.) Druce

科　名	母草科 Linderniaceae	屬　名	泥花草屬 *Bonnaya*
別　名	旱田草	文　獻	Liang & Wang, 2014

分布

　　分布於溫帶亞洲、澳洲和大洋洲，臺灣低海拔水田、溼地相當常見。

形態特徵

　　一年生溼生植物，植株光滑，莖多分枝，伏臥地面。葉對生，橢圓狀倒披針形，長約 1～4cm，寬約 1cm，無柄，粗鋸齒緣。花單一，腋生，花梗長約 0.5～1cm；花冠淡紫色，唇形，下唇較寬廣，3 裂，上唇較小。果實長柱形，尖頭，長約 1～1.6cm，長於宿存花萼。

▲果實長於宿存花萼。

▲下唇寬度明顯較大。

▲泥花草主要伏臥在地面上生長。

旱田草

Bonnaya ruelloides (Colsm.) Spreng.

科 名丨　母草科 Linderniaceae

文 獻丨　Liang & Wang, 2014

屬 名丨　泥花草屬 *Bonnaya*

分布

　　亞洲東喜馬拉雅、尼泊爾、印度東北部、孟加拉、中國，至中南半島緬甸、寮國、泰國、柬埔寨、越南、馬來西亞，及臺灣、菲律賓、爪哇、新幾內亞等地區。臺灣常見於全島溼地、水邊及土壤潮溼的地方。

形態特徵

　　多年生匍匐生長的草本，莖多分枝，節處生根。葉對生，長橢圓形、橢圓形至卵圓形，長約 2 ～ 5cm，寬約 1.3 ～ 2cm，兩面粗糙，葉脈羽狀；具柄；鋸齒緣。總狀花序頂生，約 2 ～ 10 朵花，花梗短；花萼 5 裂，裂片長披針形；花冠淺紫色，10 ～ 15mm 長，唇形，後端筒狀部位略呈扁壓狀，上唇 2 裂，下唇 3 裂，裂片幾相等。雄蕊 2 枚，不孕雄蕊 2 枚。蒴果長圓柱形，約為宿存花萼 2 ～ 3 倍長。

植物小事典

　　本種葉緣鋸齒數量多，鋸齒先端尖，可與泥花草及水丁黃（*Bonnaya ciliate*（Colsm.） Spreng.）明顯區別。泥花草葉緣鋸齒數較少，鋸齒先端略鈍；水丁黃的鋸齒先端具芒尖。

▲匍匐生長的植株。

▲花朵。

▲葉部的鋸齒明顯。

美洲母草

Lindernia dubia (L.) Pennell var. *dubia*

科 名 | 母草科 Linderniaceae

屬 名 | 母草屬 *Lindernia*

分布

原產北美洲，1987 年由中興大學歐辰雄教授發表為新紀錄種，全島低海拔地區水田或潮溼的地方均可發現。

形態特徵

一年生溼生植物，植株高約 12 ～ 30cm，莖方形，光滑無毛。葉對生，倒卵狀橢圓形，長約 1.2 ～ 3cm，寬約 0.5 ～ 1cm，疏鋸齒緣，基出脈三或五。花腋生，具長梗；花萼 5 裂，幾乎裂到基部，長約 4mm；花冠白色帶淺紫色，長約 0.5 ～ 1cm，上唇淺 2 裂，下唇淺 3 裂；雄蕊 4 枚；花柱宿存；果實長橢圓形，長約 4 ～ 6mm，約與花萼等長。

▲筒狀的花朵顏色略淺。

▲葉對生，倒卵狀橢圓形。

▲直立矮小的植株在水田中很常見。

擬櫻草

Lindernia dubia L. var. *anagallidea* (Michx.) Cooperr.

科　名	母草科 Linderniaceae	屬　名	母草屬 *Lindernia*

文　獻 | 歐, 1987；Yamazaki, 1981；Chaw & Kao, 1989

母
草
科

分布

　　原產北美，現已歸化臺灣各地稻田、溼地。

形態特徵

　　一年生溼生植物，高約 25cm，基部具許多分枝，四稜形，光滑。葉對生，卵狀披針形至披針形，光滑，先端尖，基部鈍至圓，長約 0.5 ～ 1.8 cm，寬約 2 ～ 6mm，全緣至微齒緣，脈 3 ～ 5 條。花腋生，單一，花梗長於鄰近的葉片；花萼 5 深裂，裂片線狀披針形；花冠白色至淡紫色，長約 6mm；雄蕊 4 枚。蒴果橢圓形，長度約與花萼等長，柱頭宿存；種子柱狀至卵狀橢圓形，黃褐色。

▲花朵具有長梗。

▲植株小型，具有許多分枝。

▲卵狀披針形的葉片形狀與同屬種類明顯不同。

陌上菜

Lindernia procumbens (Krock.) Borbás

科 名	母草科 Linderniaceae	屬 名	母草屬 *Lindernia*

文 獻 | Fisher *et al.*, 2013

分布

分布於溫帶至熱帶歐亞地區，臺灣低海拔地區水田、溼地均很常見。

形態特徵

一年生溼生植物，直立或斜上，莖方形，植株光滑。葉對生，橢圓形，長約 1.4 ～ 2cm，寬約 0.8 ～ 1cm，全緣，先端圓或鈍，無柄，基部三出脈或五出脈。花腋生，花冠淡粉紅色，下唇 3 裂，甚大於上唇；花梗比葉長，長約 0.5 ～ 2cm。果實長橢圓形，長約 3 ～ 4mm，約與宿存花萼等長。

▲花梗比葉長，果實約與宿存花萼等長。

▲花腋生。

▲橢圓形的葉片及基出三或五出脈是明顯的特徵。

心葉母草

Torenia anagallis (Burm. f.) Wannan, W. R. Barker & Y. S. Liang

科　名	母草科 Linderniaceae	屬　名	倒地蜈蚣屬 *Torenia*
英文名	Heart vandellia	文　獻	Ed Biffin *et al.*, 2018

母草科

分布

　　分布於熱帶亞洲和澳洲，臺灣低海拔水田、溼地相當常見。

形態特徵

　　一年生溼生植物，植物體光滑，莖多分枝，方形，伏臥生長。葉對生，三角狀卵形，長約 1 ～ 2.5cm，寬約 0.5 ～ 1cm，鋸齒緣，無柄。花單一，腋生；花梗比葉子長，長約 1 ～ 1.5cm；花冠紫紅色，長約 1 ～ 1.6cm，上唇 2 裂，下唇 3 裂。果實長圓柱形，尖頭，長約 1cm，長於宿存花萼。

▲三角狀卵形的葉片是本種明顯的辨識特徵。

▲花腋生。

◀花朵。

153

水莧菜屬**Ammannia**：全世界約80～95種；臺灣有4種。

種檢索表				
❶葉基部楔形，不呈耳狀；花瓣無 ── 水莧菜 *A. baccifera*				
❶葉基呈耳狀；具有花瓣 ──	❷花序及花無梗或近無梗 ── 長葉水莧菜 *A. coccinea*			
	❷花序及花有梗 ──	❸花瓣紫紅色 ── 耳葉水莧菜 *A. auriculata*		
		❸花瓣淡粉紅色 ── 多花水莧菜 *A. multiflora*		

【注】：耳葉水莧菜*A. auriculata*為中興大學森林系歐辰雄教授，於1985年根據在臺中及臺南所採的標本所發表的新紀錄種。另外Yamazaki在1974年也根據臺灣濁水的一份標本，紀錄了*A. auriculata* var. *arenaria*（H. B. K.）Koehne這個種類分布於臺灣，在Graham（1985）的文章中就指出耳葉水莧菜有三個變種，其中*A. auriculata* var. *arenaria*是分布於非洲、亞洲和美洲地區。

長葉水莧菜*A. coccinea* Rottb.是花蓮教育大學陳世輝教授，於1987年所發表的新歸化植物。此種為一雜交種，染色體數為n=33，它是源自於耳葉水莧菜（n=16）及*A. robusta* Heer & Regel.（n=17），本種花的顏色與耳葉水莧菜相似，不過耳葉水莧菜的花序及花朵具有明顯的花梗，葉長約2～5 cm，葉先端較鈍；長葉水莧菜的花序及花朵的花梗均不明顯，葉長約2～10 cm，葉先端較尖，另外長葉水莧菜在臺灣數量也不多。

耳葉水莧菜

Ammannia auriculata Willd.

科 名┃ 千屈菜科 Lythraceae　　　　屬 名┃ 水莧菜屬 *Ammannia*

分布

全世界熱帶及亞熱帶地區，臺灣平地水田及潮溼的地方很常見。

形態特徵

一年生溼生植物，直立，植株高約 10～50cm，莖四方形。葉對生，長披針形至倒披針形，長約 1～5cm，寬約 0.3～1cm，基部呈耳狀。花約 5～6 朵生於葉腋，具有明顯紫紅色的花瓣。蒴果球形，直徑約 0.1～0.2cm。

▲花瓣紫紅色，具有明顯的花梗。

▲成熟果實呈球形，紅色。

▲葉基呈耳狀，花朵生長於葉腋。

155

水莧菜

Ammannia baccifera L.

科 名	千屈菜科 Lythraceae	屬 名	水莧菜屬 *Ammannia*

文 獻 | 歐 , 1985；陳 , 1987；Yamazaki, 1974；Graham, 1985

分布

原產於舊世界非洲、亞洲及澳洲等地區，目前已歸化於美洲地區。臺灣在平地水田、潮溼的地方數量很多。

形態特徵

一年生溼生植物，直立，多分枝，植株高約 15 ～ 50cm，莖方形。葉對生，長橢圓形，長 3 ～ 6.5cm，寬 0.7 ～ 1.2cm，先端尖，基部楔形，無葉柄。花腋生，聚繖花序，花萼 4 枚，三角形，花瓣無。果實球形，直徑約 2.5mm。

▲本種和其他兩種最大的區別，在於本種葉基不呈耳狀及無花瓣。

▲成熟果實呈球狀，帶紅色。

▲稻田中常見水莧菜生長。

長葉水莧菜

Ammannia coccinea Rathb.

科 名 | 千屈菜科 Lythraceae　　　　屬 名 | 水莧菜屬 *Ammannia*

文 獻 | 陳 , 1987

分布

原產於北美至厄瓜多。

形態特徵

一年生，高約 30 ～ 80cm，莖方形，多分枝。葉對生，長橢圓狀披針形，長約 2 ～ 10cm，寬約 3 ～ 8mm，最寬部位在中段，先漸尖，基部耳狀。聚繖花序，腋生，近無梗；花萼杯狀，頂端 5 裂；花瓣 4 或 5 枚，紫紅色，寬倒卵形，約 2mm 長；雄蕊 5 枚，雌蕊單一。蒴果球形，直徑約 3mm，花柱宿存，成熟果實包於宿存花萼內。

▲植株葉片明顯狹長。

▲葉基部耳狀，花腋生。

▲花序近無梗，果實球形。

157

多花水莧菜

Ammannia multiflora Roxb.

科 名| 千屈菜科 Lythraceae　　**屬 名|** 水莧菜屬 *Ammannia*

文 獻| Lu, 1979

分布

　　非洲、熱帶及亞熱帶亞洲至澳洲等地區。臺灣平地水田及潮溼的地方很常見。

形態特徵

　　一年生溼生植物，直立，多分枝，植株高約 10 ～ 50cm，莖四方形。葉對生，葉的基部呈耳狀，不過多花水莧菜的葉較窄，花朵數量更多，聚集於葉腋，花瓣很細小。為水田中常見的植物，近年來數量不斷在增加之中，在水田溼地占有相當的優勢。

▲成熟果實呈球狀，紅色。

▲葉基部耳狀；花瓣很細小，顏色也較淺。

▲ 多花水莧菜是水田中常見的雜草。

水豬母乳屬**Rotala**：約55種；臺灣有8種。

種檢索表

❶葉輪生	❷葉3枚輪生	❸花瓣無；溼生 —— 輪生葉水豬母乳 *R. mexicana*	
		❸具有花瓣；可沉水生長，沉水葉多數 —— 瓦氏水豬母乳 *R. wallichii*	
	❷葉5枚以上輪生 —— 水杉菜 *R. hippuris*		
❶葉對生	❹葉近圓形；穗狀花序頂生 —— 水豬母乳 *R. rotundifolia*		
	❹葉長橢圓形至線形；花腋生	❺花萼裂片4枚	❻葉橢圓形 —— 沼澤節節菜 *R.indica* var.*uliginosa*
			❻葉倒披針形 —— 美洲水豬母乳 *R. ramosior*
		❺花萼裂片5枚 —— 五蕊水豬母乳 *R. rosea*	

水杉菜

Rotala hippuris Makino

科 名	千屈菜科 Lythraceae	屬 名	水豬母乳屬 *Rotala*
英文名	Mizusugina	文 獻	Cook, 1979

分布

　　原為日本的特有種，近年來在本島桃園、新竹一帶的水池中發現，不過數量相當少。

形態特徵

　　多年生挺水植物，莖紅色。葉5～12 枚輪生，線形，長約 5mm，寬約 1mm；水上葉綠色，沉水葉帶紅色，沉水葉的數量比水上葉更多。花腋生，1～2 朵，粉紅色，花瓣 4 枚，長度不到 1mm，花期約 10 至 11 月。

▲沉水葉呈紅色，與挺水葉顏色完全不同，常被栽植於水族箱中。

▲植株挺水生長。

▲花粉紅色，腋生。

沼澤節節菜

Rotala indica var. *uliginosa* (Miq.) Koehne

科　名	千屈菜科 Lythraceae	屬　名	水豬母乳屬 *Rotala*

文　獻 | 葉等, 2011

分布

　　廣泛分布於南亞和東亞地區，臺灣主要生長在淺水的地區，水田或小水溝中可以看到。

形態特徵

　　一年生挺水植物，植物體直立狀，高約 10 ～ 20cm。葉無柄，對生，橢圓形，長約 1cm，寬約 5mm。花單生於葉腋，花萼筒狀，4 裂，帶紅色，長約 1.5 ～ 2mm；花瓣極細小，粉紅色，橢圓形，4 枚，長度不到 1mm。果實橢圓形，長約 2mm。

▲花腋生，具細小的花瓣。

▲沼澤節節菜有時外形和水豬母乳很相似，但腋生的花朵可與水豬母乳的頂生穗狀花序區別。

輪生葉水豬母乳

Rotala mexicana Cham.& Schltd.

科 名	千屈菜科 Lythraceae	屬 名	水豬母乳屬 *Rotala*
別 名	墨西哥節節菜		

分布

分布於全世界溫暖的地區；臺灣低海拔地區稻田、溼地可以發現，零星分布。

形態特徵

一年生小型溼生植物，匍匐或半直立狀。葉對生或 3 ～ 8 枚輪生，線形或狹披針形，長約 0.5 ～ 1.5cm，寬約 1 ～ 2mm，幾無柄。花腋生，花萼筒狀，紅色；無花瓣。蒴果球形，直徑約 1mm。

▲本種植株很小，很容易和其他種類區別

▲植株小型，不及 10cm 高。

▲葉線形或狹披針形，果實球形，包於花萼筒內。

美洲水豬母乳

Rotala ramosior (L.) Koehne

科 名｜	千屈菜科 Lythraceae	屬 名｜	水豬母乳屬 *Rotala*
英文名｜	Toothcup	別 名｜	美洲節節菜

千屈菜科

分布

　　原產美洲，現已歸化至歐洲及亞洲的菲律賓及臺灣。臺灣目前僅發現於東部花蓮地區的水田中。

形態特徵

　　一年生溼生植物，直立或斜上，高約 10 ～ 25cm，莖略呈方形。葉對生，長橢圓形至倒披針形，長約 4.5cm，寬約 3 ～ 7mm，先端鈍，無柄或近無柄。花單一，腋生，無柄，具 2 枚葉狀苞片；苞片長約 1 ～ 6mm，寬約 0.2 ～ 1mm；花萼 4 裂，裂片淺三角形，裂片間有尾狀附屬物向外開展；花瓣 4 枚，花瓣淡粉紅色至白色，約 0.5mm 長。蒴果球形，包於宿存花萼內。種子角塊狀。

▶葉對生，長橢圓形；花腋生，花萼裂片間有尾狀附屬物向外開展。

水豬母乳

Rotala rotundifolia (Buch.-Ham. *ex* Roxb.) Koehne

科　名	千屈菜科 Lythraceae	屬　名	水豬母乳屬 *Rotala*
英文名	Pink spirte	別　名	圓葉節節菜

千屈菜科

分布

　　亞洲從印度至日本均有分布，臺灣低海拔地區稻田、溝渠、水邊等潮溼的地方均可發現。

形態特徵

　　多年生挺水、沉水或溼生植物，直立或匍匐生長，高可達 30cm 以上，莖部常呈紅色。葉對生，挺水葉近圓形，長約 0.6 ～ 2cm，無柄；沉水葉變化大，線形至長橢圓形或長披針形，常呈紅色。穗狀花序頂生，具 2 ～ 3 分枝，花瓣 4 枚，粉紅色。果實不常見。本種另有兩個類型，一為白花型，另一為淡粉紅花型，此二者皆不沉水，植株以匍匐地面為主，生長的習性與前者常見的粉紅花型完全不同，其間的差異有待進一步釐清。

▲白色花型（新北市福隆）。

▲一般常見的常一整片出現（粉紅色花型）。

▲穗狀花序頂生，具分枝（淡粉紅色花型）。

瓦氏水豬母乳

Rotala wallichii (Hook. f.) Koehne

科　名｜	千屈菜科 Lythraceae	屬　名｜	水豬母乳屬 *Rotala*

別　名｜ 瓦氏節節菜、綠松尾、南仁山節節菜

分布

　　分布於東南亞地區，從印度至馬來半島、中國廣東等地區；臺灣只發現於屏東縣南仁湖。

形態特徵

　　多年生植物，沉水或挺水生長。葉輪生，無柄；水上葉 3 枚，長卵形至長橢圓形，長約 4 ～ 7mm，寬約 2 ～ 3mm；沉水葉線形，數量較水上葉多，長約 0.7 ～ 1cm，寬約 1mm。花腋生，粉紅色，每一葉腋一朵花，花瓣 4 枚，著生於花萼筒上，與花萼裂片互生，橢圓形（近於圓形），長約 1.5mm，1mm 寬；雄蕊 4 枚，插於萼筒上，與花萼裂片對生；雌蕊四周由一圈不規則腺體圍繞，柱頭單一，高度與雄蕊高度相同。

　　南仁湖所產的瓦氏水豬母乳，一直被認為與東南亞所產的不同，其長卵形的挺水葉 3 枚，與文獻中所記載的線狀至橢圓形的挺水葉 3 ～ 12 枚，有很大的不同，因此常被稱為「南仁山節節菜」，但從花部的特徵來看，並無明顯差異，其是否為南仁山的新種，需再進一步研究。

▲挺水葉 3 枚，花生於葉腋，每一葉腋一朵花。

▲沉水葉呈線形，數量可達 10 枚以上輪生。

▲挺水枝條的葉片呈長卵形至長橢圓形。

菱屬**Trapa**：約30種；臺灣約有4種，目前僅存2野生種「菱」、「小果菱」及1栽培種「臺灣菱」。

種檢索表	❶ 果實具 2 個肩角，或具擬角	❷肩角彎曲，無擬角 —— 臺灣菱 *T. taiwanensis*	
		❷肩角平直，具擬角 —— 菱 *T. bispinosa* var. *jinumai*	
	❶果實具4個角（2肩角、2腰角）	❸果實短於2cm —— 小果菱 *T. incise*	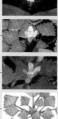
		❸果實約3～3.5cm —— 鬼菱 *T. maximowiczii*	

菱

Trapa bispinosa Roxb. var. *jinumai* Nakano

科 名	千屈菜科 Lythraceae	屬 名	菱屬 *Trapa*
英文名	Jesuit's nut, Singhara nut, Water caltrops	別 名	日本菱
文 獻	Nakai,1942；Ding & Jin, 2020		

分布

　　分布於東亞。紀錄中臺灣主要分布於臺北、桃園及宜蘭地區，目前則僅在宜蘭山區的一些湖沼中有發現，如崙埤、中嶺池，且族群數量正逐漸消減。

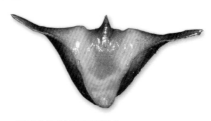

▲果實的肩角平直不彎曲。

形態特徵

　　一年生浮葉性植物，根著生水底泥中；另有同化根，位於莖節上，呈羽狀細裂；莖柔軟，細長。浮水葉聚集頂端，卵狀菱形，葉緣不規則齒狀，長約 2 ～ 4cm；葉柄中段有一處膨大呈囊狀。花朵粉紅色，花瓣 4 枚。果實長約 3 ～ 5cm，肩角平直不彎曲。

▲植株比小果菱略大，粉紅色的花朵挺出水面相當明顯。

▲植株。

小果菱

Trapa incise Sieb. & Zucc.

科 名	千屈菜科 Lythraceae	屬 名	菱屬 *Trapa*
別 名	細果野菱	文 獻	Nakai, 1942；Ding & Jin, 2020

分布

分布於東亞日本、越南、泰國、馬來西亞、印尼、爪哇等地區。臺灣僅發現於雙連埤，數量不多。

形態特徵

一年生浮葉植物，根著生水底泥中；另有同化根，位於莖節上，呈羽狀細裂；莖柔軟，細長。浮水葉聚集頂端，三角狀菱形，長約 1～2.5cm，寬約 1～2.5cm，先端尖，基部楔形；上表面深綠色，光滑；下表面綠色，被毛或光滑；葉柄細長，中上部膨大。花腋生，淡粉紅色；花萼筒狀，4 深裂；花瓣橢圓狀披針形，4 枚。果實三角形，綠色，具 4 細長的角，2 肩角斜上，2 腰角斜向下，兩肩角間寬約 2cm。

▲花淡粉紅色。

▲果實具 4 細長的角，2 肩角斜上，2 腰角斜向下，兩肩角間寬約 2cm。

▲小果菱的植株小型，葉片邊緣有明顯的鋸齒。

▲植株背面呈綠色，葉柄中上部有一囊狀膨大。

鬼菱

Trapa maximowiczii Korshinsky

科　名	千屈菜科 Lythraceae	屬　名	菱屬 *Trapa*

文　獻	Nakai, 1942；Ding & Jin, 2020

干屈菜科

分布

　　分布於西伯利亞遠東地區、韓國、日本、中國、印度。臺灣過去紀錄均在南投日月潭一帶，1930 年後就沒有新的紀錄。

形態特徵

　　一年生浮葉植物，根著生水底泥中；另有同化根，位於莖節上，呈羽狀細裂；莖柔軟，細長。浮水葉聚集頂端，寬菱形，長約 3 ～ 4cm，寬 約 3 ～ 4cm，先端尖，基部楔形；上表面光滑，下表面被毛；葉柄細長，約 5 ～ 10cm。花腋生，白色；花萼筒狀，4 深裂；花瓣 4 枚。果實三角形，具 4 角，2 肩角細刺狀斜向上，2 腰角稍細斜向下，兩肩角間寬約 2 ～ 2.5cm。

▲果實具四個角。

▲植株。

171

臺灣菱

Trapa taiwanensis Nakai

科　名	千屈菜科 Lythraceae	屬　名	菱屬 *Trapa*
英文名	Water caltrop, Water chestnut	別　名	菱角

文　獻 | 黃，2001、2002；Ding & Jin, 2020；Nakai, 1942；Nakano, 1913、1964；Kadona, 1987；Oginuma *et al.*, 1996

分布

　　為臺灣特有種，南部官田地區有大量栽植面積，廣泛被栽種為食物，果實中富含澱粉質。

形態特徵

　　一年生浮葉植物，根著生水底泥中；另有同化根，位於莖節上，呈羽狀細裂；莖柔軟，細長。浮水葉聚集頂端，葉寬菱形，葉緣不規則齒狀，長約 3 ～ 4.5cm，寬約 4 ～ 6cm；葉柄長約 2 ～ 10cm，中段有一處膨大呈囊狀。花腋生，挺出水面，花瓣 4 枚，白色。果實具有二個肩角，長約 5 ～ 9cm；肩角先端向下彎曲，彎曲部位末端常具有倒勾刺；幼期果皮紫紅色，成熟時轉黑色。本種長期以來認為是臺灣特有種，《臺灣植物誌》使用 *T. taiwanensis* Nakai 這個學名，黃世富在他的論文中則認為本種應該還是與中國大陸的紅菱 *T. bicornis* Osbeck 一樣。

▲果實肩角先端向下彎曲，彎曲部位末端常具有倒勾刺。

◀臺灣菱的葉，背面紫紅色。

植物小事典

菱屬植物廣泛分布於舊世界（歐洲、亞洲和非洲），亞洲地區是菱屬植物的分布中心，在印度、中國和臺灣等地區，菱角這類的植物很早就被馴化和栽植當作食物。每年到了九月、十月，路邊、市場到處都可以看到冒著熱氣騰騰的「菱角」攤。秋天正是臺灣菱角採收的季節，其果實長得像「龍角」、「牛角」或「元寶」形狀，我們所食用的部位則是菱角的一枚「子葉」，除了以水煮當副食之外，去除外殼後也可作為菜餚。

菱屬（Trapa）植物的外部形態變異很大，學者們對於菱屬植物的分類也一直存在很大的分歧，有 1 個或 2 個多形性的種（polymorphic species），或屬內有超過 20、30 或 70 個物種，以中國為例：《中國植物誌》（2000）將中國的菱屬植物分為 15 種和 11 變種；Flora of China（2007）則將中國所產的菱屬植物分為細果野菱（*Trapa incisa* Siebold & Zucc.）和歐菱（*Trapa natans* L.）兩個種，Ding & Jin（2020）再於歐菱下分 6 個變種。未來更多分子生物學及親緣關係的研究，應可提供不少的參考依據，解決目前的歧見。

臺灣菱屬植物較明確的有 4 種，其中產於南投日月潭及蓮華池一帶具有四個角的鬼菱（*Trapa maximowiczii* Korshinsky）於 1930 年以後便無採集紀錄了；至於《臺灣植物誌》（Flora of Taiwan）所使用的學名 *Trapa natans*

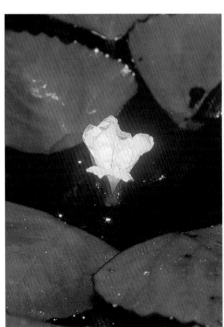

▲白色的小花朵從葉腋處挺出水面，不仔細看還真不容易發現。

▲臺灣菱幼株。

L. var. *japonica* Nakai 其果實更大型且果冠明顯，與日月潭的鬼菱有明顯不同。臺灣另一個具有四個角的菱角是小果菱，果實是全世界最小型的種類，林春吉（2009）指出 2000 ～ 2003 年之間於宜蘭雙連埤水域發現小果菱；小果菱的形態特徵明顯穩定，並無其他相似的種類容易和它混淆；倒是所使用的名稱「小鬼菱」容易和「鬼菱」混淆，在許多地方都可以看到這種現象，以至於對保育工作的進行造成很大困擾。

臺灣菱（*Trapa taiwanensis* Nakai）是中井猛之進（T. Nakai）於 1942 年所發表產於臺灣的一個新種，果實有二個肩角，肩角先端具有倒刺，二個肩角間的長度可達 9cm，有些學者將臺灣菱和紅菱（*Trapa bicornis* Osbeck）視爲同一物種，或者爲紅菱的變種（*Trapa bicornis* Osbeck var. *taiwanensis*（Nakai）Xiong，Flora of China（2007）、Ding & Jin（2020）則將臺灣菱置於歐菱下的變種（*Trapa natans* L. var. *bispinosa*（Roxb.）Makino），然而在分子生物學及親緣關係方面的研究，都未見有將臺灣菱納入的例子，在未有更進一步相關的研究之前，仍將臺灣菱（*Trapa taiwanensis* Nakai）視爲臺灣的特有種，其在臺灣南部臺南官田一帶有大量栽植以作爲食用。

分布於北臺灣地區的菱（*Trapa bispinosa* Roxb. var. *jinumai* Nakano）是中野治房（Nakano, 1913）所發表的一個二角菱的新變種，果實有二個幾

▲臺南官田的菱田（臺灣菱）。

近水平的肩角及二個擬角，這就是臺灣目前普遍稱爲「日本菱（*Trapa japonica* Flerov）」的菱屬種類。然而產於北臺灣的這種菱角花瓣粉紅色、肩角角度較平、果冠不明顯；而日本菱花白色、兩肩角上揚的角度較多、果冠明顯，楊等（2001）於《臺灣水生植物圖誌》中即已指出其間的不同。在 Nakano（1913）最早發表文章中 Taf. I 的圖 6～10 果實形態與北臺灣的植物相似，而在同文 Taf. III 圖 10～12 及圖 16～18 均爲日本菱；Chork *et al.*（2019）以形態特徵及 DNA 遺傳基因來探討入侵北美洲的一種菱屬植物，從其分析中亦可看出北臺灣的菱角和日本菱間存在著差異。將北臺灣的這種菱角當作是日本菱（*Trapa japonica* Flerov）似乎是有疑義的，在未釐清其間的關係前暫以《臺灣植物誌》的觀點來認定這種菱角。另外有些人將此一植物的擬角當作是尖刺狀的腰角，而將這種菱角當作是「鬼菱」，造成一些保育問題上的錯亂。

▶臺灣菱葉柄一處膨大呈囊狀。

▲臺灣菱的果實長約 5～9cm，具有兩個肩角。

苦菜屬**Nymphoides**：約50種；臺灣原生有5種及2栽培種。

①花黃色	**②**枝條具分枝；枝條上部葉對生；花直徑2.5～3cm；種子扁平 —— 荇菜 *N. peltatum*				
	②枝條不分枝；葉互生；花直徑0.8～1cm；種子球狀 —— 黃花苦菜 *N. aurantiacum*				
①花白色	**③**花冠裂片上表面中央具龍骨狀突起；種子球形 —— 龍骨瓣苦菜 *N. hydrophylla*				
	③花冠裂片具鬚毛；種子橢圓形或無	**④**花冠裂片邊緣及上表面中央具鬚毛 —— 小苦菜 *N. coreana*			
		④花冠裂片上表面密布鬚毛	**⑤**葉直徑可達10～30cm；花直徑2.5cm；種子橢圓形 —— 印度苦菜 *N. indica*		
			⑤葉直徑3～10cm；花直徑1.2～1.5cm；無種子 —— 龍潭苦菜 *N. lungtanensis*		

種檢索表

【註】：苦菜屬植物在《臺灣植物誌》（Flora of Taiwan）第一版是置於龍膽科（Gentianaceae），近來的研究都認為這一類植物應該將其置於睡菜科（Menyanthaceae）較適宜。在植物誌第二版的編寫過程中曾決定要將其自龍膽科中分出來，但不小心被遺漏了，以致在《臺灣植物誌》第二版中看不到苦菜屬的相關資料。臺灣苦菜屬植物過去僅紀錄4種，但其中有許多引證的標本是鑑定錯誤的，所以長久以來對這一類植物的鑑定很混亂，李松柏等人（Li et al., 2002）對臺灣苦菜屬植物重新做了詳細的探討，紀錄目前臺灣苦菜屬植物有6個分類群，除了過去的4個分類群外，另外增加一個栽培種荇菜和一個新的分類群「龍潭苦菜」。

近來另有一外來之分類群「擬龍骨瓣苦菜」，被當成本土的龍骨瓣苦菜，其對本土物種及生態的衝擊有待觀察。

黃花莕菜

Nymphoides aurantiacum (Dalzell) O. Kuntze

科　名｜	睡菜科 Menyanthaceae	屬　名｜	莕菜屬 *Nymphoides*

文　獻｜　應, 1989；Sivarajan *et al.*, 1989；Sivarajan & Joseph, 1993；Li *et al.*, 2002

分布

　　印度、斯里蘭卡、臺灣。臺灣僅桃園地區有採集紀錄。

形態特徵

　　一至多年生浮葉植物，葉圓形，直徑約 2 ～ 8cm，上表面綠色，下表面紫色，基部深裂成心形。花梗長約 2 ～ 9cm，花冠黃色，5 裂，裂片長約 4 ～ 7mm，先端明顯 2 裂，邊緣具有鬚毛狀的齒翼；花萼深 5 裂。雄蕊與花冠裂片數同，插於裂片之間，兩雄蕊之間具腺毛。雌蕊瓶狀，黃色，柱頭粗短。果實卵形或倒卵形，長約 4 ～ 5mm；內有種子約 10 ～ 15 顆，種子球狀，直徑約 2mm，表面密布刺狀的突起。

▲黃花莕菜手繪圖。

▲球狀的種子表面密布刺狀突起。

177

　　臺灣有關黃花莕菜最早的紀錄，出自正宗嚴敬 1936 年的「最新臺灣植物總目錄」（Short Flora of Formosa），《臺灣植物誌》第一版（1977）也紀錄了本種植物在臺灣的分布，其所引用的標本就是島田彌市採自宜蘭縣大溪 6545 號的這份標本，而應紹舜教授（1989）則將它處理為莕菜，但是筆者並沒有在 TAI（臺大植物系標本館）、TAIF（林業試驗所植物標本館）、NTUF（臺大森林系標本館）、HAST（中央研究院植物標本館）找到這份標本，因此對於莕菜的這個紀錄暫時存疑。

　　筆者另外在臺大植物系標本館及森林系標本館中，檢視到 3 份採自桃園的黃花莕菜標本，但鑑定都有誤，其中佐佐木舜一 1923 年和山本由松 1929 年所採獲的二份標本，都被鑑定為 *Limnanthemum cristatum*（在《臺灣植物誌》第一版的中文名稱為銀蓮花，近年來另一中文名稱為龍骨瓣莕菜）；島田彌市 1927 年所採的標本則鑑定為 *Limnanthemum nymphoides*（這個學名指的是莕菜這種植物）。

而當我們再回過頭來看佐佐木舜一 1928 年在《臺灣植物名彙》（List of Plants of Formosa）一書中所列的植物學名 *Limnanthemum nymphaeoides* 這個植物時，它所指的是莕菜或黃花莕菜，我們不得而知，但是筆者認為過去可能都將同為開黃色花的黃花莕菜（*Nymphoides aurantiacum*）當作是莕菜，由於黃花莕菜目前已經在臺灣滅絕，我們只能從標本上看到它過去在本島所留下的遺跡。此後於桃園地區有再發現黃花莕菜，不過筆者並未親眼目睹，而其生育地也因道路開發而消失，黃花莕菜野生族群也因此滅絕。

▲黃花莕菜植株。

▲黃花莕菜花朵。

小荇菜

Nymphoides coreana (H. Lév.) H. Hara

科 名 | 睡菜科 Menyanthaceae

屬 名 | 荇菜屬 *Nymphoides*

分布

分布於東亞，從西伯利亞、韓國、日本、中國至臺灣本島及蘭嶼。主要生長在水田、池塘、湖泊及沼澤地區，過去相當常見，近年來生育地不斷縮減，其數量也越來越少。

形態特徵

多年生浮葉植物，葉圓卵形，長 3～10cm，寬 2～6cm，葉上表面綠色，下表面紫紅色。花梗長約 1.2～2cm，花白色，直徑長約 0.7～1cm；花萼長約 0.3～0.4cm，5 裂，裂片披針形；花冠 4 或 5 裂，裂片邊緣鬚毛狀，裂片中間亦有一排鬚狀毛；花冠筒喉部黃色；雄蕊 4 或 5 枚，插於裂片之間；雌蕊長 2mm。果實橢圓狀，圓形，透鏡狀，上面具有瘤狀突起。

▲種子橢圓形，透鏡狀，上面具有瘤狀突起。

▲花冠 4 或 5 裂，裂片邊緣及中肋處具鬚狀毛。

◀葉呈卵圓形。

179

▲蘭嶼的族群其植株帶紅褐色。

▲葉下表面呈紫紅色；繖形花序生長於節處，果實已成熟呈橢圓狀。

▲果實裂開後種子會漂浮於水面一段時間。

龍骨瓣莕菜

Nymphoides hydrophylla (Lour) O. Kuntze

科　名	睡菜科 Menyanthaceae	屬　名	莕菜屬 *Nymphoides*

別　名｜ 銀蓮花

分布

　　印度、斯里蘭卡、馬來西亞、中國南部。臺灣只見於南部地區，目前的植株都來自於高雄美濃。

形態特徵

　　多年生浮葉植物，莖細長，長度隨水位而改變。葉浮水，卵形到圓形，長 3 ～ 10cm，寬 3 ～ 8cm，上表面邊緣具紫色斑紋，基部深裂成心形；葉柄長約 3 ～ 5mm。纖形花序聚集生長在枝條和葉柄的交接處，花梗長 3 ～ 6cm；花萼 5 裂，披針形，長約 3mm；花冠白色，直徑約 1cm，5 裂，邊緣全緣，上面中間具一龍骨狀的花瓣突起；喉部黃色，基部有 5 個腺體。雄蕊 5 枚，插於喉部 2 裂片之間；雌蕊長約 2mm。果實卵形，種子褐色，球狀。

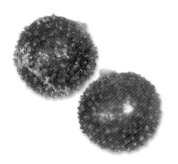

▲種子表面具刺狀突起。

▲生長在池塘中的族群（高雄市美濃）。

睡菜科

植物小事典

在臺灣有關龍骨瓣莕菜的紀錄，可見於 1978 年出版的《臺灣植物誌》第四卷，儘管書中有此種植物的記載，但所引用的標本皆非龍骨瓣莕菜，國內標本館中也都沒有龍骨瓣莕菜的採集紀錄。

近幾年龍骨瓣莕菜在美濃重現，而且是以「野蓮」這種蔬菜的身分展現在人們眼前。根據當地農民的說法，龍骨瓣莕菜最早生長於美濃中正湖，後來由於中正湖水質遭受汙染以及湖中布袋蓮的大量生長，導致龍骨瓣莕菜在中正湖中消失。或許是部分種子隨著水流，進入了附近的農田發芽生長，基於食用的經濟價值，被廣泛收集、大量栽植，所以今日我們得以一睹龍骨瓣莕菜的真面目。

▲開花時挺出水面，果實在水中成熟。

▲花冠白色，邊緣全緣，上面中間具一龍骨狀的花瓣突起。

▲農民整理採收龍骨瓣莕菜。

183

印度莕菜

Nymphoides indica (L.) O. Kuntze

科 名 | 睡菜科 Menyanthaceae	屬 名 | 莕菜屬 *Nymphoides*
英文名 | White water snowflake, Floating heart	別 名 | 金銀蓮花

分布

　　東亞及南亞、澳洲、美洲及非洲等熱帶地區。臺灣過去西部地區均有紀錄，生長於水塘、湖泊等地方，目前均為人工栽植。

形態特徵

　　多年生浮葉植物，莖細長，長度隨水位變化而改變。葉浮水，近圓形，長 10 ～ 30cm，基部深裂成心形，葉柄長約 1cm。繖形花序聚集生長在枝條和葉柄的交接處，花梗長約 7.5 ～ 9.5cm；花萼 5 裂，披針形；花冠白色，直徑長約 2.5cm，5 裂，裂片上面密布白色毛；喉部具黃色腺毛，基部有 5 個腺體；雄蕊 5 枚，插於 2 裂片之間；柱頭 2 裂。果實橢圓狀，種子光滑無任何突起。

▲繖形花序生長於節間，開花時花朵挺出水面，開完花則沉入水中。

▲浮水葉直徑可達 10 ～ 30cm；花朵挺出水面生長。

　　印度莕菜在臺灣最早為英國學者亨利於 1893 年及 1894 年間，在南部高雄地區的採集紀錄，不過臺灣最後的標本紀錄只到 1939 年，之後就不曾在野外發現其蹤跡。

　　原本廣泛分布於全島各地，但可能和它大型植株需要較寬廣的水域有關，生育環境的變化導致這些需要較大水域的水生植物，至今沒有一個倖存下來。

　　檢視印度莕菜的種子，表面光滑無任何突起，海南島的植株種子特徵也與臺灣相同；而 Sivarajan 等人（1989、1993）對印度所產印度莕菜的研究，其種子表面則有許多瘤狀突起；Cook（1996）在其《印度水生及溼地植物》一書的記載中，描述印度莕菜的種子有光滑及具突起等不同的特徵。這些不同形態的種子，其族群是否有差異，尚待研究。不過，印度莕菜是一個世界廣泛分布的複合種（complex），形態變化很大，其染色體數也有二倍體和四倍體的報導，曾經被處理成幾個不同的種，但是從種子形態和植物化學分析等證據都不支持將它們分開。

　　另外，莕菜屬植物有一項較有趣的特徵，就是花部的形態上，同時存在有同型花柱（homostyly）、二型花柱（distyly）及雌雄異株（dioecism）的特性，而印度莕菜就是屬於二型花柱的種類。

　　根據文獻記載，印度莕菜具有強的自交不親和性。筆者觀察印度莕菜長花柱型和短花柱型的植株，在兩者各自隔離情況下，長花柱型的植株會結果，而短花柱型的植株則不結果，顯示其短花柱型的植株的確具有強的自交不親和性，但長花柱型的植株就沒有這種現象。

▶花朵剖面顯示短花柱花型，雌蕊柱頭位置低於雄蕊。

◀種子表面光滑無任何突起物。

▲ 花朵直徑約 2.5cm，裂片上表面密布長毛。

▶ 花朵剖面顯示長花柱花型，雌蕊柱頭位置高於雄蕊。

龍潭莕菜

Nymphoides lungtanensis Li, Hsieh & Lin

| 科　名┃ | 睡菜科 Menyanthaceae | 屬　名┃ | 莕菜屬 *Nymphoides* |

睡菜科

分布

目前僅知生長於桃園龍潭地區的水塘。

形態特徵

多年生浮葉植物，莖細長，長度隨水位而改變。葉浮水，卵形到卵圓形，長 3 ～ 10cm，上表面具紫色斑塊，基部深裂成心形；葉柄長 0.5 ～ 0.9cm。繖形花序聚集生長在枝條和葉柄的交接處，花梗長約 3 ～ 5cm；花萼 5 裂，披針形；花冠白色，徑 0.8cm 長，4 ～ 5 裂，裂片邊緣及上表面密布長白毛；喉部黃色；雄蕊 4 或 5 枚，插於喉部兩裂片之間；雌蕊 4mm 長，柱頭二裂，不結果。

▲花冠裂片邊緣及上面具有鬚毛。

▲龍潭莕菜的外形及花朵均和小莕菜很相似。

龍潭莕菜為 1996 年林春吉先生於龍潭地區所發現的植物，當時被他認為是「印度莕菜」，不過印度莕菜的葉型更大，直徑可達 30cm，而龍潭莕菜葉型最大約直徑 10 cm，可以很容易區別。後來也有許多水生植物的愛好者把它當作是「小莕菜」，然而小莕菜花冠上的鬚毛只分布於邊緣及裂片的中肋上，且鬚毛數量也較稀少，而龍潭莕菜花冠裂片上的鬚毛則較多。

筆者初見此一植物時直覺就認為不是小莕菜，加上它只行無性繁殖，不會產生種子，因此筆者等（2002）對臺灣莕菜屬做了全面性的探討，正式將其命名為「龍潭莕菜」，以其發現的生育地「龍潭 lungtanensis」為種小名，它的染色體數為三倍體，可能是一雜交種，所以一直無法產生種子。族群不像其他同屬的種類可藉由種子向外擴散，目前野外的生長情況並不清楚，可能因生育環境的土地開發而消失。

▶龍潭莕菜花冠的鬚毛比小莕菜茂密。

▲龍潭莕菜只開花不結果。

睡菜科

荇菜

Nymphoides peltatum (Gmel.) O. Kuntze

科　名	睡菜科 Menyanthaceae	屬　名	莕菜屬 *Nymphoides*

英文名｜　Fringed waterlily, Water fringe, Yellow floating-heart

分布

　　歐洲、西亞、日本至印度等溫帶至熱帶地區。臺灣地區都是人為栽培的植株，沒有野生族群。

形態特徵

　　生長於池塘、湖泊等地區的一至多年生浮葉植物。葉卵形，長 3 ～ 5cm，寬 3 ～ 5cm，上表面綠色，邊緣具紫黑色斑塊，下表面紫色，基部深裂成心形。花大而明顯，直徑長約 2.5cm，花冠黃色，5 裂，裂片邊緣成鬚狀，花冠裂片中間有一明顯 ∧ 的皺痕，裂片口兩側有毛，裂片基部各有一叢毛，具有 5 枚腺體；雄蕊 5 枚，插於裂片之間，雌蕊柱頭二裂。果實橢圓形，扁平，長 1.7cm，花柱宿存。種子卵形，扁平狀，長約 4mm，邊緣具有剛毛。

▲幼苗子葉呈長橢圓形，初生葉單一。

◀荇菜黃色大型的花朵非常吸引人，常被栽植於庭園中。

荇菜是莕菜屬中分布最廣的植物，從溫帶的歐洲到亞洲的印度、中國、日本等地區都有它的蹤跡。至於臺灣應該是沒有野生的荇菜，荇菜在臺灣出現應是近年來人爲引進栽植的結果。荇菜出現在文獻的記載很早，《詩經‧周南‧關雎》就有一段描述：

關關雎鳩，在河之洲，窈窕淑女，
君子好逑。

參差荇菜，左右流之，窈窕淑女，
寤寐求之。

求之不得，寤寐思服，悠哉悠哉，
輾轉反側。

參差荇菜，左右采之，窈窕淑女，
琴瑟友之。

參差荇菜，左右芼之，窈窕淑女，
鍾鼓樂之。

這一首詩歌描寫青年男子對一位女子的愛慕與追求，荇菜在詩中所表現出來左右流盪的特性，觸發了詩人相思的回憶，也觸發了詩人追求的熱力，發揮出豐富的想像力。後世歷代

文人對於荇菜的描述也相當多，如詩聖杜甫《曲江對雨》：「林花著雨燕支（胭脂）溼，水荇牽風翠帶長。」近代徐志摩的作品《再別康橋》中也有一段描述：「……軟泥上的菁荇，油油的在水底招搖；在康河的柔波裡，我甘心做一條水草！……」

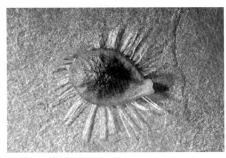

▲種子橢圓形，扁平，邊緣具有剛毛。

▲浮水葉呈卵形，基部心形。

▲果實呈扁平的橢圓形，先端凸尖處為柱頭遺留痕跡。

擬龍骨瓣莕菜

Nymphoides sp.

科　名	睡菜科 Menyanthaceae	屬　名	莕菜屬 *Nymphoides*
英文名	Crested floating-heart		

分布

外來種，臺灣見於北部地區水塘、水田及各地的人工溼地。

形態特徵

多年生浮葉植物；葉卵形至卵圓形，長約 3 ～ 11cm，寬約 3 ～ 8.8cm，邊緣具深紫色斑紋；葉基部心形，上表面綠色，下表面帶紫色。花萼 5 枚，披針形，長約 3mm，寬約 1mm；花冠白色，直徑 1.3cm，5 裂，裂片邊緣明顯呈波浪狀；先端圓，呈撕裂齒狀；裂片中間具一龍骨狀的花瓣突起，波浪狀；喉部黃色；雄蕊 5，具 5 個腺毛，與雄蕊交互生長；花柱短，高度略低於雄蕊，未見結果的情形。

▲目前許多人工溼地將擬龍骨瓣莕菜當作原生的龍骨瓣莕菜做復育。

▲植株。

植物小事典

　　本種在網路上有許多的記載，均以 *Nymphoides cristata*（Roxb.）O. Kuntze 爲名，美國農業部亦將其列爲入侵的物種。最近在臺灣北部的一些水塘中出現本種，許多人工溼地則是將本種當作是與本土美濃一樣的龍骨瓣莕菜來栽種，網路上及一些書刊亦有許多將本種當作是本土的龍骨瓣莕菜。擬龍骨瓣莕菜花瓣裂片呈明顯波浪狀、裂片先端呈撕裂齒狀、不結種子、葉片邊緣的紫黑色斑紋較寬；而本土美濃的龍骨瓣莕菜花瓣裂片不呈波浪狀、裂片先端爲凸尖、會結種子、葉片邊緣斑紋較窄，兩者有明顯的不同。筆者認爲擬龍骨瓣莕菜應爲水族引進作爲觀賞植物，因外形極似龍骨瓣莕菜而被混淆。林春吉（2009）所稱的「冠瓣莕菜」亦應是擬龍骨瓣莕菜；然其所稱屏東佳平溪流域過去所分布的「冠瓣莕菜」，與擬龍骨瓣莕

菜仍有些許的差異；佳平溪流域的莕菜其花冠裂瓣先端齒裂的特徵，並沒有像擬龍骨瓣莕菜那麼明顯；其次佳平溪流域的莕菜花冠裂瓣先端微內凹且凸尖，此一特徵類似原生的龍骨瓣莕菜。此外，筆者也發現當年分布於佳平溪流域的莕菜適應水流中沉水的環境，不易開花，亦未發現結果現象；而擬龍骨瓣莕菜則是於靜水環境浮葉生長，開花數量多。至於本種是否爲 *Nymphoides cristata*（Roxb.）O. Kuntze 或是其他物種，則需要更進一步研究，此處暫時以「擬龍骨瓣莕菜」爲名。

▲花朵裂片先端爲撕裂狀齒緣。

▲三芝茭白筍田中的擬龍骨瓣莕菜。

荷花

Nelumbo nucifera Gaertn.

科 名	蓮科 Nelumbonaceae	屬 名	蓮屬 *Nelumbo*
英文名	Indian lotus, Egyptian lotus	別 名	蓮花

蓮科

分布

亞洲和澳洲,目前被大量種植,臺灣南部有較大面積的栽種,其餘各地均零星種植。

▲果實生於花托凹入處。

形態特徵

多年生挺水植物,具有白色的乳汁;地下莖橫走土中,俗稱「蓮藕」。葉初生期浮水,成熟期挺出水面,盾形;葉柄位於葉片的中央,長約 1 ～ 2m,具短刺。花單一,大型,粉紅、白等顏色。花朵中央的部位是花托,倒圓錐形,一般稱為蓮蓬;雄蕊多數。蓮子是果實和種子的總稱,稱為小堅果,呈橢圓形,位於花托上凹入的地方。蓮子去殼之後即種子,種皮較薄,帶棕色,我們吃的「蓮子」是已經除去種皮和胚的「子葉」,顏色呈白色。

▲葉柄上具有短刺。

▲葉柄將葉片挺出於水面。

荷花自古就有許多不同的名稱，例如：荷華、蓮花、荷、芙渠（蕖）、芙蓉等，在我國的文獻中很早就有記載，例如：《詩經‧鄭風》：「山有扶蘇，隰有荷華。」

提到「蓮」、「荷」，常有人問到它們的不同，其實兩個名稱指的都是同一種植物。然而古人的「荷」與「蓮」則是指其不同的部位，東漢鄭玄的《毛詩鄭箋》：「芙蕖之莖曰荷。」意思是說芙蕖的莖稱作荷，明朝毛晉注解的《陸氏詩疏廣要》：「荷以何（ㄏㄜ丶）物為義，故通于負荷之字。」認為荷有負荷的意思，可以把葉支撐起來。漢代許慎的《說文解字》則有不同見解：「荷，扶渠葉。」他認為荷是指荷花的葉子，使得荷所指的部位出現了第二種說法。

對於「蓮」的說法則相當一致，都是指它的「果實」，也就是我們所說的蓮蓬（花托）這個部位，例如：《爾雅‧釋草》：「荷，芙渠；其莖茄，其葉蕸，其本蔤，其華菡萏，其實蓮，其根藕，其中的，的中薏。」意思是說荷花就是芙渠，它的莖稱作「茄」，葉稱作「蕸」，根稱作「蔤」，花稱作「菡萏」，果實稱作「蓮」，根稱作「藕」，種子稱作「的」，種子的中心稱作「薏」。三國時代吳國陸璣《毛詩草木鳥獸蟲魚疏》也說：「荷，芙蕖；江東呼荷，其莖茄，其葉蕸，其花未發為菡萏，已發為芙蕖，其實蓮。」陸璣和《爾雅》所稱的蓮都是指荷花的果實。

綜合以上古籍所載訊息，我們得知：荷和蓮最早是分別指稱植物的不同部位，不過日久之後，便混淆了，現在以「荷」跟「蓮」稱呼整個植株，已成現代約定俗成的習慣。

▲生長前期較纖細的地下莖（蓮藕）。

▲生長後期明顯變粗膨大的地下莖（蓮藕）。

▲花朵（粉紅色）。

▲花朵（白色）。

芡

Euryale ferox Salisb

科 名	睡蓮科 Nymphaeaceae	屬 名	芡屬 *Euryale*
英文名	Cordon euryale, Prickly waterlily, Gorgon plant	別 名	芡實、雞頭

睡蓮科

分布

　　東亞和南亞特有的植物；過去臺灣北部和中部都有採集紀錄，現今野生族群都已經消失，僅存人為栽植的植株。

形態特徵

　　一年生大型的浮葉植物，全身長滿了刺。葉圓形，漂浮在水面上，初生葉基部和睡蓮一樣有缺刻，成熟植株的葉片則無缺刻，葉柄呈盾狀著生；葉片直徑可達 2～3m，葉片上下表面都長刺。花瓣紫色，子房下位。果實中約有種子 70 顆，種子直徑長約 0.7cm，近圓形，種子中富含澱粉質，長久以來就被拿來當作食物，有「芡米」之稱。

▲花瓣紫色，花萼及花托密布棘刺。

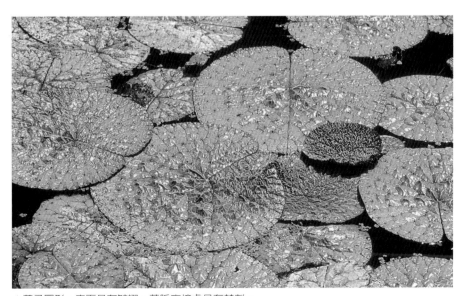

▲葉子圓形，表面具有皺褶，葉脈交接處具有棘刺。

植物小事典

　　對於茨可以吃這一件事，很多人並不太熟悉。但提到吃過「四神湯」的人就很多了，它是由淮山（一種薯蕷科植物）、蓮子、茯苓（一種多孔菌）、茨實這四種藥材所組成，可促進體內水分的代謝，對於脾胃及腎臟的功能有許多助益。

　　茨是東亞和南亞地區特產的植物，葉片很大，足以和遠在美洲對岸的「王蓮」互相媲美；不過王蓮葉子的上表面沒有刺，而茨的植物體則是全身遍布銳刺。茨的花朵外型長得很像雞的頭部，所以在中國有「雞頭」的名稱。果實在水中逐漸成熟，種子中富含養分，長久以來就被拿來當作食物，有「茨米」、「茨實」之稱，四神湯所用的材料就是茨的種子。

　　中國是它主要的分布地區，長久以來臺灣地區所需要的茨實也都是來自中國，其栽培歷史至少有一千年以上。過去臺灣也有許多野生的茨實，

◀果實及種子。

▲葉下表面呈紫色，葉脈隆起，具棘刺。

早在十九世紀末期英國人亨利（A. Henry）在南部高雄地區的採集中，就有芡實這種植物的記載，日治時期許多日籍植物學者在臺灣各地也都有不少的採集紀錄；臺灣最大的湖泊日月潭，也曾是芡實的重要生育地。

臺灣光復後，芡實在臺灣應該還不少，由於芡實的植株很大，因此生育環境需要較大的水域，但是民國五十年代以後，許多水利工程及土地重劃的結果，使得芡實所賴以生存的大面積水域消失，直到今天我們在各地所看到的芡實都不是野生的植株了。在老一輩的農夫身上，或許你還可以從他們口中得知一些有關芡實的故事，對於早期生活窮困的人們，採一些芡實回家還可以補充糧食上的不足。

◀葉上、下表面均有刺。

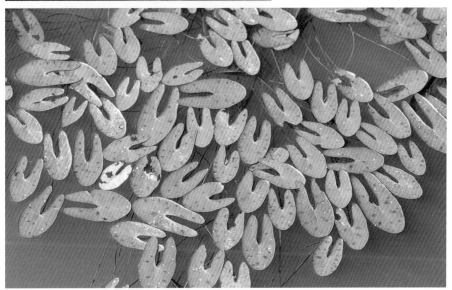

▲幼株葉片基部深凹。

臺灣萍蓬草

Nuphar shimadae Hayata

科　名｜	睡蓮科 Nymphaeaceae	屬　名｜	萍蓬草屬 *Nuphar*
英文名｜	Taiwan yellow waterlily, Taiwan pond lily	別　名｜	水蓮花
文　獻｜	Padgett, 1997、2003、2007, Mantiquilla *et al.*,2022		

分布

　　臺灣特有種，主要分布於桃園南崁至楊梅、龍潭、新竹新埔等地區的池塘中，目前全臺各地水池、景觀池有許多栽種的植株。

形態特徵

　　多年生浮葉植物，植株以浮水葉為主，僅在水中有少許的沉水葉。沉水葉較小且薄，邊緣呈波浪狀；浮水葉近於圓形，長約 9 ～ 13（～ 21）cm，寬約 7 ～ 10（～ 15）cm，下表面具有許多短毛。花萼 5 枚，花瓣狀，長約 1.6cm，寬約 0.8 ～ 1.2cm；花瓣 10 枚，線形，黃色，狀似雄蕊，長約 5 ～ 6mm；雄蕊約 30 枚，黃色；柱頭在頂端平展成盤狀，6 ～ 10 裂，紅色。果實壺形，長約 2（～ 4.5）cm，1.5（～ 2.7）cm 寬。種子卵形，草綠色，有如小型的綠豆，長約 3 ～ 4mm。本種近於圓形的浮水葉，以及紅色的柱頭，可以和其他種類的萍蓬草明顯區別。

▲臺灣萍蓬草的葉片浮貼水面，不會挺出水面。

植物小事典

臺灣萍蓬草是日籍植物學者島田彌市 1915 年於新竹縣的新埔所採獲，日本植物學者早田文藏於 1916 年在《臺灣植物圖譜》第六卷中發表為新種，種名「*shimadai*」就是為了紀念其採集者島田彌市，模式標本目前仍保存在林業試驗所植物標本館中。自 1915 年被發現後，各標本館的紀錄僅維持到 1933 年；之後便失去臺灣萍蓬草的蹤跡，直到 1986 年才又重新被尋獲。僅發現於新竹縣和桃園縣的一些埤塘，土地用途的改變，使得近年來桃園地區的埤塘不斷消失，地主對土地利用的觀念不同，再加上它的觀賞性極高，一些園藝業者大量蒐購，使得野外臺灣萍蓬草的數量逐漸減少。

萍蓬草英文名稱為 yellow water lily（黃睡蓮），顧名思義它和睡蓮有關，葉近於圓形浮貼水面，在基部還有一個 V 形的缺刻，最早和睡蓮同在睡蓮屬（*Nymphaea*）；不過萍蓬草為子房上位，種子不具假種皮，相對於中位子房、種子具假種皮的睡蓮屬，有很大的不同。萍蓬草的花比睡蓮小很多，而且也沒有那麼多豔麗的花部構造，然而當一大片萍蓬草的黃色花綻放水中時，自然也有它吸引人的地方。

▲由外而內為花萼、花瓣（雄蕊狀）、雄蕊（花柱周圍）、花柱（紅色部位）。

▲ 果實內的種子有如綠豆大小。

▶果實形狀猶如酒壺，所以 有 Brandy Bottle（白蘭地酒瓶）的稱呼。

199

▲果實具海綿狀構造，成熟開裂後可暫時漂浮於水面。

▲粗狀的地下莖及根系。

齒葉睡蓮

Nymphaea lotus L.

科　名｜	睡蓮科 Nymphaeaceae	屬　名｜	睡蓮屬 *Nymphaea*
英文名｜	Waterlily	文　獻｜	Conard, 1905；Wiersema, 1987；Slocum, 2005

分布

　　原產非洲、匈牙利、印度、泰國、緬甸、菲律賓等地區。現已被廣泛栽植為庭園觀賞植物。

形態特徵

　　多年生浮葉植物，具地下塊莖，可行營養繁殖。沉水葉三角形至長箭形；浮水葉圓形，直徑約 20 ～ 50cm，鋸齒緣，基部深裂；葉柄長可達 150cm 以上。花大型，直徑約 15 ～ 25cm；萼片 4 枚，綠色，長橢圓形；花瓣約 20 枚，白色或淡粉紅色，長橢圓形；雄蕊多數，黃色；雌蕊心皮約 30 枚，聚集成漏斗狀。果實大形，球狀，直徑約 6 ～ 9cm；種子數量非常多，具有白色假種皮，有毛。

▲齒葉睡蓮有大型球狀的果實。

▲花多於傍晚至隔日早晨綻放，其餘時間閉合，約維持 2 ～ 3 日。

▲葉浮於水面，葉緣齒狀。

201

子午蓮

Nymphaea tetragona Georgi

科　名｜	睡蓮科 Nymphaeaceae	屬　名｜	睡蓮屬 *Nymphaea*
英文名｜	Pygmy waterlily		

睡蓮科

分布

　　東歐、亞洲、澳洲及北美地區。臺灣僅分布於桃園及南投日月潭地區。

形態特徵

　　多年生浮葉植物，為睡蓮屬中較小型的種類。葉卵狀橢圓形，上表面綠色，下表面紫色，長約 5 ～ 12cm，寬約 5 ～ 9cm。花期 6 ～ 11 月，浮於水面上，花形杯盤狀，直徑約 3 ～ 5cm，花托呈明顯的四面形；花萼 4 枚，綠色；花瓣 8 ～ 17 枚，白色；雄蕊約 40 枚，黃色，短於花瓣。柱頭輻射狀，5 ～ 8 枚。果實球形，直徑 2 ～ 2.5cm；種子橢圓形，黑褐色，長約 2 ～ 3mm。子午蓮花托四面形，極易與其他種類區別。

◀子午蓮的花朵是睡蓮屬中較小型的種類。

▲植株手繪圖。

全世界的睡蓮大約有60種，然而經過人們雜交產生的品種，已經難以估算。臺灣過去有子午蓮（*N. tetragona* Georgi）和藍睡蓮（*N. stellata* Willd.）兩種原生的睡蓮，目前都已經在野外絕跡。現今在各地所看到的睡蓮，都是人為栽植的外來種或雜交種。睡蓮除了在花色的多樣之外，葉形也有許多不同的變化，如齒狀、全緣、波浪狀，有些葉緣會微微上揚，葉背也會有不同的顏色。在休閒生態農業的浪潮中，睡蓮自然與荷花相同，一樣受到人們的喜愛，「睡蓮、蓮、荷」在一般人們的心中，早已不分彼此。

「睡蓮」也有一個「蓮」字，但它與「蓮花」不同，常有人把「睡蓮」稱呼為「蓮花」。顧名思義「睡蓮」就是指它的葉片平貼在水面，就像睡

睡蓮科

◀白色系睡蓮（葉全緣）。

▼粉紅色系睡蓮。

203

在水面上一樣，不像荷花（蓮花）的葉片是挺立在空中，所以兩者是不同的。從花的形態來看，睡蓮的花朵也很大，花瓣數目更多，雌蕊呈杯盤狀；花的顏色更多，有白、紅、粉紅、紫、淡紫、黃、橙等顏色；有白天開花的，也有晚上開花的。一般一朵睡蓮的花，每天開放、閉合，可持續 3 至 4 天。

在古埃及的建築、雕刻、繪畫中大量出現睡蓮這類植物，埃及人認為睡蓮的花朵在晚上閉合，而在早上開放或重新開放，象徵著生命與重生，因此一直是埃及神聖的象徵。而法國印象派畫家「莫內」以睡蓮的一系列作品，讓睡蓮進入畫中，也進入了人們心靈深處。

【注】有關藍睡蓮 *N. stellata* Willd 是否產於臺灣，並未發現任何明確的標本證據，因此對於藍睡蓮曾存在於臺灣，筆者持保留的態度。

▶黃色系睡蓮。

▲紫紅色系睡蓮。

亞馬遜王蓮

Victoria amazonica (Poeppig) Klotzsch

科 名	睡蓮科 Nymphaeaceae
屬 名	王蓮屬 *Victoria*

英文名 | Giant waterlily, Amazon waterlily, Royal water lily, Queen victoria's waterlily

別 名 | 大王蓮、王蓮

分布

南美洲亞馬遜河流域。臺灣為庭園栽培種。

形態特徵

一年生浮葉植物，葉下表面、葉柄、花梗具刺。葉圓形，直徑約 1.2～1.8m，邊緣垂直向上約 8～15cm，上表面黃綠色，下表面紅紫色。花大，直徑約 23～30cm；花瓣開花第一天為白色，第 2 天轉為粉紅色；花萼 4 枚，綠色，有刺；雄蕊多數；雌蕊心皮多數，輻射狀。果實具有許多小刺；種子具假種皮。

▲大型的葉片有如一個大盤子浮於水面。

植物小事典

王蓮最早由德國植物學家 E. F. Poeppig 於 1832 年發表命名爲 *Euryale amazonica* Poeppig，當時是置於芡屬（*Euryale*）。而王蓮屬（*Victoria*）則是在 1837 年才由英國植物學家 John Lindley 成立，當時 Lindley 發表了一個王蓮屬新種 *Victoria regia* Lindl.，屬名「*Victoria*」就是爲了紀念英國維多利亞女王，而種小名「*regia*」則有「皇家的」意思。王蓮屬和芡屬的區別在於：王蓮葉上的刺只分布於下表面，葉緣垂直向上，最內部的雄蕊被退化雄蕊所取代；芡屬葉上、下表面都有刺，葉緣不垂直向上，無退化雄蕊等特徵。因此 J. E. Sowerby 於 1850 年 將 *Euryale amazonica* Poeppig 處理轉移到王蓮屬，學名爲 *Victoria amazonica*（Poeppig）Sowerby，而 *V. regia* 其實與亞馬遜王蓮 *V. amazonica* 爲同種植物，基於命名法規，應保留較早的種小名「amazonica」，因此 *V. regia* 爲亞馬遜王蓮 *Victoria amazonica*（Poeppig）klotzsch 的同物異名。

▲開花後第 2 天，花瓣會由白色轉爲粉紅色。

克魯茲王蓮

Victoria cruziana A. D. Orb.

科　名	睡蓮科 Nymphaeaceae	屬　名	王蓮屬 *Victoria*
英文名	Santa Cruz waterlily	別　名	小葉王蓮

分布

巴拉圭、玻利維亞、阿根廷北部。臺灣為庭園栽培種。

形態特徵

一年生浮葉植物，葉下表面、葉柄、花梗具刺。葉圓形，直徑約 1.2 ～ 1.7m，邊緣垂直向上約 13 ～ 20cm，上表面黃綠色，下表面藍紫色。花大，直徑約 23 ～ 28cm；花瓣開花第一天為白色，第 2 天轉為粉紅色；花萼 4 枚，綠色，無刺；雄蕊多數；雌蕊心皮多數，輻射狀。果實具有許多小刺；種子具假種皮。本種與亞馬遜王蓮極為相似，從花萼的特徵可以加以區別，本種花萼無刺，而亞馬遜王蓮花萼密布許多小刺。

▲浮於水面的葉片，邊緣向上摺起。

白花水龍

Ludwigia adscendens (L.) H. Hara

科　名｜	柳葉菜科 Onagraceae	屬　名｜	水丁香屬 *Ludwigia*

文　獻｜ Peng, 1983、1990

分布

　　喜馬拉雅、印度至中國、馬來西亞、臺灣及澳洲。臺灣主要分布於臺南以南及東部花蓮等低海拔地區的溪流、水田、湖沼溼地。

形態特徵

　　多年生浮葉或挺水植物，莖匍匐水面或部分枝條挺出水面，匍匐莖上常具向上生長的白色呼吸根。葉互生，橢圓形，先端鈍或圓，長約 3 ～ 7cm，寬約 1.5 ～ 4cm。花腋生，單一，子房下位，花瓣 5 枚，白色，倒卵形，基部黃色，雄蕊 10 枚。蒴果圓柱狀，長約 1.2 ～ 3.5cm。

▲海綿狀白色的呼吸根。

▶果實呈圓柱狀。

▲葉橢圓形，花白色。

▲植株游走水面。

翼莖水丁香

Ludwigia decurrens Walt.

科　名	柳葉菜科 Onagraceae	屬　名	水丁香屬 *Ludwigia*
別　名	方果水丁香	文　獻	Hsu *et al.*,2010

分布

原產熱帶美洲，目前已在全島低海拔水田、潮溼的地方普遍生長。

形態特徵

一年生大型溼生植物，高可達2m，植株光滑；多分枝，莖 3 ～ 4稜，由葉的基部向下延伸至莖部形成翼狀。葉互生，披針形，先端銳尖，長約 5 ～ 10cm，寬約 1 ～ 1.8cm。花腋生，子房下位，花瓣 4 枚，黃色，長約 0.8 ～ 1.2cm。蒴果略呈方形，長約 1 ～ 2.5cm。本種花的大小與水丁香相似，但全株無毛，莖部有翼等特徵容易與水丁香區別。

▲本種花的大小與水丁香相似，但全株無毛，莖部有翼等特徵容易與水丁香區別。

▲翼莖水丁香的植株光滑，花型較大。

▲果實粗短，略呈方形。

▲莖部具葉下延翼。

美洲水丁香

Ludwigia erecta (L.) H. Hara

科 名	柳葉菜科 Onagraceae	屬 名	水丁香屬 *Ludwigia*
英文名	yerba de jicotea	文 獻	Hsu *et al.*, 2010

分布

原產於美洲,現已歸化於各地水田等潮溼的土地生長。

形態特徵

一或多年生草本植物,植株高大,高可達 2m 以上;莖直立,4～6稜。葉互生,狹披針形、卵狀披針形至橢圓形,長約 5～10cm,寬約 13cm,先端尖,基部楔形,全緣波浪狀;葉脈明顯,各具 15～30 條脈於中肋兩側。花腋生,花萼 4 枚,三角狀披針形;花瓣 4 枚,黃色,橢圓形或倒卵狀橢圓形,長約 3～5mm,寬約 1.5～3mm,先端微尖凸;雄蕊 8枚,淺黃色。蒴果,長約 1.5～2.5cm,四稜。

▲開花植株。

▲美洲水丁香常於水田中大量生長。

◀花朵具 8 枚雄蕊。

▶蒴果。

▲美洲水丁香葉片大、葉脈明顯。

細葉水丁香

Ludwigia hyssopifolia (G. Don) Exell

科　名｜ 柳葉菜科 Onagraceae　　　　屬　名｜ 水丁香屬 *Ludwigia*

柳葉菜科

分布

　　泛熱帶分布，臺灣常見於低海拔水田、溝渠旁、沼澤溼地等地區。

形態特徵

　　一年生溼生植物，高約 30〜150cm，植株近光滑無毛，莖方形，基部常呈木質化。葉互生，披針形，長約 5.5〜7.5cm，寬約 1.5〜2.3cm，先端銳尖，中肋微凸。花腋生，子房下位，花萼 4 枚，三角形，0.3〜0.4cm 長；花瓣 4 枚，黃色，約 2〜5mm 長；雄蕊 8 枚。蒴果極細，長約 1.5〜2cm。本種在水田附近很常見，全株近乎光滑，花朵細小等特徵，很容易辨認。

▲植株近光滑，花朵細小，與常見的水丁香明顯不同。

▲本種在水田附近很常見。

▲花和果實。

214

水丁香

Ludwigia octovalvis (Jacq.) Raven

科　名	柳葉菜科 Onagraceae	屬　名	水丁香屬 *Ludwigia*

英文名 | Lantern seedbox, Willow primrose

分布

　　全世界熱帶和亞熱帶地區，臺灣常見於低海拔水田、溝渠旁、沼澤溼地等地區。常與細葉水丁香伴隨出現。

形態特徵

　　一年生溼生植物，高約 60 ～ 150cm，或更高可達 4m，全株被毛，莖常木質化。葉互生，長披針形至近卵形，先端尖，長約 5 ～ 10cm，寬約 1 ～ 2cm。花腋生，子房下位，花萼 4 枚，宿存；花瓣 4 枚，黃色，長約 1cm。蒴果圓柱狀，紅褐色，長約 2 ～ 6cm。本種全株被毛，以及大型的花朵，是容易辨識的特徵。

▲花朵大型，具有 8 枚雄蕊。

▲本種全株被毛，具大型花朵，是容易辨識的特徵。

▲植株。

▲果實圓柱狀。

卵葉水丁香

Ludwigia ovalis Miq.

| 科 名 | 柳葉菜科 Onagraceae | 屬 名 | 水丁香屬 *Ludwigia* |

分布

日本、中國北部及臺灣。臺灣分布於北部及南部地區湖泊或池沼旁的潮溼地。

形態特徵

一年生溼生植物，植株匍匐生長，上部枝條斜上。葉互生，卵形至橢圓狀卵形，長約0.5～2.5cm，寬約0.5～2cm，光滑，先端尖；葉基部突然狹窄成翼狀的葉柄，或近乎無柄。花腋生，單一；萼片4枚，三角形，邊緣具極細毛；花瓣無；雄蕊4枚。蒴果長球形，長約3～5 mm，直徑約2.5～3.5 mm，被極細毛。

▲花朵腋生，無花瓣。

▲葉卵形至橢圓狀卵形，互生。

▲生育環境（草埤）。

沼生水丁香

Ludwigia palustris (L.) Elliott

科　名｜	柳葉菜科 Onagraceae		屬　名｜	水丁香屬 *Ludwigia*
英文名｜	marsh seedbox, water purslane		文　獻｜	Hsu *et al.*, 2010

分布

　　原產熱帶美洲，現已歸化於北部地區潮溼的土地、河濱公園等地方。

形態特徵

　　植株匍匐生長，光滑無毛，莖帶紅色，節處生根。葉對生，圓卵形，長約 0.8 ～ 1.2cm，寬 0.6 ～ 0.9cm；先端尖，基部楔形，葉下表面帶紅色；具長柄，約 0.5 ～ 1.2cm，帶紅色；葉脈羽狀，兩側各 3 ～ 4 條。花單生於葉腋，通常成對生長，無梗；萼片4 枚，三角形；無花瓣，雄蕊 4 ～ 5 枚，蒴果角柱狀。

植物小事典

　　本種常被誤認為原生的卵葉水丁香來種植，然而沼生水丁香葉對生，卵葉水丁香葉為互生，兩者極易區分。

▲植株。

▲植株葉對生，有長的翼狀葉柄。

▲蒴果。

小花水丁香

Ludwigia perennis L.

科　名｜	柳葉菜科 Onagraceae	屬　名｜	水丁香屬 *Ludwigia*
英文名｜	marsh seedbox, water purslane	文　獻｜	Hsu *et al.*, 2010

分布

　　非洲、熱帶和亞熱帶亞洲、中國、馬來西亞至澳洲及新喀里多尼亞。臺灣分布於低海拔潮溼的地方，不常見。

形態特徵

　　一年生草本，高可達 100cm，植株近光滑或於幼時被微毛。葉狹橢圓形至披針形，長約 2 ～ 11cm，寬約 0.3 ～ 2.7cm，先端尖，基部楔形。萼片 4 枚，稀為 5 枚，長三角形；花瓣 4 枚，黃色，橢圓形，長約 1 ～ 3mm，寬約 0.7 ～ 2mm；雄蕊與萼片同數。蒴果四稜狀，紅褐色，長約 0.3 ～ 1.6cm。

▲花朵雄蕊與萼片同數。

▲植株。

臺灣水龍

Ludwigia × *taiwanensis* Peng

科　名	柳葉菜科 Onagraceae	屬　名	水丁香屬 *Ludwigia*
英文名	Clove strip, Primrose willow, False loosestrife	別　名	過江龍

柳葉菜科

分布

中國、海南及臺灣。臺灣常見於低海拔池塘、溝渠、溪流、水田、沼澤等地區。

形態特徵

本種的外形特徵幾乎與白花水龍相同，如果不開花，實在不容易區分。其不同在於臺灣水龍是二倍體的水龍（*Ludwigia peploides*（Kunth）Raven ssp. *stipulacea*（Ohwi）Raven）和同屬四倍體的白花水龍（*Ludwigia adscendens*（L.）Hara）天然雜交所產生的三倍體後代，為不孕性，無法結實。但藉旺盛的營養繁殖，常在水面上形成一大片的族群，並散布到本島低海拔各地的池塘、溝渠、河流沿岸、沼澤溼地和水田中，不過現今野外族群已逐漸萎縮中，不如往昔的數量了。

▶呼吸根。

▶植株與白花水龍相似，黃色的花朵可與之區別。

▲植株匍匐生長於水面上。

溝酸漿

Erythranthe tenella (Bunge) G. L. Nesom

科 名 | 蠅毒草科 Phrymaceae　　　　屬 名 | 溝酸漿屬 *Erythranthe*

分布

　　分布於中國、韓國、日本、臺灣等地區。臺灣多生長於中海拔地區水邊潮溼的地方。

形態特徵

　　一年生溼生植物，莖方形，有翼，高約 10～30cm，光滑無毛。葉對生，卵形，長約 1～4cm，寬約 1～2cm；葉柄長約 3～5mm；邊緣鋸齒狀；三出脈。花單一，腋生，花梗約 1～1.5cm；花萼筒狀，頂端淺 5 裂，長約 7mm；花冠筒狀，黃色，長約 1.6cm，頂端 5 裂。果實橢圓形，被宿存花萼所包圍。

▶花朵黃色，果實包於宿存花萼內。

▲生長在中海拔潮溼地方的小型植物。

過長沙

Bacopa monnieri (L.) Wettst.

科　名	車前科 Plantaginaceae
英文名	Water purslane

屬　名｜　過長沙屬 *Bacopa*

分布

全世界熱帶及亞熱帶地區。臺灣主要生長在濱海地區潮溼的土壤上，常見於田間水溝中。

形態特徵

多年生溼生植物，植株匍匐地面，光滑無毛。葉肉質，對生，倒卵形，長 1.5 ～ 1.8 cm，寬 0.7 ～ 0.8cm，近全緣，先端圓或鈍。花腋生，具長梗，長 2 ～ 3cm；萼片 3 枚，卵形，長 0.8cm，寬 0.3 ～ 0.4cm；萼片外具 2 枚苞片，披針形，2 ～ 5mm 長；萼片內側具 2 枚苞片，披針形，長約 5mm；花白色，帶淺紫色，花冠 5 裂，直徑約 1cm；雄蕊 4 枚，2 長 2 短，插於花冠筒上，花柱單一。

植物小事典

臺灣濱海地區的水生雙子葉植物並不多，海馬齒算是最前線的種類，可以生長在鹽溼地的環境中。過長沙算是第二線的植物，在濱海地區的水田、溝渠、溼地等地方常生長成一大片，對於較沙質的土壤仍然能適應得非常好。過長沙常被用來當作淺水、溼生的綠美化植物，不過經常看到葉片先端帶有齒狀的植株，這種形態的植株乃是水族從國外所引進，也經常在一些人工溼地中被當作本土物種來復育；而本土所產的過長沙葉片先端近於圓形，可明顯作為區別。

▲花朵

▼外來引進的過長沙葉片先端呈微鋸齒狀。

▲生長在濱海地區的過長沙匍匐地面生長，葉片帶點肉質，點綴著一朵一朵的小白花。

水馬齒

Callitriche palustris L.

科 名	車前科 Plantaginaceae	屬 名	水馬齒屬 *Callitriche*

英文名 | Water starwort, Star grass, Water chickweed

車前科

分布

　　廣泛分布於北半球熱帶及溫帶地區。臺灣主要見於水田、溝渠、沼澤、溼地等地區。

形態特徵

　　一年生浮葉植物，葉對生，沉水葉線形，長約 1cm，寬約 0.1cm；浮水葉聚集頂端成蓮座狀，倒卵形至倒長卵形，先端圓頭，長約 1 ～ 1.5cm，寬約 0.5 ～ 0.8 cm，一或三出脈。花腋生，單性或兩性，無花被；雄蕊 1 枚，伸出水面；雌花花柱絲狀，柱頭二叉。果實倒卵圓形，邊緣有翼。生長期在春季 3 至 5 月之間。

▲乾季生長的植株，挺水葉呈倒卵形。

▲浮水葉聚集頂端成蓮座狀，葉倒卵形至倒長卵形，先端圓頭。

▲生長在水流緩慢的小溝渠中，植株沉水葉呈線形。

凹果水馬齒

Callitriche peploides Nuttall

科　名	車前科 Plantaginaceae		屬　名	水馬齒屬 *Callitriche*
英文名	matted water starwort		別　名	角果水馬齒

分布

　　原生於美國東南部到哥斯大黎加、古巴等地區。臺灣歸化於各地田邊、河濱、菜園、花圃、盆栽等土地潮溼的地方。

形態特徵

　　一年生草本，伏生於地面如地毯狀，植物體纖細，莖方形。葉對生，橢圓形、倒披針狀橢圓形，長約 1～5mm，寬約 1～3mm，全緣；先端圓，基部楔形；主脈 1，側脈不明顯；具短柄，約 1mm 長。花單性，雌、雄花成對生於葉腋；雌花具短柄，無苞片，子房 4 裂；相對於子房，花柱長，2 叉，約 0.32mm 長。雄蕊單一，約 0.6mm 長。果實寬圓，成熟時黑色，具網紋；果實具 4 個半果，邊緣稜脊狀。種子略呈腎臟形，黑色，長約 0.32～0.44mm，寬約 0.24mm，表面具微小突起。生長季約在 12 月至 3 月。

▲雌花腋生。

▲植株匍匐於地面生長。

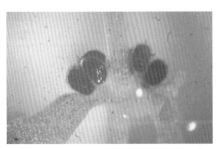

▲顯微鏡下可見半果表面具網紋及微小突起。

223

毛澤番椒

Deinostema adenocaula (Maxim.) Yamazaki

| 科　名 | 車前科 Plantaginaceae | 屬　名 | 澤番椒屬 *Deinostema* |

文　獻 | Yen & Yang, 1994

分布

　　分布於韓國、日本、中國、臺灣。臺灣僅發現於北部地區的水田、溼地，數量少不常見。

形態特徵

　　一年生溼生或挺水植物，直立，高約 5 ～ 10cm，上半部具腺毛。葉對生，卵形至橢圓形，長約 5 ～ 8mm，寬約 3 ～ 6mm，先端尖至鈍，5 ～ 7 條脈，無柄。花腋生，單一，花梗長約 1 ～ 2cm；花萼 5 深裂，裂片披針形，裂片長約 2 ～ 3 mm；花冠紫紅色，長度約為花萼 2 倍，頂端5 裂；雄蕊 4 枚，二強雄蕊。蒴果橢圓形，長約 2 ～ 3mm；種子橢圓狀披針形。

▲植株具腺毛，花朵腋生。

▲種子

224

　　澤番椒屬僅有 2 種，只分布於東
亞溫帶地區，澤番椒屬最早是被置於
Gratiola 這個屬之中，直到 1953 年才
被 Yamazaki 分出來，其最大的不同
是澤番椒屬的花萼基部沒有 2 枚小苞
片。倒是澤番椒屬與虻眼草比較接近，
不過虻眼草的果實球形，而澤番椒屬
的果實則為橢圓形，由此可明顯區分
其差異。澤番椒屬在臺灣的分布直到
1994 年才被正式報導，毛澤番椒分布
於北部及東北部地區，澤番椒則只分
布於桃園及新竹一帶，兩者都不常見。
從葉形可以容易區分出兩者的不同，
毛澤番椒的葉片卵形至橢圓形，而澤
番椒的葉片為線形至線狀披針形。

▲挺水生長的毛澤番椒。

▲生長於水中的毛澤番椒，卵形對生的葉片可供辨識。

虻眼草

Dopatrium junceum (Roxb.) Hamilt. *ex* Benth.

CR

科 名 | 車前科 Plantaginaceae　　　　屬 名 | 虻眼草屬 *Dopatrium*

分布

　　多分布於熱帶亞洲、澳洲、大洋洲，目前已歸化至北美洲。臺灣主要分布於低海拔地區的稻田，過去數量很多，現今已不多見。

形態特徵

　　一年生挺水植物，植株高約 10 〜 40cm，莖圓柱形，基部有縱紋，基部節間短。基生葉對生，長橢圓形，長約 1.7cm，寬約 0.5cm，無柄；莖部越往上端的葉逐漸變小。花單生葉腋，花冠唇形，長約 3 〜 4mm，粉紅至藍紫色；下唇較長，3 裂。果實球形，直徑約 2mm。發芽及幼期生長在水中，開花期長出挺水直立莖。

▲虻眼草的葉片主要生長在基部，莖生葉上的葉片明顯較小。

▲基生葉（幼株）。

▲果實。

▲花冠呈唇形，粉紅至藍紫色。

石龍尾屬**Limnophila**：約47種；臺灣約有11種。

種檢索表	❶挺水葉對生，單葉	❷花有柄	❸花冠紫紅色 —— 紫蘇草 *L. aromatica*		
			❸花冠白色 —— 擬紫蘇草 *L. aromaticoides*		
		❷花無柄	❸挺水葉為 3～5 出平行脈 —— 異葉石龍尾 *L. heterophylla*		
			❸挺水葉為羽狀脈	❹葉有柄，寬卵形 —— 田香草 *L. rugosa*	
				❹葉無柄，卵狀橢圓形 —— 無柄田香草 *L. fragrans*	
	❶挺水葉輪生，羽狀	❺莖被白色毛	❻莖上被毛明顯，花冠紫紅色，結果 —— 東方石龍尾 *Limnophila sp.*		
			❻莖上被毛稀疏或光滑無毛，花冠粉紅色，不結果 —— 無果石龍尾 *L. sessiliflora*		
		❺莖光滑或近光滑	❼花冠長於 1cm	❽花桃紅色，無梗，不結果 —— 桃園石龍尾 *L. taoyuanensis*	
				❽花紫紅色，具花梗，結果 —— 絲葉石龍尾 *Limnophila sp.*	
			❼花冠短於 1cm	❾花冠約 0.6cm 長，果實橢圓形 —— 長柄石龍尾 *L. stipitata*	
				❾花冠約 0.8cm 長，果實球形 —— 屏東石龍尾 *Limnophila sp.*	

紫蘇草

Limnophila aromatica (Lam.) Merr.

科　名	車前科 Plantaginaceae	屬　名	石龍尾屬 *Limnophila*

文　獻 | Philcox, 1970；Yamazaki, 1985；Yen & Yang, 1997

車前科

分布

　　分布於熱帶亞洲及澳洲北部。臺灣分布於北部、中部及南部屏東縣南仁湖等地區。

形態特徵

　　多年生挺水植物，植物體具有芳香味。葉對生，長約 2 ～ 3cm，寬約 0.8 ～ 1.1cm，無梗，長橢圓形，先端尖，邊緣具疏鋸齒。花腋生，花梗長約 1.2 ～ 1.5cm；花萼長約 7mm，具白色毛，先端 5 裂；花冠長約 1.3 ～ 1.6cm，紫紅色，花筒外部具白色毛，筒部略帶黃色，具紫紅色條紋；先端 4 裂，下唇略大，下唇先端微凹，下唇下方的喉部具白色毛；雄蕊 4 枚，2 長 2 短。果實卵形，長 4mm，果梗長 1 ～ 1.7cm。

▲植株。

▲紫紅色的筒狀花具有一長的花梗。

228

擬紫蘇草

Limnophila aromaticoides Yang & Yen

科　名｜	車前科 Plantaginaceae	屬　名｜	石龍尾屬 *Limnophila*

別　名｜　白花紫蘇草

分布

　　分布於日本及臺灣。臺灣主要分布於北部地區的稻田、溼地等環境。

形態特徵

　　一年生挺水植物，具有芳香味。葉對生，長約 1.6～3.5cm，寬約 0.6～1.2cm，無梗，長橢圓形，先端尖，邊緣具疏鋸齒。花腋生，花梗長約 5～9mm；花萼長約 6mm，具白色毛，先端 5 裂；花冠長約 1cm，白色，花筒外部具白色毛，先端 4 裂；下唇微凹，下方喉部有白色毛；雄蕊 4 枚，2 長 2 短；果實長約 4mm，橢圓形，果梗長約 0.5～1.3cm。本種和紫蘇草極為相似，差別在於花冠的顏色為白色。

▲花朵白色，與紫蘇草明顯不同。

▲花腋生。

▲植株。

異葉石龍尾

Limnophila heterophylla (Roxb.) Benth.

| 科 名 | 車前科 Plantaginaceae | 屬 名 | 石龍尾屬 *Limnophila* |

分布

分布於熱帶亞洲地區。臺灣的紀錄只有在高雄和屏東一帶，目前野外族群可能已經消失。

形態特徵

一至多年生沉水或挺水植物，莖光滑或具白色毛。沉水葉長約 2～5cm，羽狀深裂，裂片絲狀，16～17 枚輪生；挺水葉對生，橢圓形至長橢圓形，長約 1.7cm，三出脈，鋸齒緣。花腋生，無梗，粉紅色，長約 0.5～0.7cm；花萼長約 0.4cm；雄蕊 2 長 2 短。果實球形，長約 0.4cm。本種最明顯的特徵，就是沉水葉和挺水葉的形態完全不同。

▶花腋生。

▲葉兩型，挺水葉對生，橢圓形至長橢圓形。

▲異葉石龍尾因沉水葉與挺水葉的形態明顯不同而得名。

田香草

Limnophila rugosa (Roth) Merr.

科　名｜　車前科 Plantaginaceae

別　名｜　大葉石龍尾

屬　名｜　石龍尾屬 *Limnophila*

分布

　　分布於熱帶亞洲地區；臺灣主要生長在水田、沼澤等潮溼的地方，喜歡生長在較陰暗的環境。

形態特徵

　　多年生挺水或溼生植物，植物體具有芳香味。葉對生，長約 3.5 ～ 8cm，寬約 1.8 ～ 4cm，卵形，具梗，先端尖，鋸齒緣。花腋生，無梗；花萼長約 7mm，具白色毛；花冠紫色，長約 1.7cm，筒部帶黃色，具紫紅色條紋，先端 4 裂，下唇下方喉部帶黃色，具有毛。雄蕊 4 枚，2 長 2 短。蒴果卵形，長約 5mm。

▲開裂的蒴果。

▲花腋生，無梗，花冠紫色。

▲卵形的葉片是石龍尾屬中葉片最大的種類，故有「大葉石龍尾」之稱。

無果石龍尾

Limnophila sessiliflora Blume

科　名	車前科 Plantaginaceae	屬　名	石龍尾屬 *Limnophila*
文　獻	蔡, 2013		

分布

原產於東南亞地區。近年來發現於臺北地區北投、淡水、三芝一帶的溝渠中。

形態特徵

多年生挺水或沉水植物，莖疏生白色毛或近於無毛。挺水葉輪生或對生，長約 0.3～0.8cm，深裂；沉水葉輪生，羽狀深裂，裂片線形。花腋生，無梗或近於無梗。花萼長約 4 5mm，先端 5 裂，微被白色毛。花冠粉紅色，長約 1～1.5cm，先端 4 裂，喉部具白色毛。雄蕊 4 枚，末見結果現象。

植物小事典

本種研判應為水族引進流入野外溝渠，在蔡思怡（2013）的論文中認為本種才是真正的 *Limnophila sessiliflora* Blume，花冠較長，花色也較淺，不會結果；而過去被稱為「無柄花石龍尾」的植物，應是另一個新的物種「東方石龍尾（*Limnophila sp.*）」。

▲粉紅色花朵腋生。

▲開花後不結果。

▲挺水植株。

長柄石龍尾

Limnophila stipitata (Hayata) Makino & Nemoto

科　名｜ 車前科 Plantaginaceae	屬　名｜ 石龍尾屬 *Limnophila*
別　名｜ 小花石龍尾	文　獻｜ 蔡，2013

分布

東亞內蒙古、中國東北、韓國、日本、臺灣等地區。

形態特徵

一至多年生沉水或挺水植物，莖葉無毛，葉片成細裂狀輪生在節上。沉水葉 9～11 枚輪生，羽狀深裂；裂片線形，長約 1.5～2.3cm；挺水葉 8～10 枚輪生，羽狀深裂，長約 0.8～1.5cm。花腋生，幾無梗或具短梗；花萼長約 3mm，先端 5 裂；花冠長約 6mm，花筒帶黃色，具紫紅色條紋，先端 4 裂，下方裂片前端微凹，具有 2 個紫色斑點，喉部具白色毛。雄蕊 4 枚，2 長 2 短。果實橢圓形，長約 3mm，花柱宿存，果柄長約 0.5～5mm。

▲生育環境（臺中市新社食水嵙溪）。

植物小事典

早田文藏在 1920 年根據田代安定（Y. Tashiro）1914 年採於高雄鳳山的標本，發表於《臺灣植物圖譜》第九卷，不過當時是以 *Ambulia stipitata* Hayata 這個學名發表，在描述本種植物到最後時，早田文藏卻使用 *Limnophila stipitata* Hayata 這個學名並指出該模式標本存放在臺北標本館，根據命名法規之規定，早田氏在後面這個學名並不具「有效性」，後來 1931 年牧野富太郎和根本莞爾（T. Makino & K. Nemoto）在其《日本植物總覽》一書中所使用的 *Limnophila stipitata*（Hayata）Makino & Nemoto 才被正式採用。

不過長柄石龍尾並未因此被認定，長久以來一直被處理爲 *L. trichophylla*、*L. indica*、*L. sessiliflora* 等幾個種類的同種異名。在楊遠波教授和顏聖紘教授的「臺灣產石龍尾屬註」（1997）這篇文章中，並未處理 *L. trichophylla* 這個分類群，直到 2001 年他們才在《臺灣水生植物圖誌》一書中很明確的指出 *L. trichophylla* 這個分類群和宜蘭雙連埤的那種石龍尾是相同的，也就是本書所稱的「絲葉石龍尾」。

▲挺水枝條的葉片明顯較沉水葉寬。

▲花腋生，幾無梗或具短梗，花冠長約 6mm。

然而絲葉石龍尾的花冠大型長約1.5cm，而長柄石龍尾的花冠僅約0.6cm長，兩者有很明顯的不同。可是在《臺灣水生植物圖誌》一書中雖提及長柄石龍尾的學名，但並沒有任何的分類學處理或記載。在蔡思怡（2013）的論文中重新再檢視 *L. trichophylla* 的模式標本，以其花冠小於7mm、蒴果橢圓形等特徵，確認 *L. stipitata* 與 *L. trichophylla* 為同種，根據優先權應當使用 *L. trichophylla*

這個學名，因其未正式發表，此處仍暫時使用 *L. stipitata* 這個名字。這種植物目前普遍分布於臺灣全島各地水域，是臺灣石龍尾屬植物中族群數量最多、分布最廣的一種，它的花冠是臺灣所產石龍尾屬植物中最小型的種類。

車前科

▲輪生的沉水葉及生長在水中的花苞。　▲水中閉花授粉形成的果實。

▲幼苗。

桃園石龍尾

Limnophila taoyuanensis Yang & Yen

| 科 名 | 車前科 Plantaginaceae | 屬 名 | 石龍尾屬 *Limnophila* |

分布

　　臺灣特有種，僅有零星紀錄，目前於雙連埤地區仍有野外族群。

形態特徵

　　多年生沉水或挺水植物，葉輪生，沉水葉羽狀深裂，裂片線形，光滑無毛；挺水葉 9～10 枚輪生，羽狀深裂，裂片較沉水葉寬，莖、葉上被有稀疏的毛。花腋生，梗極短；花萼長約 6mm，先端 5 裂；花冠長約 1.2cm，粉紅色略帶橘紅色，花筒帶黃色，具紫紅色縱條紋；先端 4 裂，下方裂片前端微凹，喉部具白色毛。雄蕊 4 枚，2 長 2 短。不結果，可能為雜交種。

▲挺水枝條與絲葉石龍尾很像，但花朵顏色及裂片上的顏色斑紋則不同。

▲桃園石龍尾的花朵是石龍尾屬植物較大型的種類之一。

東方石龍尾

Limnophilla sp.

科 名	車前科 Plantaginaceae	屬 名	石龍尾屬 *Limnophila*
別 名	無柄花石龍尾	文 獻	蔡，2013

車前科

分布

分布於東亞地區。臺灣僅知分布於東北部宜蘭地區，野外族群數量稀少。

形態特徵

一至多年生沉水或挺水植物，挺水枝條節間長約 0.8 ～ 1.2cm，莖上密生白色毛。葉輪生，挺水葉長約 0.8 ～ 1.5cm，7 ～ 9 枚輪生，上表面光滑無毛，下表面中肋具毛。花腋生，無梗，具白色毛。花萼長約 6mm，具白色毛，先端 5 裂；花冠長約 0.8 ～ 1.2cm，紫紅色，花筒帶黃色，先端 4 裂，裂片先端紫紅色，下唇前端微凹，具有 2 個紫紅色斑點，下唇下方喉部具毛，延伸至基部。雄蕊 4 枚，2 長 2 短。果實橢圓形（近圓形），長約 3 ～ 4mm，無梗。本種和其他種類最大的區別，在於花紫紅色幾乎無梗，挺水枝條上具有毛等特徵。

▲花腋生無梗。

▲莖具有白毛，是本種明顯的特徵。

屏東石龍尾

Limnophila sp.

科 名 | 車前科 Plantaginaceae

屬 名 | 石龍尾屬 *Limnophila*

分布

目前僅知分布於屏東縣五溝水地區的水域。

形態特徵

一至多年生沉水或挺水植物,挺水葉長約 0.9 ～ 1.2cm,9 ～ 10 枚輪生,莖上有毛,節間長約 1.2 ～ 1.7cm;沉水葉比挺水葉寬大。花腋生,花梗長約 1 ～ 4mm;花萼長約 3 ～ 4mm,5 裂;花冠長約 0.8 ～ 1.2cm,4 裂,裂片先端紫紅色,下唇先端微凹,花筒內部具白色腺毛。雄蕊 4 枚,2 長 2 短。果實橢圓形,長約 3mm,果梗長約 2 ～ 5mm,具毛,花柱宿存,宿存萼上有稀疏的白毛。

▲挺水枝條。

▲紫紅色的花冠在石龍尾屬中算是中型的。

植物小事典

臺灣有關石龍尾屬的植物一直很混亂，直到 1997 年楊遠波教授與顏聖紘博士所發表的石龍尾屬報告中，才讓這屬植物有一個較清楚的樣貌，不過對於長柄石龍尾及絲葉石龍尾的問題則仍舊沒有獲得解決。

筆者與林春吉等人於 1999 年，前往屏東萬巒地區觀察水生植物時，在這一帶溝渠中的石龍尾屬植物以長柄石龍尾爲主。其中混生了少量的屏東石龍尾，如果不開花僅有沉水葉，就很難發現兩者的差異。不過屏東石龍尾的挺水枝條略帶紅色，且節間似乎較長，花朵的顏色也較其他種類爲深，花冠長度則較長柄石龍尾長，葉裂片較寬等特徵，很容易和其他種類區別。

▲挺水葉 9～10 枚輪生。

▲花冠長約 0.8～1.2cm。

絲葉石龍尾

Limnophila sp.

科　名	車前科 Plantaginaceae	屬　名	石龍尾屬 *Limnophila*
別　名	石龍尾、雙連埤石龍尾、臺灣石龍尾	文　獻	蔡, 2013

分布

　　臺灣特有種，零星分布於各地湖泊、池塘、溝渠等環境，東北部宜蘭雙連埤原有大量族群，現均已摧毀。

形態特徵

　　一至多年生沉水或挺水植物，開花枝條會挺出水面生長。植物體光滑無毛，葉輪生，沉水葉羽狀深裂，裂片線形；挺水葉長約 7 ～ 9 mm，6 ～ 7 枚輪生，羽狀深裂，裂片較沉水葉寬。花腋生，花梗長約 0.3 ～ 1cm；花萼長約 5 ～ 6mm，先端 5 裂；花冠長約 1.5cm，花筒帶黃色，具紫紅色縱條紋，外部有白色毛；花冠先端 4 裂，下方裂片最大，前端微凹，具 2 個紫色斑紋；除上方的 1 枚裂片外，其餘 3 枚裂片具有毛，下方裂片喉部具有許多白色毛，一直延伸到基部。雄蕊 4 枚，2 長 2 短。果實橢圓形，長約 4mm，果梗長約 0.3 ～ 1cm，花柱宿存。

▲絲葉石龍尾的花朵大型，很容易吸引人們的目光。

植物小事典

　　本種的花可說是臺灣石龍尾屬中最大型的種類，花色也是最豔麗的。過去一直被當作是 *L. trichophylla*。蔡思怡（2013）於檢視模式標本後，發現 *L. trichophylla* 模式標本的花冠小於 7mm，而本種花冠長於 1cm；在染色體的研究上，本種染色體數為 102，與臺灣所產石龍尾屬其他種類有很大的不同。另外，本種在雙連埤的分布，可能與當地客家居民有關，老一輩的居民均來自於桃園地區，且在雙連埤地區也發現有桃園石龍尾的族群，這兩種植物在雙連埤地區的分布是否與客家居民的遷移有關，也是一件有趣的議題。

▲花冠長約 1.5cm，紫紅色。

▲花朵下唇有 2 個明顯紫色斑紋。

越南毛翁

Limnophila sp.

科 名│ 車前科 Plantaginaceae

別 名│ 越南香菜

屬 名│ 石龍尾屬 *Limnophila*

分布

東南亞地區。

形態特徵

挺水生長，植株具芳香味，莖直立，具毛絨。單葉，對生或三葉輪生，卵狀長橢圓形，長約 2 ～ 2.8cm，寬約 0.6 ～ 1cm，鋸齒緣，先端尖，無柄，兩面光滑無毛。花腋生，花梗長約 1 ～ 3cm，被毛。花冠深藍紫色或白色，長約 1.3cm，花冠外部被毛，先端 4 裂，下唇略大，喉部具白毛；萼筒深裂，裂片 5 枚，長三角形，被毛；苞片 2 枚，線狀三角形，長約 3 4mm，被毛。

植物小事典

越南毛翁在臺灣野外並無分布，主要爲市場中供應東南亞新住民飲食文化的食材。本種分類地位有待釐清，在形態上較接近中華石龍尾（*Limnophila chinensis*（Osb.）Merr.），然未見有結實的現象。市場上可見有深藍紫色花及白花的植株，深藍紫色花的植株和本土的紫蘇草有些相似；白花的植株於冬季出現供應，外觀則和本土的擬紫蘇草類似。然而紫蘇草及擬紫蘇草莖上均沒有像越南毛翁那麼明顯的白色長毛，也不像越南毛翁有明顯的三葉輪生特徵，且紫蘇草及擬紫蘇草均可以見到結實及種子。

▲深藍紫色花冠喉部具白毛。

▲筒狀花冠外部花萼、花梗及莖部明顯被柔毛。

▲植株通常為三葉輪生。

微果草

Microcarpaea minima (J. König *ex* Retz.) Merr.

科　名	車前科 Plantaginaceae	屬　名	微果草屬 *Microcarpaea*
別　名	小葉胡麻草		

分布

　　分布於東亞、澳洲及大洋洲。臺灣生長在低海拔地區的稻田及溼地，水多時沉水生長，冬季水少時，也可以在較乾的地區生長。

形態特徵

　　一年生沉水或溼生植物，植株細小，分枝極多，常成片匍匐地面生長，全株光滑。葉對生，全緣，橢圓狀披針形，長約 2～5mm，寬約 1～2mm，先端圓。花單一，腋生，花萼及花冠筒狀，花萼 5 裂，裂片頂端纖毛狀；花冠白色，長約 2mm，略 2 唇形，5 裂，雄蕊 2 枚。果實橢圓形，短於宿存花萼。

▲水少時呈現溼生狀態。

▲花小型，生於葉腋。

▲匍匐地面生長的細小植物（乾季植株）。

243

毛蓼

Persicaria barbata (L.) H. Hara

| 科　名 | 蓼科 Polygonaceae | 屬　名 | 春蓼屬 *Persicaria* |

科　名｜　蓼科 Polygonaceae　　　　屬　名｜　春蓼屬 *Persicaria*

英文名｜　Bearded knotweed

文　獻｜　郭, 1997；Park, 1988；Yonekura & Ohashi, 1997a、b

分布

　　阿拉伯半島、印度至中南半島、中國、臺灣、菲律賓、印尼至新幾內亞等熱帶及亞熱帶亞洲等地區。臺灣分布於全島低海拔溝渠、湖沼等水邊。

形態特徵

　　多年生挺水或溼生植物，高可達 120cm，全株密被短毛。葉披針形，先端尖，基部楔形，長約 9 ～ 14cm，寬約 1.7 ～ 2.5cm，葉柄長約 1cm。托葉鞘管狀，頂端具緣毛，緣毛長度約與托葉鞘等長。花序頂生，多分枝，花被白色，苞片頂端纖毛狀。托葉鞘頂端具有與托葉鞘等長的緣毛，是本種的重要特徵。

▲植株全株被毛。

▲托葉鞘具長緣毛。

◀穗狀花序。

雙凸戟葉蓼

Persicaria biconvexa (Hayata) Nemoto

科　名	蓼科 Polygonaceae
英文名	Thunberg's fleece flower

屬　名	春蓼屬 *Persicaria*
文　獻	Hayata, 1908；Park,1988

分布

　　僅分布於臺灣、蘇門答臘，臺灣普遍見於中海拔山區林下陰溼的環境，或河邊、山壁、林緣、水邊等潮溼的地方。。

形態特徵

　　一年生溼生植物，攀緣或斜生，高可達 100cm；莖多分枝，具縱稜，具倒鉤刺。葉互生，戟形，長約 1.2 ～ 8cm，寬約 0.9 ～ 3.8cm（中裂片），先端漸尖，上、下表面被單一的多列毛及無柄星狀毛，葉緣亦具多列毛；基部戟形，兩側基生裂片卵形，先端尖；葉柄長約 0.7 ～ 4.7cm，被多列毛，翼狀，具溝。托葉鞘短，0.4 ～ 0.6cm 長，管狀，頂端具緣毛，或擴展成約 4 ～ 10mm 寬的葉狀緣邊，葉狀緣邊圓齒狀，葉狀緣具明顯多列毛。花序頂生或葉腋，頭狀，花序梗可達 9.3cm 長；苞片披針形至卵形，被毛；小苞片寬卵形至長卵形，被毛；花白色，頂端粉紅色，花梗短；花被 4 深裂，亦可見有 5 深裂之花被，3 ～ 5mm 長；雄蕊 6 或 8 枚，4 長 2 短；花柱單一，約 2.5mm 長，2 叉，分叉可達 1 / 2 至 4 / 5 花柱長度；子房上位，基部具 6 個長橢圓狀附屬物。瘦果圓卵形，雙凸透鏡狀，先端尖或宿存花柱凸尖，花被宿存。

▲林道旁的族群

植物小事典

　　「雙凸戟葉蓼」為早田文藏博士1908年於《臺灣高山植物誌》（Flora Montana Formosae）所發表的新種（*Polygonum biconvexum* Hayata），本種在全島海拔約1000公尺以上中海拔山區林下潮溼的地方非常普遍；《臺灣植物誌》第一版（1976）將本種處理為戟葉蓼下的型（*Polygonum thunbergii* Sieb. & Zucc. form. *biconvexum*（Hayata）Liu, Ying & Lai）。《臺灣植物誌》第二版（1996）、郭紀凡（1997）、《臺灣水生植物圖誌》（2001）等，則認為本種仍應為廣泛分布於東亞地區的「戟葉蓼 *Polygonum thunbergii* Siebold & Zucc.」。作者檢視國內標本館標本，並於野外實地觀察，雙凸戟葉蓼與戟葉蓼在外部形態及生育環境上均有明顯的不同。雙凸戟葉蓼葉片中裂片的部分明顯較為寬廣，中間隘縮的部分也明顯較寬；4深裂的花被、柱頭2叉、瘦果雙凸透鏡狀等特徵，也與戟葉蓼有明顯的不同。Park（1988）文中說明雙凸戟葉蓼亦分布於蘇門答臘，然其所列引證標本均為較早期的採集標本，就地理分布而言，此一現象的確令人好奇。

▲圓卵形的瘦果為雙凸透鏡狀。

▲植株葉片中間隘縮部分較寬。

◀花序。

▲托葉鞘頂端擴展成盤狀。

◀花被 4 深裂。

▲果實。

水紅骨蛇

Persicaria dichotoma (Blume) Masam.

科 名 ｜ 蓼科 Polygonaceae	屬 名 ｜ 春蓼屬 *Persicaria*
英文名 ｜ Snake-afraid	

分布

　　印度至中國、琉球、臺灣及菲律賓等地區。臺灣主要分布於北部、東北部、南仁湖及蘭嶼等地區潮溼的環境。

形態特徵

　　一至多年生溼生植物，莖斜上或直立，高 40 ～ 100cm，綠色至帶紅色，具倒鉤刺，節處膨大。葉披針形至狹橢圓形，先端尖，基部楔形、截形或近戟形，光滑，下表面中肋被倒鉤刺；葉柄長約 0.5 ～ 1.5cm。托葉鞘管狀，頂端斜截狀，1.5 ～ 3cm 長，無緣毛。花序二叉分歧，約二至三次分歧，花聚集於每一分歧末端，呈短穗狀，花序梗具腺毛；苞片寬橢圓形，長約 2 ～ 3mm，頂端具短緣毛；花被白色至粉紅色。瘦果近圓形，雙凸透鏡狀。

▲莖節處具倒鉤刺，托葉鞘頂端斜截狀。

▲花序二叉分歧，花朵聚集於末段呈短穗狀。

宜蘭蓼

Persicaria foliosa (H. Lindb.) Kitag.

科　名｜　蓼科 Polygonaceae

屬　名｜　春蓼屬 *Persicaria*

分布

　　東亞及歐洲地區；臺灣主要分布於北部山區的湖沼溼地，如草坤、崙坤、中嶺池、松蘿湖、翠峰湖等地區。

形態特徵

　　一至多年生溼生植物，植株匍匐地面，高約 10 〜 20cm，莖光滑，節上具稀疏逆刺。葉近無柄或柄長 1 〜 1.3cm，葉卵形、箭形至長披針形，長約 1.2 〜 5.5cm，寬約 0.5 〜 1cm，先端尖，基部箭形。托葉鞘管狀，長約 0.3 〜 0.5cm，頂端截形；緣毛短，稀疏。花序頂生，花朵排列稀疏，花被粉紅色。本種形態變化大，宜再深入觀察。

▲花序上的花朵排列稀疏。

▲莖光滑，節上具稀疏逆刺。

▲植株（草坤）。

251

紅辣蓼

Persicaria glabra (Willd.) M. Gómez.

科 名	蓼科 Polygonaceae	屬 名	春蓼屬 *Persicaria*

英文名 | Smooth knotweed

分布

　　熱帶和亞熱帶非洲、亞洲及美洲地區。臺灣常見於水田、溝渠、溪流、沼澤等有水的地方。

形態特徵

　　一至多年生溼生植物，高可達 100cm 以上，植株光滑無毛，節處常膨大。葉披針形至長橢圓狀披針形，先端漸尖，基部楔形，長 7 ～ 20cm，寬 1.5 ～ 4cm，兩面無毛，具腺點，葉柄長約 1 ～ 1.5cm。托葉鞘管狀，長約 2 ～ 3cm，頂端截形，無緣毛。花序頂生，花被白色或粉紅色，苞片不具緣毛。本種植株高大，全株光滑，葉具腺點，托葉鞘及花部苞片不具緣毛，與其他種類明顯不同。

▲植株。

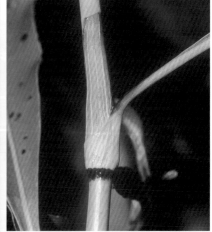

▲托葉鞘管狀，頂端無緣毛。

◀花序。

長箭葉蓼

Persicaria hastatosagittata (Makino) Nakai *ex* T. Mori

科　名	蓼科 Polygonaceae
英文名	Arrow fleece flower
屬　名	春蓼屬 *Persicaria*

分布

　　日本、西伯利亞東南部、韓國、滿洲、中國東南部至西南部地區、臺灣。臺灣主要分布於中北部低海拔地區水田、溝渠或潮溼的地方。

形態特徵

　　一至多年生，直立至攀緣性，高30～150cm，具縱稜，疏生倒生短刺，節處具明顯倒生刺毛。葉披針形至長橢圓形，長2.5～9.7cm，寬1～3cm，先端尖至漸尖，基部箭形或近戟形，葉緣具緣毛，上表面光滑，下表面被疏毛；葉柄長0.6～2cm；托葉鞘筒狀，0.5～2cm長，膜質，頂端截形，具緣毛；花序頂生或生於上端腋生，聚集呈短穗狀至頭狀，花序梗長；花白色或粉紅色，5深裂；花梗及苞片具腺毛；雄蕊8枚，柱頭3叉；瘦果卵形，三稜狀，先端尖。

▲花序呈二叉分歧狀排列。

▲花序數朵聚集成頭狀。

◀植株。

水蓼

Persicaria hydropiper (L.) Delarbre

科　名	蓼科 Polygonaceae	屬　名	春蓼屬 *Persicaria*
英文名	Water pepper, Smart weed, Marshpepper	別　名	蓼

分布

　　非洲西部、歐洲至亞洲馬來西亞等北半球溫帶至亞熱帶地區。臺灣分布於各地潮溼的地方。

形態特徵

　　一年生溼生或挺水植物，高約30～80cm，莖光滑無毛，節處膨大。葉披針形至卵狀披針形，先端漸尖，基部楔形，邊緣或中肋具微毛，葉咀嚼具辛辣味，葉柄長約0.4～1cm。托葉鞘管狀，膜質，疏生短硬剛毛，頂端截形，具短緣毛。總狀花序呈穗狀，長約17cm，通常下垂，花序排列稀疏；苞片漏斗狀，疏生短緣毛，花梗長於苞片；花綠白色至粉紅色，花被具褐色透明腺點。瘦果卵形，黑色，雙凸透鏡狀。

▲花序下垂，花朵排列疏鬆。

▲托葉鞘管狀，頂端截形，具短緣毛。

▲植株。

蠶繭草

Persicaria japonica (Meisn.) Nakai

科　名 | 蓼科 Polygonaceae	屬　名 | 春蓼屬 *Persicaria*
英文名 | Silkworm knotweed, Silk-wormweed	

分布

　　中國、韓國、日本、琉球和臺灣等東亞溫帶及亞熱帶地區。臺灣分布於全島低海拔水田、溝渠等潮溼的水邊。

形態特徵

　　一年生溼生植物，高可達100cm，莖光滑，節處常膨大。葉長披針形，先端尖，基部楔形至鈍，長約 7 ～ 15cm，寬約 1 ～ 2cm，上下表面被稀疏短毛，中肋及葉緣毛較密，葉柄極短。托葉鞘管狀，長約 1.5 ～ 2cm，頂端截形，具緣毛。花序頂生，長約 6 ～ 12cm，花序頂端微彎曲，花被白色，苞片具緣毛。近乎無柄的長披針形葉片、白色彎曲的花序，是本種與其他種明顯不同的特徵。

▲近乎無柄的長披針形葉片。

▲托葉鞘具長緣毛。

▲花被白色。

▲白色彎曲的花序，是本種與其他種明顯不同的特徵。

白苦柱

Persicaria lanata (Roxb.) Tzvelev

科 名 | 蓼科 Polygonaceae

屬 名 | 春蓼屬 *Persicaria*

分布

　　印度、不丹、中國、緬甸、馬來西亞、臺灣等熱帶和亞熱帶地區。臺灣分布於低海拔溝渠、稻田、湖沼等水邊。

形態特徵

　　一年生溼生植物，高可達150cm，全株密被白色綿毛。葉長披針形，先端漸尖，基部楔形，長約10 ～ 17cm，寬約 1.5 ～ 2.5cm，上表面白色或綠白色，下表面白色，葉柄長約 1 ～ 1.5cm。托葉鞘管狀，長約 2.5cm，頂端截形，不具緣毛。花序頂生，多分枝，花被綠白色。

▲植物體全株密被白色綿毛，是一項明顯容易辨識的特徵。

◀花序。

▲托葉鞘呈管狀，先端截形、不具緣毛。

早苗蓼

Persicaria lapathifolia (L.) Delarbre

科 名 | 蓼科 Polygonaceae

英文名 | Black heart, Pale smartweed

屬 名 | 春蓼屬 *Persicaria*

分布

　　歐洲、中國、韓國、日本、菲律賓、印度等北半球溫帶至熱帶地區。臺灣常見於低海拔水田、溝渠等潮溼或有水的地方。

形態特徵

　　一年生溼生植物，高可達150cm。莖綠色，具有許多紅色斑點，光滑無毛，節處膨大。葉互生，披針形至卵狀披針形，長約 8 ～ 25cm，寬約 2 ～ 6cm，先端漸尖，基部楔形，下表面具有明顯的腺點，中肋具短毛；葉柄長約 1 ～ 2cm，具短毛。托葉鞘管狀，長約 2 ～ 3cm，膜質，無毛，具有數條明顯脈紋，頂端截形。花序頂生，花被白色，4 或 5 裂，具短梗。

▲生育環境。

▲莖具紅色斑點、節處膨大及托葉鞘管狀。

▶花序。

蓼科

257

睫穗蓼

Persicaria longiseta (Bruijn) Kitag.

科 名	蓼科 Polygonaceae	屬 名	春蓼屬 *Persicaria*
英文名	Winkle knotweed		

蓼
科

分布

　　分布於東亞喜馬拉雅、印度、馬來西亞、印尼、緬甸、中國、韓國、日本、西伯利亞等地區。臺灣常見於低海拔水田、溼地。

形態特徵

　　一年生溼生植物，直立或斜上，植株高約 20 ～ 60cm，節處生根。葉互生，幾無柄，披針形至橢圓狀披針形，長約 4 ～ 10cm，寬約 0.5 ～ 2cm，先端尖，基部楔形，上下表面具有稀疏短毛。托葉鞘管狀，長約 0.7 ～ 1cm，頂端截形，具緣毛。花序頂生，長約 3 ～ 5cm，花粉紅色或白色，苞片頂端纖毛狀。

▲花序直立，花苞頂端具纖毛狀緣毛，有如睫毛，因而有「睫穗蓼」的名稱。

▲睫穗蓼的葉形變化很大，從卵形、橢圓形至長披針形。

▲托葉鞘管狀，頂端截形，具緣毛。

盤腺蓼

Persicaria minor (Huds.) Opiz

科　名|	蓼科 Polygonaceae	屬　名|	春蓼屬 *Persicaria*
英文名|	Linear-leaved knotweed		

分布

　　歐洲、溫帶亞洲印度、尼泊爾、斯里蘭卡、中國、中南半島、馬來西亞、印尼、菲律賓、臺灣、新幾內亞等地區。臺灣分布於低海拔溝渠、水田、沼澤等潮溼的地方。

形態特徵

　　一至多年生溼生植物，高約 20 ～ 50cm，植株光滑。葉長披針形，長約 3 ～ 6cm，寬約 0.5 ～ 1cm，先端尖，基部楔形至圓鈍形，無柄或幾無柄。托葉鞘管狀，長約 1cm，頂端截形，具緣毛。花序頂生，約 2 ～ 3cm；花被粉紅色；苞片頂端具緣毛。

▲長披針形的葉片上可見紫黑色斑點。

▲托葉鞘管狀具緣毛。

▲花序頂生，花苞頂端有明顯的緣毛。

小花蓼

Persicaria muricata (Meisn.) Nemoto

科 名 | 蓼科 Polygonaceae　　　　屬 名 | 春蓼屬 *Persicaria*

分布

　　東亞地區從日本、韓國、中國至印度北部、臺灣。臺灣零星分布於各地，相關採集紀錄並不多，如草埤、南投蓮華池、花蓮秀林鄉、屏東東源溼地及南仁湖等地區。

形態特徵

　　一年生溼生植物，攀緣至斜生，莖具縱稜，具倒鉤刺，倒鉤刺於節處較明顯。葉卵形至橢圓狀卵形，長 2 ～ 7cm，寬1.5 ～ 3cm，先端尖至漸尖，基部截形至箭形或近於心形；上表面無毛或疏生單一之多列毛及簇生毛，下表面被無柄星狀毛，下表面中脈具倒生短刺或伏毛；葉柄長約 0.5 ～ 2.5cm；托葉鞘管狀，長 1 ～2cm，頂端截形，先端具長緣毛。花序頂生或於上端葉腋生，具分枝，花序梗被柔毛及腺毛，總狀花序通常由 2 ～ 7 朵花組成，花梗短；花被 5 裂，白色或淡紫紅色，雄蕊 5 ～ 9，柱頭 3 叉；瘦果卵形，三稜狀，先端尖。

▲莖具縱稜，具倒鉤刺。

▲植株。

▲花序。

香辣蓼

Persicaria odorata (Lour.) Soják subsp. *odorata*

科　名	蓼科 Polygonaceae	屬　名	春蓼屬 *Persicaria*
英文名	Vietnamese coriander, Vietnamese mint, Laska leaf, Cambodian mint		
別　名	越南香菜、越南芫荽、叻沙葉	文　獻	Yonekura, 2012

分布

　　中國南部、東南亞泰國、柬埔寨、寮國、越南、緬甸、馬來西亞、印尼等地區。臺灣野外無此植物分布，僅見於市場上作為蔬菜販賣。

形態特徵

　　一至多年生，莖無毛，帶紅色。托葉鞘管狀，長約 1cm，頂端截狀，具長緣毛，緣毛約托葉鞘一半長度。葉長披針形，基部鈍，先端尖，長約 5 ～ 9cm，寬約 1 ～ 2cm；兩面光滑無毛，僅上表面中肋及邊緣具毛；上表面中肋凸起；具短柄，5 ～ 7mm 長。花序頂生，花朵排列稀疏；苞片頂端具緣毛；花粉紅色，花冠約 4mm 長，裂片 5。

▲托葉鞘頂端截形具長緣毛。

▲植株。

植物小事典

　　香辣蓼的葉片具有類似芫荽的氣味和辛辣，在越南料理中廣泛用於湯、燉煮料理、沙拉調味。本種另有一變種 *Persicaria odorata*（Lour.）Soják subsp. *conspicua*（Nakai）Yonek.（櫻蓼），葉片無辛香味，托葉鞘上的緣毛較長，約為托葉鞘長度的 1 / 2 至 2 / 3；《臺灣植物誌》過去有櫻蓼的記載，然標本紀錄並無發現此一物種，通常都是將蠶繭蓼誤認為櫻蓼。

▲花朵。

▲花序上花朵稀疏。

紅蓼

Persicaria orientalis (L.) Spach

科　名｜ 蓼科 Polygonaceae	屬　名｜ 春蓼屬 *Persicaria*
英文名｜ Prince's feather	別　名｜ 紅草

分布

印度、斯里蘭卡、中南半島、中國、臺灣、菲律賓、印尼至澳洲等地區。臺灣常見於低海拔荒廢地、溝渠、水田等潮溼的地方。

形態特徵

一年生溼生植物，全株密被白色絨毛，植株高度可達180cm，莖綠色。葉卵形至長卵形，先端尖，基部心形，中肋常帶紅色；具長柄，長約3～10cm，帶紅色。托葉鞘管狀，頂端擴展成盤狀。花序頂生，花被粉紅色，苞片頂端纖毛狀。

▶卵形的葉片及粉紅色的花序是紅蓼顯目吸引人的地方。

▲托葉鞘管狀，頂端擴展成盤狀。

▶花序（果實已成熟）。

蓼科

細葉雀翹

Persicaria praetermissa (Hook. f.) H. Hara

科　名｜	蓼科 Polygonaceae	屬　名｜	春蓼屬 *Persicaria*
英文名｜	Ear fleece flower	別　名｜	細葉犁壁

分布

　　分布於中國、韓國、日本、琉球、臺灣、菲律賓、印度及澳洲。臺灣分布於低海拔山區的沼澤、溼地。

形態特徵

　　一年生匍匐地面或半直立的溼生植物，高 15 ～ 50cm，莖節具逆刺。葉長橢圓狀披針形，先端尖，基部箭形，長約 3 ～ 8cm，寬約 0.6 ～ 1.2cm，葉柄長約 0.5 ～ 1cm。托葉鞘管狀，先端斜截形，長約 1 ～ 1.5cm。花序頂生，花被白色，先端帶粉紅色。本種與水紅骨蛇極不容易區分，細葉雀翹花序排列稀疏，而水紅骨蛇的花序聚集成穗狀，是分辨的重要特徵。

▲托葉鞘管狀無緣毛，先端斜截形，莖節具逆刺。

▲花序頂生，先端帶粉紅色。

▼植株匍匐生長，長披針狀的葉形和箭形的葉基很容易辨識。

腺花毛蓼

Persicaria pubescens (Blume) H. Hara

科　名｜　蓼科 Polygonaceae

英文名｜　Gland-flowered knotweed

屬　名｜　春蓼屬 *Persicaria*

別　名｜　八字蓼

分布

　　分布於印度、喜馬拉雅、中國、韓國、日本、琉球、馬來西亞、印尼等地區。臺灣主要分布於各地潮溼的地方及排水溝渠中。

形態特徵

　　一年生溼生植物，直立，高約60～170cm，莖帶紅色，疏生短硬伏毛，節處膨大。葉卵狀披針形，長約5～10cm，寬約1～2.5cm，先端漸尖，基部楔形至漸尖，上表面中部具黑色斑點，兩面被短硬毛；葉柄粗短，長約0.1～0.4cm，密生硬伏毛。托葉鞘管狀，具硬伏毛，頂端截形，具長緣毛。總狀花序呈穗狀，長約7～15cm，花稀疏，上部下垂；苞片漏斗狀，具緣毛；花梗細，長於苞片；花白色至粉紅色，具腺點。瘦果卵形，三稜狀，黑色。本種植株各部位具倒伏毛，及莖、葉背、苞片、花被等部位具腺點，為主要辨識特徵。

▲植株葉面有明顯黑色斑紋，莖部明顯帶紅色。

▲托葉鞘頂端具長緣毛。

▲總狀花序呈穗狀。

絨毛蓼

Persicaria pulchra (Blume) Soják

科　名	蓼科 Polygonaceae	屬　名	春蓼屬 *Persicaria*
英文名	Woolly smartweed		

分布

　　印度、中南半島、中國、臺灣、菲律賓、印尼等地區。臺灣僅發現於臺南一帶潮溼有水的地方。

形態特徵

　　多年生溼生或挺水植物，莖粗壯，高約 50 ～ 100cm，全株被柔毛。葉寬披針形，長約 7 ～ 15cm，寬約 1.5 ～ 3cm，先端漸尖，基部狹楔形，兩面均被密毛，葉柄長約 0.2 ～ 0.5cm。托葉鞘管狀，頂端截形，具緣毛，緣毛長約 0.4 ～ 0.6mm。總狀花序呈穗狀，直立，長約 3 ～ 14cm；苞片卵形，被毛，頂端具緣毛；花白色。瘦果近圓形，兩面凸透鏡狀，黑色。

▶植株葉片。

▲成熟果實。

▲花序。

▲托葉鞘具緣毛。

箭葉蓼

Persicaria sagittata (L.) H. Gross

科 名｜ 蓼科 Polygonaceae　　　　屬 名｜ 春蓼屬 *Persicaria*

分布

　　分布於西伯利亞、中國、韓國、日本、臺灣、印度及北美洲地區。臺灣僅分布於鴛鴦湖邊潮溼的沼澤中。

形態特徵

　　一年生直立或半直立溼生植物，高約 50 ～ 100cm，莖方形，具逆刺。葉長橢圓狀披針形，先端尖，基部箭形，長 3 ～ 5cm，寬約 0.8 ～ 1cm，光滑，下表面中肋具逆刺；葉柄長 0.5 ～ 1.5cm，具逆刺。托葉鞘管狀，先端歪斜，頂端呈漸尖狀。花序頂生，聚集成頭狀，花朵數目不多，花被白色。

▶橢圓狀披針形的箭形葉極容易辨識。

▲花朵數目不多，聚集成頭狀。

▶莖具逆刺，托葉鞘管狀。

戟葉蓼

Persicaria thunbergii (Siebold & Zucc.) H. Gross

科　名｜ 蓼科 Polygonaceae　　　　屬　名｜ 春蓼屬 *Persicaria*

英文名｜ Thunberg's fleece flower

分布

　　本種分布於東亞地區，從日本、韓國、東部西伯利亞、滿洲，至中國東部、臺灣等地區，臺灣僅見於北部及東北部的湖沼溼地。

形態特徵

　　一年生溼生或挺水植物，攀緣或斜生，高約 30 ～ 100cm；莖多分枝，具縱稜，具倒鉤刺。葉互生，戟形，長約 2.5 ～ 8.5cm，寬約 1 ～ 3.2cm（中裂片），先端漸尖，上、下表面被單一的多列毛及無柄星狀毛，葉緣亦具多列毛；基部戟形或截形，兩側基生裂片三角形至卵形，先端尖或鈍尖；葉柄長約 0.7～4.5cm，被多列毛，翼狀，具溝。托葉鞘短，0.4 ～ 1cm 長，管狀，頂端具緣毛，或擴展成約 3 ～ 5mm 寬的葉狀緣邊，葉狀緣邊邊緣圓齒狀，葉狀緣具明顯多列毛。花序頂生或生於上端葉腋，頭狀；苞片披針形至橢圓形，被毛；小苞片卵形至橢圓形，被毛；花白色，頂端粉紅色，花梗短；花被 5 深裂，偶可見花被 4 深裂者，3 ～ 5mm 長；雄蕊 8 枚或 7 枚；花柱單一，柱頭 3 裂。瘦果寬卵形，三稜狀或偶有透鏡狀，先端尖，基部圓，褐色，花被宿存。

▲植株。

植物小事典

本種分布於東亞地區，在臺灣過去一直與雙凸戟葉蓼混在一起，然本種花被裂片5、柱頭3叉及三稜狀的瘦果，明顯不同於雙凸戟葉蓼花被裂片4、柱頭2叉及兩面透鏡狀的瘦果。其次就中裂片與基生裂片間的隘縮，戟葉蓼較雙凸戟葉蓼有較為明顯的隘縮。此外雙凸戟葉蓼普遍生長於林下潮溼的環境，戟葉蓼則是生長於開闊的湖沼邊，陽光普遍能照射到的地方，兩者在生育環境上有明顯的不同。目前戟葉蓼僅知分布於臺灣北部陽明山大屯自然公園、二子坪及東北部明池、草埤、崙埤、中嶺池、松蘿湖，為一典型的湖沼指標植物。

▲戟形葉片中間隘縮處較窄，基部略成一直線。

◀植株。

▲由種子新長出來的植株。

▲ 托葉鞘頂端擴
展成盤狀。

▲瘦果為三稜狀。

▶花序。

▲花被 5 深裂。

玉山櫻草

Primula miyabeana T. Itô & Kawakami

科 名 | 報春花科 Primulaceae   屬 名 | 櫻草屬 *Primula*

分布

　　為臺灣特有種，分布於全島中高海拔山區潮溼山坡或流水邊，常見。

形態特徵

　　多年生；葉基生，膜質，匙形，光滑，長約 10 ～ 25cm，先端鈍圓或尖，尖突狀細齒緣。花莖圓柱形，花 1 ～ 3 輪聚成繖形，花梗長約 2 ～ 4cm，花萼杯狀；花冠紫紅色或白色，鐘形，長約 1.5 ～ 2cm。果實球形，花萼與花柱宿存。

▲果實。

◀植株。

◀生育環境。

271

水辣菜

Ranunculus cantoniensis DC.

科　名｜	毛茛科 Ranunculaceae	屬　名｜	毛茛屬 *Ranunculus*
英文名｜	Cantonese buttercup	別　名｜	禹毛茛

分布

分布於中國、韓國、日本、臺灣、越南、印度。臺灣主要分布於 2500 公尺以下潮溼的地方，如溪流邊、林緣、水田邊等環境。

形態特徵

多年生溼生植物，全株被粗毛，高約 15 ～ 70cm。葉單型，單葉或三出，鋸齒緣。花頂生，花瓣黃色，5 枚；雄蕊多數；雌蕊多數，聚集成頭狀。瘦果扁卵形，長約 3 ～ 5mm。本種和石龍芮最大的區別，在於植物體具有明顯的粗毛。

▶植株粗糙，具有明顯的粗毛。

▲果實由多數瘦果聚集成頭狀。

▲水辣菜與石龍芮的花均為離生心皮。

石龍芮

Ranunculus sceleratus L.

科 名	毛茛科 Ranunculaceae	屬 名	毛茛屬 *Ranunculus*
英文名	Blister buttercup, Celeryleaf buttercup	文 獻	郭, 2002；Kuo *et al.*, 2005

分布

　　廣泛分布於全世界亞熱帶及溫帶地區。臺灣常見於低海拔水田、溝渠旁及沼澤等潮溼有水的地方。

形態特徵

　　一年生挺水或溼生植物，植株光滑，高約 15 ～ 50cm。葉兩型，基生葉挺水或浮在水面，長約 1 ～ 5cm，寬約 2 ～ 10cm，3 裂；葉柄長約 3 ～ 9cm。莖生葉較小，裂片較深，裂片寬度較窄，近乎無柄。花頂生或腋生，花梗長約 0.5 ～ 2.5cm；花瓣黃色，5 枚；雄蕊多數；雌蕊多數，聚集成頭狀。瘦果扁卵形，長約 0.8 ～ 1mm。

▲葉片裂成掌狀特徵很容易辨識。

▲花瓣黃色，雌蕊多數，聚集成頭狀。

▲光滑的植株開著小黃花，是冬季溼地容易見到的植物。

小牙草

Dentella repens (L.) J. R. Forst. & G. Forst.

科 名| 茜草科 Rubiaceae **屬 名|** 小牙草屬 *Dentella*

分布

分布於東南亞、澳洲。臺灣主要分布於低海拔地區光線充足的水邊。

形態特徵

多年生匍匐性小型溼生植物，全株具細毛，莖多分枝。葉對生，有點肉質，橢圓形至倒卵形長橢圓形，先端尖，基部楔形，長約 0.5～1cm，寬約 3～4mm，葉柄短。花腋生，單一，花冠黃白色，漏斗形，直徑約 7mm，5 裂。果實綠色。

植物小事典

在認定水生植物時，常有讓人猶豫的種類，而小牙草就是其中之一。它的生長環境常令水生植物學者在判定是否歸爲溼生的種類時感到棘手，儘管如此，它的出現意味著此地的環境離水不遠。這種小型的植物以匍匐的方式生長，學名中的「repens」就是「匍匐生長」的意思。光看它的外形，可能很難辨識是什麼種類，不過茜草科「對生的托葉」倒是一個容易辨認的特徵，再加上它那「白色漏斗狀的花冠」及「被毛的果實」，就可以認定是小牙草了。

▲植株匍匐地面生長，全株具細毛，為小型溼生植物。

小葉四葉葎

Galium trifidum L.

科　名 | 茜草科 Rubiaceae　　　　　屬　名 | 豬殃殃屬 *Galium*

文　獻 | 黃, 2001；Yang & Li, 1998

分布

　　分布於中國、日本、歐洲、北美。臺灣發現於鴛鴦湖、神祕湖、明池、崙埤、中嶺池等東北部山區池沼溼地。

形態特徵

　　一年生溼生植物，植株近光滑無毛，莖匍臥狀，細小，方形。葉無柄，四葉輪生，倒披針形，長約 4 ～ 9mm，寬約 1 ～ 3mm，先端圓或鈍形，主脈一。聚繖花序頂生或腋生；花小形，白色，直徑長約 1 ～ 1.5mm，花冠輪狀，裂片 3 或 4 枚。果實為雙果，光滑無毛。

▶植株 4 葉輪生，與豬殃殃屬其他種類有很大不同。

▲花冠裂片 3 或 4 枚。

▲果實為雙果，光滑無毛。

蕺菜

Houttuynia cordata Thunb.

科　名	三白草科 Saururaceae	屬　名	蕺菜屬 *Houttuynia*
英文名	Pig thigh	別　名	魚腥草

分布

　　喜馬拉雅、中國、中南半島、韓國、日本、臺灣等地區。臺灣全島各地低海拔地區的田邊、水邊均可發現。

形態特徵

　　多年生溼生植物，全株具魚腥味，有地下走莖。葉互生，寬卵形，先端尖，基部心形，長約 3～7cm，寬約 3～6cm；葉柄長約 1～5cm。穗狀花序頂生或腋生，1.5～3cm 長；苞片 4 枚，白色，花瓣狀；無花瓣，僅具雌雄蕊，雄蕊 3 枚，雌蕊單一。本種寬卵形的葉子，及魚腥的味道是極易辨識的特徵。

▲植株因搓揉後有魚腥味而有「魚腥草」之稱。

▲果序。

▲穗狀花序下方有 4 枚白色苞片。

三白草

Saururus chinensis (Lour.) Baill.

科 名	三白草科 Saururaceae	屬 名	三白草屬 *Saururus*
英文名	Chinense lizard tail		

分布

分布於中國、韓國、日本、琉球、臺灣、菲律賓、越南。臺灣北部地區有野生族群，其餘各地大多是人為栽種。

形態特徵

多年生溼生植物，高可達 1m 以上，具地下走莖。葉互生，卵形，先端尖，基部心形，長約 6 ～ 15cm，寬約 3 ～ 8cm，葉柄長約 1 ～ 2.5cm。總狀花序腋生，長約 5 ～ 12cm；無花瓣，雄蕊 6 ～ 7 枚，雌蕊 1 枚；花序頂端常微彎。

▲穗狀花序頂端呈彎曲狀。

▲三白草開花時花序下方有 1 枚白色的葉狀苞片。

尖瓣花

Sphenoclea zeylanica Gaertn.

| 科 名 | 密穗桔梗科 Sphenocleaceae | 屬 名 | 尖瓣花屬 *Sphenoclea* |

英文名 | Gooseweed

分布

　　泛熱帶分布，臺灣主要生長在低海拔水田、廢耕地、沼澤等地區。

形態特徵

　　一年生挺水或溼生植物，高可達 80cm 以上，上部分枝多，基部常較膨大且形成髓狀的通氣組織。葉互生，長橢圓形至披針形，先端尖，基部楔形，長約 3～10cm，寬約 1cm，下表面綠白色。穗狀花序頂生，長約 3～5cm；花萼 5 裂，鐘形，與子房連結在一起；花冠白色，5 裂，鐘形。果實球形，頂端扁平。

▶ 粉綠色的外表讓尖瓣花在水田及溼地中很顯眼。

▲花序（下端已結成果實）。

▲生育環境。

如意草

Viola arcuata Blume

科　名	堇菜科 Violaceae	屬　名	堇菜屬 *Viola*

別　名｜ 葡堇菜

分布

　　分布於蒙古、中國、韓國、日本、不丹、尼泊爾、印度、中南半島、臺灣、菲律賓、印尼、馬來西亞、蘇門答臘、爪哇、摩鹿加群島、新幾內亞等地區。臺灣主要分布於北部及東北部低海拔地區，中部亦有分布；生長於山坡、森林邊緣、湖沼等潮溼的地方。

形態特徵

　　多年生草本，地下莖直立或斜上，具匍匐枝條。葉心形，長約 1 ～ 3.5cm，寬約 1.5 ～ 2.7cm，先端尖或鈍，基部心形，淺圓齒緣，兩面光滑或被疏毛，葉柄長可達 14cm。基生葉的托葉褐色，膜質，披針形，鋸齒緣。莖生葉的托葉綠色，披針形至長橢圓狀披針形，略齒緣。花小型，約 1 ～ 1.5cm 寬，白色至淺紫色，萼片披針形，花瓣長橢圓形至倒披針形，先端凹，側生花瓣具鬚毛；花梗約 2 ～ 15cm 長；距與花萼等長，圓柱狀。果實長卵形，約 6mm 長，無毛，蒴果。種子近球形，黑色。

▲池沼邊的如意草族群（大屯自然公園）。

植物小事典

　在北部、東北部及日月潭等湖沼地區，或接近水源的地方均可發現本種植物生長，可作為湖沼溼地的一個指標物種。

▲花朵側生花瓣具鬚毛。

◀混生於鏡子薹間的植株（草坪）。

▲果實。

水菖蒲

Acorus calamus L.

科 名	菖蒲科 Acoraceae	屬 名	菖蒲屬 *Acorus*
英文名	Butch, Sweet flag, Sweet rush	別 名	白菖蒲

分布

分布於北美洲、亞洲，目前已歸化於歐洲及南美洲。臺灣主要是栽植為觀賞用，為端午節插在門口所稱的「劍草」。

形態特徵

多年生挺水植物，具有粗壯的地下根莖。葉基生，劍形，長約 45～100 cm，寬約 1.5～3cm。肉穗花序自葉中間部位的側邊長出，長約 6～8cm，花兩性，數量相當多。

▲肉穗花序自葉中間部位的側邊長出。

▲葉片外形有如一把劍，被當成端午節所用的「劍草」（菖蒲）。

石菖蒲

Acorus gramineus Soland.

科　名 | 菖蒲科 Acoraceae　　　　　屬　名 | 菖蒲屬 *Acorus*

分布

　　分布於日本、韓國、中國、菲律賓、印尼和臺灣。臺灣主要分布於低海拔山區溪流旁石頭上潮溼的地方。

形態特徵

　　多年生溼生植物，具地下根莖。葉長線形，長約 20 ～ 50cm，寬約 0.5 ～ 1cm。肉穗花序自葉中間部位的側邊長出，長約 5 ～ 8cm；兩性花，數量相當多。

▲花序由葉片中間長出。

▲植株常見於溪流邊的岩石上。

窄葉澤瀉

Alisma canaliculatum A. Braun & C. D. Bouché

科　名	澤瀉科 Alismataceae	屬　名	澤瀉屬 *Alisma*
英文名	Water plantain	別　名	澤瀉
文　獻	Haynes & Holm-Nielsen, 1994		

分布

　　分布於中國、日本、琉球和臺灣。臺灣主要分布在北部的新北三芝、石門一帶，桃園地區曾有紀錄，主要生長於稻田或水溝邊等潮溼的環境。

形態特徵

　　多年生挺水或溼生植物，植株高約 30 ～ 60cm。葉叢生基部，狹橢圓形至長條形，長約 10 ～ 15cm，寬約 1 ～ 5cm，先端尖，基部楔形。花軸由基部抽出，高可達 1m，花序圓錐狀；花兩性，花瓣白色，3 枚，長約 3.5mm，寬約 3mm，近圓形，邊緣不整齊；雄蕊 6 枚。瘦果倒卵形，長約 2mm。

▲植株

▲花及果實。

圓葉澤瀉

Caldesia grandis G. Samuelsson

科 名 | 澤瀉科 Alismataceae

屬 名 | 圓葉澤瀉屬 *Caldesia*

文 獻 | 賴 & 陳, 1976；Lai, 1976

分布

　　分布於印度、中南半島、中國廣東和臺灣。臺灣僅發現於北部宜蘭山區海拔約 850 公尺的草埤，目前該環境已逐漸淤積，加上人為的採集，圓葉澤瀉的野外族群數量近乎滅絕。

形態特徵

　　多年生挺水或溼生植物，植株高約 30 ～ 50 cm，葉叢生基部。葉近圓形，長約 5 ～ 9 cm，寬約 4 ～ 8cm，先端凸尖，在中肋處凸起，具 7 ～ 11 條明顯平行脈，具長柄。花序圓錐狀，花兩性；花瓣白色，3 枚。瘦果倒卵形，具有一由花柱留下形成的長喙，喙較果實長。花軸常會有營養繁殖芽產生。本種常和齒果澤瀉屬的植物混淆，然本種近圓形的葉子是容易辨識的特徵。

▲花（白色花瓣及多枚離生心皮）。

◀無性營養繁殖芽。

▲近於圓形的葉片與其他許多近似種明顯不同。

水金英

Hydrocleys nymphoides (Willd.) Buchenau

科　名	澤瀉科 Alismataceae	屬　名	水金英屬 *Hydrocleys*
英文名	Water poppy	文　獻	Haynes & Holm-Nielsen, 1992

澤瀉科

分布

原產於美洲，現今已在各地栽培為觀賞花卉。

形態特徵

多年生浮葉或挺水植物，葉基生，具有匍匐莖，可行營養繁殖。葉卵圓形，長約 3 ～ 7cm，革質，主脈明顯，下表面可以清楚看到 5 條基出脈延伸至頂端；下表面主脈最明顯，可以看到網格狀的通氣組織；葉具長柄，葉柄上可以看到一圈一圈的橫紋，看起來有如葉柄上有節。花單生，黃色，直徑約 3 ～ 5cm；雄蕊多數，深褐色；雌蕊心皮 6 枚。花大而顯眼，極具觀賞性。

▲ 葉柄具橫隔紋。

▲ 花單生，黃色。

▲ 葉下表面。

▲ 植株生長擁擠時葉會伸出水面。

285

黃花藺

Limnocharis flava (L.) Buchenau

| 科　名 | 澤瀉科 Alismataceae | 屬　名 | 黃花藺屬 *Limnocharis* |

分布

　　原產中南美洲，目前已歸化至東南亞地區。臺灣為引進栽培作為觀賞植物，也被植栽來當作新住民的食材。

形態特徵

　　一年生挺水植物，高可達 110cm。葉叢生基部，淺綠色，卵狀圓形，長約 6.5 ～ 28cm，寬約 3 ～ 21cm，先端圓至凸尖，基部圓至心形，葉脈 11 ～ 15 條；葉柄長約 12 ～ 85cm，基部具一長約 20cm 的葉鞘。花序繖形，花軸長約 10 ～ 60cm，具 3 ～ 12 朵花，花梗長約 2 ～ 7cm；花瓣 3 枚，淺黃色；雄蕊多數。果實球形，直徑約 1.5 ～ 2cm，離生心皮；種子多數，半圓形，薄翅狀。

▲花瓣 3 枚，淺黃色。

▶有著卵圓形翠綠葉片的黃花藺被引進當作觀賞的水生植物。

水金英與黃花藺在過去均為黃花藺科（Limnocharitaceae）的成員，目前新分類架構則屬於澤瀉科（Alismataceae），均為原產美洲的植物。

水金英屬和黃花藺屬均有黃色的花朵及多數雄蕊等特徵，在分類上極為相近。不過水金英屬的葉寬約相等，心皮線狀披針形，約 3 ～ 8 枚，且花柱明顯；而黃花藺屬的葉長於寬，心皮半圓形，數量多，無花柱等特徵，可與水金英屬區別。

黃花藺已在印度歸化，並有大量的族群，且成為有害的植物，在中國亦有野外的分布。臺灣目前都是人為栽植作為觀賞植物，曾有記載野外生長的紀錄（楊遠波等，2001）。黃花藺是東南亞地區常見的蔬菜，這種植物也隨著新住民出現在市場上販售，曾有農改單位推廣栽植，後來得知其在世界各地引發生態的危害，現均已清除。但仍可見部分農民種植，其對生態環境的影響尚待觀察。

澤瀉科

▲花序繖形。

287

慈菇屬 **Sagittaria**：約30種；臺灣有3種。

種檢索表

❶葉無柄；葉長條形 ——

瓜皮草 *S. pygmea*

❶葉具長柄；葉箭形或近圓形

❷葉箭形 ——

三腳剪 *S. trifolia*

❷葉近圓形 ——

冠果草 *S. guayanensis* ssp. *lappula*

冠果草

Sagittaria guayanensis Kunth subsp. *lappula* (D. Don) Bogin

科　名	澤瀉科 Alismataceae	屬　名	慈菇屬 *Sagittaria*

文　獻｜ Bogin, 1955

分布

　　分布於熱帶非洲及亞洲，臺灣僅桃園、新竹、苗栗及臺南等地區有紀錄，主要生長於水田之中。

形態特徵

　　一年生浮葉植物，葉叢生基部。幼株沉水，葉帶狀。浮水葉近於圓形，長約 4 ～ 6cm，寬約 3.5 ～ 5cm，基部深凹，具有長柄。花軸基生，每一花軸具 2 ～ 3 朵花；花單性或兩性，花瓣白色，3 枚；心皮多數，瘦果扁平狀，邊緣具有不規則的雞冠狀齒裂。

▲下表面葉脈呈掌狀向四方延伸。

▲部分花朵花瓣基部具紅褐色斑點。

▲圓腎形的葉片外觀與荇菜屬植物很相似。

植物小事典

本種最早由早田文藏（B. Hayata）於 1915 年發表於《臺灣植物圖譜》（Icones Plantarum Formosanarum）第五卷，學名為 *Lophotocarpus formosana* Hayata，《臺灣植物誌》第一版（1978）沿用這個學名，中文名稱「臺灣冠果草」，為臺灣特有的植物。楊遠波教授（1987）在《臺灣植物誌》第二版（2000）則採用 Bogin（1955）的見解，將其處理為 *Sagittaria guyanensis* H. B. K. subsp. *lappula*（D. Don）Bojin 的同種異名。

過去有關 *Lophotocarpus*（冠果草屬）和 *Sagittaria*（慈姑屬）這兩個屬的區別在於花部特徵，*Sagittaria* 這屬的花為單性花，雄花生長在花序的最上部，雌花則生長在花序的最下部；*Lophotocarpus* 這屬植物的花為兩性花或混合有雄花和兩性花的組合。不過從花的構造和果實形態特徵來看，冠果草屬和慈姑屬實在是沒有什麼不同，因此目前都認同將冠果草屬與慈姑屬合併。

▲瘦果排列呈球狀。

▲花（左：兩性花，右：雄花）。

▲成熟瘦果散開後會暫時漂浮於水面（瘦果邊緣具不規則的雞冠狀齒裂）。

▲植株。

▲幼株葉呈帶狀。

瓜皮草

Sagittaria pygmea Miq.

科　名｜ 澤瀉科 Alismataceae

屬　名｜ 慈菇屬 *Sagittaria*

別　名｜ 線慈菇

分布

分布於中南半島、中國、韓國、日本及臺灣等亞洲熱帶、亞熱帶至溫帶地區。臺灣主要分布於低海拔地區的水田、灌溉溝渠旁潮溼的地方。

形態特徵

一至多年生沉水或挺水植物，具有地下走莖。葉叢生基部，長條形，先端尖或鈍，長約 8 ～ 15cm，寬約 5 ～ 8 mm，基部鞘狀，葉脈不明顯。花單性，雄花位於花序頂端，雌花位於花序下方；花瓣白色，3 枚，長約 1cm。瘦果倒卵形，扁壓狀，聚集成球狀。

▲瘦果排列呈球狀。

▲花白色，花瓣 3 枚。

▲瓜皮草的葉呈長條形，因而有「線慈菇」之稱。

三腳剪

Sagittaria trifolia L.

科　名	澤瀉科 Alismataceae
英文名	Arrowhead

屬　名	慈菇屬 *Sagittaria*
別　名	野慈菇、水芋

LC

分布

　　分布於中亞、印度、中南半島、中國、菲律賓、臺灣、琉球及日本。臺灣低海拔地區水田、沼澤溼地很普遍。

形態特徵

　　一至多年生挺水植物，具地下走莖及前端膨大的球莖。葉基生，箭形，平行脈 5 ～ 7 條；具長柄，基部成鞘狀。花單性，雄花位於花序頂端，雌花位於花序下方；花瓣白色，3 枚，長約 1.5cm。瘦果倒卵形，扁壓狀，長約 4mm。

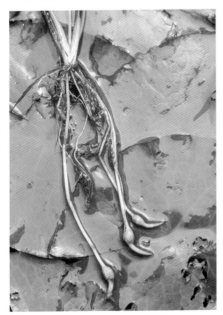

▲地下走莖及球莖。

▲三角狀的箭形葉是三腳剪最與眾不同的特徵。

293

▲雄花。

▶雌花。

▲瘦果排列呈球狀。

臺灣水薤

Aponogeton taiwanensis Masamune

科　名	水薤科 Aponogetonaceae	屬　名	水薤屬 *Aponogeton*
英文名	Water hawthorn	別　名	水芋
文　獻	van Bruggen, 1968a、b；1969；1970a、b；1985；李,1998		

水薤科

分布

　　臺灣特有種，最早發現於桃園地區，1992 年在臺中地區有新的族群被發現，主要生長在水稻田中。

形態特徵

　　多年生植物，具埋藏於泥土中的塊莖，直徑約 1.5cm，長度約 2cm。葉叢生，長橢圓形，漂浮於水面上，長約 6～9 cm，寬約 2cm；先端鈍，基部心形；主脈 1，側脈 3 對，中間有許多小橫脈；葉柄長約 7～21cm。每年 4、5 月間開始長葉，秋天 11 月左右地上的葉逐漸凋萎，僅留地下塊莖。

▲地下塊莖長得像小型的芋頭，因而被農夫稱為「水芋」。

▲長橢圓形的浮水葉很容易和異匙葉藻混淆。

295

植物小事典

臺灣有關水蓲的最早文獻是1941年日籍植物學者正宗嚴敬（G. Masamune）所發表的臺灣水蓲，當時的植物是採自桃園的水田。此後五十年來就不再有任何相關訊息，直到1992年筆者在清水區的水田中才再度發現這種消失半個世紀的植物。

正宗嚴敬對於他所發表的臺灣水蓲，在1943年又將它處理爲一個變種（*A. natans* Engl. et Kraus. var. *taiwanensis* Masamune）；到1956年他則認爲這種水蓲應是 *A. natans*（L）Engl. *et* Krause，而非其變種，這個學名在1978年的《臺灣植物誌》第五卷中也被沿用。

H. W. E. van Bruggen 在1985年對全世界水蓲屬植物所做的專論中，認爲從正宗嚴敬的文獻中，都無法得知這種植物花的顏色，仍存有一些疑點，但由於沒有實際看到標本，所以還是將其視爲一未確定的種類。近年來楊遠波教授在《臺灣水生被子植物要覽》（1987）、《臺灣植物誌》第二版（2000）、《臺灣維管束植物簡誌》（2001）、《臺灣水生植物圖誌》（2001）等的論述中，也都提到了與van Bruggen討論的見解，而保留正宗嚴敬最早所發表的學名 *A. taiwanensis* Masamune。筆者比較其他水蓲屬植物的形態及染色體特徵，認爲臺灣目前所發現的水蓲和其他的種類有很大不同，因此仍採用最早 *Aponogeton taiwanensis* Masamune 這個學名。

▲不同階段的塊莖。

▲被農夫挖起丟棄的塊莖。

芋

Colocasia esculenta (L.) Schott

科 名	天南星科 Araceae	屬 名	芋屬 *Colocasia*
英文名	Water taro, Green taro, Taro, Eddo, Dasheen	文 獻	許 & 郭 , 2000

分布

　　分布於中國、印度、中南半島及澳洲。被廣泛栽植為食物，主要生長在水田、水溝等有水或潮溼的地方。

形態特徵

　　一至多年生植物，地下莖塊狀。葉具長柄，長可達 1m，盾狀著生；葉卵形至近圓形，長約 9 ～ 45cm，寬約 6 ～ 40cm，基部心形；葉柄褐色或末端褐色。花序長約 40cm，花軸長約 40 ～ 60 cm，佛燄花序，具佛燄苞，佛燄花序長約 6 ～ 9 cm。品種很多，很少看到開花。

▶莖呈塊狀，此部位就是我們所食用的芋頭。

▲植株。

天南星科

植物小事典

芋原產於印度、斯里蘭卡、蘇門答臘、印尼、馬來西亞、中國等熱帶和亞熱帶沼澤地區，在中國有很久的栽培歷史，東南亞地區的原住民食用極為普遍，蘭嶼達悟族則是以此為主食。在臺灣地區談到「甲仙的芋頭」、「臺中草湖芋仔冰」、「大甲芋頭酥」等各地名產，相信大家都不陌生；俗稱「芋橫、芋荷」的葉柄，也常是桌上美味的菜餚。芋頭是生長在淺水田中或水邊的植物，品種很多，我們吃的「芋頭」就是水芋的地下塊莖，富含大量的澱粉，一般當作主食、副食或點心的材料。

▲葉卵形至近圓形，盾狀著生，具長柄。

▲臺中市大甲的芋田。

疏根紫萍

Landoltia punctata (G. Mey.) Les & D. J. Crawford

科　名	天南星科 Araceae	屬　名	疏根萍屬 *Landoltia*
英文名	Thin duckweed		

分布

　　最早分布於南半球及東亞地區，目前全世界溫暖的地區均有分布。臺灣生育環境亦與青萍相似。

形態特徵

　　多年生漂浮性植物，植物體和青萍很相似，但本種葉常呈深綠色，下表面紫紅色，葉狀體呈明顯不對稱，葉脈 3 ～ 7，且根的數量 2 ～ 5 條，這些特徵和青萍有很大的不同。疏根紫萍又稱「紫萍」，和水萍最大的不同，在於葉狀體形狀和根的數量。

▲葉狀體為歪斜的橢圓形。

▲由左至右為：青萍、疏根紫萍、水萍。

▲葉狀體呈明顯不對稱。

青萍

Lemna aequinoctialis Welwitsch

科 名	天南星科 Araceae	屬 名	青萍屬 *Lemna*

| 英文名 | Duckweed |

分布

全世界熱帶和亞熱帶地區，臺灣全島低海拔各地水田、溝渠、池塘、河流、沼澤等水域均有分布。

形態特徵

一年生或多年生漂浮性植物，植物體葉狀，扁平，常 2～4 枚連在一起，葉狀體卵形至橢圓形，長約 5～7mm，寬約 3～5mm，長度約為寬的 2 倍；葉脈 3 條；根 1 條，長可達 3.5cm，根冠尖細。花單性，無花被，雄花具雄蕊 1 枚，花藥 1 或 2 室；雌花無柄，子房單一。

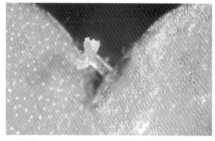

▲花朵。

▲葉呈橢圓形。

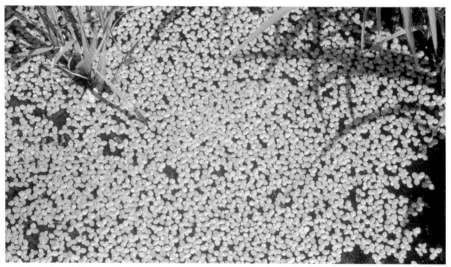

▲青萍是水田中常見的小型浮水植物，昔日常撈取來餵養鴨子。

300

品藻

Lemna trisulca L.

科　名｜　天南星科 Araceae　　　　　屬　名｜　青萍屬 *Lemna*

英文名｜　Ivy-leaf duckweed, Star duckweed

分布

全世界溫帶地區。臺灣僅有北部和南部有紀錄，主要生長在冷涼的水域，如宜蘭地區湧泉的環境。

形態特徵

多年生沉水植物，植物體葉狀，葉狀體具有長柄，互相連在一起成鏈狀。葉狀體窄卵形，鋸齒緣，長約 0.3 ～ 1.5cm，寬約 2 ～ 4mm，柄長約 0.2 ～ 2cm；葉脈 1 或 3，不明顯。根 1 條，長約 1 ～ 2.5cm。

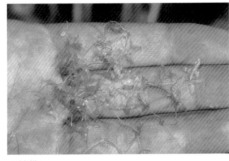

▲植株。

▲葉狀體具有長柄，互相連在一起成鏈狀。

▲開花時葉狀體漂浮於水面。

▲生育環境（宜蘭縣冬山）。

大萍

Pistia stratiotes L.

科 名	天南星科 Araceae	屬 名	大萍屬 *Pistia*
英文名	Water lettuce	別 名	水芙蓉、大藻

分布

　　原產南美洲，目前已歸化至全世界熱帶及亞熱帶地區。主要生長於池塘、溝渠、稻田等靜水或水流緩慢的地方。

形態特徵

　　多年生漂浮性植物，植物體蓮座狀，密生毛絨，具走莖。葉倒三角形，先端截形或具淺凹缺，基部楔形，長約 4 ～ 15cm，寬約 3 ～ 8 cm；葉柄長約 1cm。花單性，腋生，佛燄花序，綠色，長約 1.5cm；雄蕊在佛燄苞的上方，雌蕊在下方，佛燄苞在兩者中間形成窄縮的區域。果實長約 1cm，種子橢圓形，約有 15 顆。

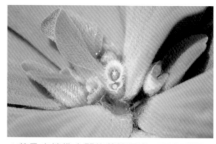

▲花朵由植株中間的葉腋長出，不太明顯，常讓許多人認為它是不開花的植物。

▲佛燄苞（上為雄蕊，下為雌蕊）。

▲蓮座狀的植株很吸引人，常被栽植在水盆中當觀賞植物。

　　大萍俗稱「水芙蓉」，在花市及許多庭園中很常見到，是一種漂浮在水面上的多年生草本植物，根不著生水底泥中，植物體呈蓮座狀。

　　常有許多人認爲這種植物不會開花，事實並不是如此。它是屬於天南星科的植物，因此所開的花就如其他天南星科植物一樣，具有佛燄苞，因爲顏色與葉片接近，而且並不大，如果不仔細觀察，就可能會被遺漏了。

　　大萍在其佛燄苞的中間凹入，將整個佛燄苞分成兩個部分，雄花序位於上半部，雌花序爲單一雌蕊所構成，位於佛燄苞的下半部。根據觀察，大萍可能是自花授粉，昆蟲可能爲擔任此任務的傳粉者。在大萍開花時，花是開於水面上的葉腋；結果時，在新葉不斷生長的情形下，原來的這個佛燄苞逐漸變成位於較外圍老葉的地方，同時也漸沉於水中。果實成熟後，種皮會在水中腐爛並將種子散出。不過種子沉到水中，由於水面被大量的大萍所遮蔽或水位太深，種子並無法順利萌芽。倒是這種植物產生的走莖，可以迅速行營養繁殖，很快地將整個水面覆蓋，因而阻塞水道。

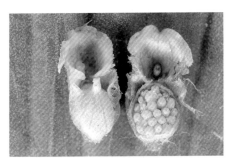

▲成熟果實及種子。

▲葉片橫切面可見葉上、下表面有許多白毛。

▲生長於水塘環境。

水萍

Spirodela polyrhiza (L.) Schleid.

科　名｜　天南星科 Araceae

英文名｜　Big duckweed, Greater duckweed

屬　名｜　浮萍屬 *Spirodela*

別　名｜　紫萍

天南星科

分布

　　全世界廣泛分布，臺灣生育環境與青萍相似，兩者常生長在一起。

形態特徵

　　多年生漂浮性植物，植物體葉狀，扁平，常 2 〜 5 枚連在一起。葉狀體寬卵形至圓形，長約 0.5 〜 1cm，寬約 4 〜 8mm，下表面常呈紫紅色；葉脈 7 〜 16 條。根 7 〜 20 條，長約 2 〜 5cm。

▲葉狀體寬卵形至圓形。

▲植株大者為水萍，小者為青萍。

▲寬圓的葉狀體，是浮萍類最大型的種類。

無根萍

Wolffia globosa (Roxburgh) Hartog & Plas

科　名｜　天南星科 Araceae

英文名｜　Tiny duckweed, Rootless duckweed

屬　名｜　無根萍屬 *Wolffia*

別　名｜　卵萍、水蚤萍

分布

　　亞洲熱帶及亞熱帶地區。臺灣低海拔水田、池塘、溝渠等地區很常見。

形態特徵

　　多年生漂浮性植物，植物體葉狀，無根。葉狀體呈半球狀，橢圓形，長約 0.4 ～ 0.8 mm，長為寬的 1.3 ～ 2 倍，先端圓或略尖，上表面透明綠色。花序生於葉狀體上表面凹入處，雄花及雌花各一，花藥一室，子房單一。

植物小事典

　　在以前分類架構中的「浮萍科」植物是最小的開花植物，無根萍更是這最小中的最小者。植物體非常小，由於沒有根，所以叫做「無根萍」；其葉狀體像小小的蟲卵，因此也被稱為「卵萍」；或像水中的水蚤那麼小，因而又稱「水蚤萍」。無根萍的植株非常小，不易觀察，開花期不固定，國內對無根萍有深入研究的爲成功大學郭長生教授研究室。就筆者經驗，過去也僅有一次觀察到開花的紀錄，此外就沒有更多的發現。

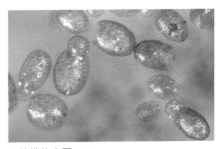

▲植株放大圖。

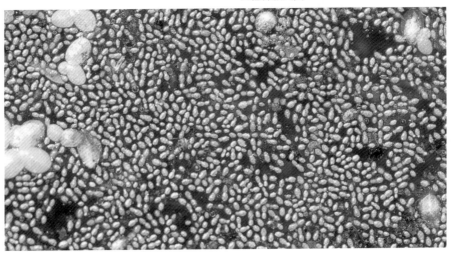

▲植株細小如蟲卵漂浮於水面。

竹仔菜

Commelina diffusa Burm. f.

LC

科 名	鴨跖草科 Commelinaceae	屬 名	鴨跖草屬 *Commelina*
英文名	Diffuse dayflower, Spreading dayflower	文 獻	陳 , 1998；Peng, 1987

鴨
跖
草
科

分布

全世界熱帶和亞熱帶地區，臺灣分布於低海拔地區的荒地、水田、溝渠、溼地、水邊等潮溼或半潮溼的地方。

形態特徵

多年生溼生或挺水植物，莖匍匐，多分枝。葉無柄，具葉鞘，葉鞘邊緣有毛；葉身卵形至披針形，長約 3 ～ 7 cm，寬約 0.5 ～ 3cm，先端尖。花序頂生，具有一摺疊的葉狀苞片，卵狀披針形；花瓣 3 枚，側面 2 枚較大，藍色；可孕雄蕊 3 枚。果實長約 4 ～ 5 mm，3 室。

▲果實及卵形摺疊的葉狀苞片。

▲花瓣 3 枚，藍色，側面 2 枚較大。

▲在水邊很容易見到開著藍色小花，有著像似竹葉葉子的竹仔菜。

蔓蘘荷

Floscopa scandens Lour.

科 名 | 鴨跖草科 Commelinaceae 　　屬 名 | 蔓蘘荷屬 *Floscopa*

別 名 | 聚花草

鴨跖草科

分布

　　印度、喜馬拉雅、印尼、馬來西亞、中國。臺灣分布於低海拔林下潮溼處，目前以中南部較常見。

形態特徵

　　多年生溼生至挺水植物，高約 20 ～ 60 cm。莖直立，莖部從葉鞘向下延伸的一條線上有毛，其餘部分光滑；基部平臥，節處生根。葉幾無柄，卵狀橢圓形至披針形，長約 6 ～ 8cm，寬約 1.5 ～ 2cm，先端尖，基部鈍；葉鞘筒狀，長約 0.5 ～ 1cm，鞘口具毛。圓錐狀聚繖花序，頂生，密布腺毛，

▲圓錐狀聚繖花序，頂生，密布腺毛。

▲成熟果實及種子。

苞片與葉同形；花兩性，左右對稱，具梗；萼片 3 枚，綠色，密布腺毛；花瓣 3 枚，藍紫色，側面 2 枚較大，長約 3.3mm，寬約 1.5 mm，另 1 枚花瓣較狹窄；雄蕊 6 枚；花柱細長，先端鉤狀。蒴果卵圓形，種子半橢圓形，藍灰色。

◀植株。

水竹葉

Murdannia keisak (Hassk.) Hand.-Mazz.

科 名｜ 鴨跖草科 Commelinaceae

英文名｜ Water murdannia

屬 名｜ 水竹葉屬 *Murdannia*

分布

尼泊爾、西伯利亞遠東地區、中國、韓國、日本、臺灣、越南等地區。臺灣主要分布於低海拔地區水田、溝渠、溼地等潮溼有水的地方。

形態特徵

一年生挺水植物，植物體匍匐或直立生長。葉線形至卵狀披針形，長約 3～5cm，寬約 0.5～0.8cm，先端漸尖；無柄，具葉鞘，邊緣具毛。花頂生，單一，花萼 3 枚；花瓣 3 枚，粉紅色，橢圓形，長約 6mm；雄蕊 6 枚，包含 3 枚可孕雄蕊及 3 枚退化雄蕊。蒴果橢圓形，長約 5～7 mm。

▲花朵。

▲植株。

矮水竹葉

Murdannia spirata (L.) Brückner

科 名| 鴨跖草科 Commelinaceae　　　　屬 名| 水竹葉屬 *Murdannia*

分布

　　印度、印尼、菲律賓、馬來西亞、中國、臺灣和太平洋島嶼。臺灣僅發現於新竹縣竹北蓮花寺山谷潮溼的地方。

形態特徵

　　一至多年生匍匐或直立植物，常攀附於鄰近植物上。葉長卵形，長約 2 ～ 4cm，寬約 0.5 ～ 1cm，先端尖；無柄，具葉鞘，葉鞘邊緣具毛。花序頂生，聚繖花序；花瓣 3 枚，藍紫色，圓形，長約 5 ～ 6mm。蒴果橢圓形，長約 4 ～ 6 mm。

▶ 植株。

▲ 果實。

▲ 花瓣藍紫色，圓形。

309

單脈二藥藻

Halodule uninervis (Forssk.) Ascherson

科 名 | 絲粉藻科 Cymodoceaceae

屬 名 | 二藥藻屬 *Halodule*

分布

　　日本、琉球、臺灣、馬來西亞、印尼、菲律賓、澳洲及西太平洋地區。臺灣本島僅分布於屏東南灣、後壁湖一帶的海域珊瑚礁潮間帶，外島的澎湖、小琉球也有分布。

形態特徵

　　多年生沉水植物，地下根莖匍匐生長。直立莖短，基部常被殘存的葉鞘包圍，葉鞘扁筒狀，長約 2～3cm。葉生長於節間的短枝上，1～4枚，線形，長約 5～20cm，寬約 1～3mm，先端 3 齒；中脈明顯；具葉鞘，長約 1～3cm。雌雄異株，花單一；雄花具長柄，花藥縱裂；雌花幾無柄，心皮 2 枚。

植物小事典

　　二藥藻屬過去均被置於角果藻科 Zannichelliaceae，現今學者均傾向將此屬併入絲粉藻科。其差別在於角果藻科的植物葉為互生、近對生或聚成輪狀，葉形較窄，葉脈通常單一，具有 1～9 枚離生的心皮；而絲粉藻科的葉片通常葉數枚生長，基部具有一明顯的葉鞘，葉片通常較寬，葉脈通常 3 至數條，子房為 2 枚心皮所構成。線葉二藥藻在臺灣的分布較明確為屏東海口的族群，其植株較小型，葉先端僅兩側齒較明顯或在兩側齒之間有許多不規則的細齒；而單脈二藥藻的植株較大，葉先端明顯 3 齒可以容易區別。

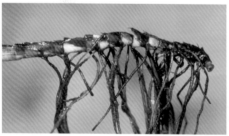

▲地下莖及根系。

▲葉先端 3 齒，中齒鈍。

◀植株。

塊莖藨草屬**Bolboschoenus**：約14～16種；臺灣有2種。

種檢索表

❶葉扁線形；小穗1枚，無梗 ——

　　　　　　　　　　　　　雲林莞草 *B. planiculmis*

❶葉斷面三角形；小穗多枚，有梗 ——

　　　　　　　　　　　　　多穗藨草 *B. maritimus*

多穗鹿草

Bolboschoenus maritimus (L.) Palla

科 名｜ 莎草科 Cyperaceae　　　　屬 名｜ 塊莖鹿草屬 *Bolboschoenus*

文 獻｜ Koyama, 1980；李, 2011

分布

廣泛分布於歐亞大陸、美洲、非洲等溫帶及亞熱帶地區。臺灣主要生長於各地水田或近河口等沼澤地。

形態特徵

多年生溼生或挺水植物，具地下球莖，地下走莖發達。植株高約 53 ～
80cm，稈三稜形，有明顯的節。葉扁平、線形，約 3 ～ 6 枚，長約 20 ～ 40cm，寬約 2 ～ 3mm，頂端的葉片長於花序的高度；具葉鞘。聚繖花序頂生，具 3 枚不等長葉狀苞片；小穗長卵形，2 ～ 多枚，長約 0.9 ～ 1.8cm，寬約 3 ～ 4mm，具長梗至幾無梗；鱗片卵狀，膜質，淡褐色，長約 5 ～ 8mm，具纖毛，先端芒狀；雄蕊 3 枚；花柱細長，柱頭 2 叉；下位剛毛 3 ～
6 枚。瘦果兩面透鏡狀或略呈三稜狀，長約 2.7 ～ 3.4mm，寬約 1.9 ～ 2.4mm。

▲花序由多枚長卵形小穗組成。

▲花序具 2 至多枚小穗。

▲多穗鹿草較常出現於水田的環境。

雲林莞草

Bolboschoenus planiculmis (F. Schmidt) T. V. Egorova

科　名	莎草科 Cyperaceae		屬　名	塊莖藨草屬 *Bolboschoenus*
別　名	扁稈藨草		文　獻	李, 2011

分布

　　廣泛分布於歐亞大陸至中國、日本及臺灣。臺灣生長於西部沿海地區河口、海灘等溼地。

形態特徵

　　多年生溼生或挺水植物，高約 30 ～ 100 cm，稈三稜形，節不明顯；具地下根莖及塊莖。葉橫斷面三角形，2 ～ 3 枚，長約 20 ～ 50cm，寬約 2mm，葉片長度低於稈的高度；具葉鞘。花序假頂生，葉狀苞片 2 枚，長的 1 枚稈狀；短的 1 枚葉狀，不顯著，長約 1 ～ 6cm；小穗卵形至長卵形，1 枚，長約 1.3 ～ 1.5cm，寬約 5 ～ 6mm，無梗；鱗片卵形，紙質，褐色，長約 5.6 ～ 7.2mm，寬約 3.2 ～ 4mm，先端漸尖至具芒，無毛或被疏毛；雄蕊 3 枚；花柱細長，柱頭 2 叉；下位剛毛 6 枚。瘦果寬倒卵形，長約 3.5 ～ 4.5mm，寬約 2.5 ～ 3mm，扁透鏡狀。

▲瘦果。

▲開花植株。

長期以來雲林莞草與多穗薦草一直混淆不清，許多學者都將廣泛分布於歐、亞地區的多穗薦草鑑定爲雲林莞草，而實際上雲林莞草是一個東亞的特有種。

筆者最早曾於 1990 年在臺中市大甲的稻田中採得多穗薦草，當時根據《臺灣植物誌》第一版（1978）的描述鑑定爲雲林莞草，但心中一直有個疑問，這種在水田中採到的雲林莞草，與在清水高美海邊的雲林莞草就形態上有著極大的差異。

如果我們把《臺灣植物誌》第一版翻開，同時比對兩種植物的標本，不難發現裡面的描述混雜了兩種植物的特徵，雖然在《臺灣植物誌》第一版第六卷（1979）曾將其學名訂正爲 *B. maritimus*，在異名處理的地方也提到 1978 年的描述爲 *B. planiculmis* 之特徵，不過似乎很少人注意到這一段；而在《臺灣植物誌》第二版（2000）對於雲林莞草的記載大致上與第一版類似，並未將兩者加以區分。

小山鐵夫教授於 1980 年發表「日本塊莖薦草屬植物」，在文章中即很清楚的將有關兩種植物混淆的問題提出來，不過文中僅提到臺灣有多穗薦草分布於雲林，並沒有雲林莞草的分布，由於未見相關的引證標本，無法

▲植株。

確認雲林的植物是屬於哪一種。

　　林春吉（2000）在他的《臺灣水生植物圖鑑》中所稱的「宜蘭莞草」，就是以 *B. maritimus* 爲學名，而他在 2005 年的另一本書中，也提到《臺灣植物誌》一直未處理這兩種植物而深感不解。從這裡也可以看出，臺灣從植物誌第一版（1978）出版至今，在莎草科研究上的不足。

　　其實，除了特徵上兩者有顯著的差異外，生育環境也不太相同，雲林莞草主要生長在潮間帶、河口等水分含鹽的地方；而多穗鹿草的生長環境以水田等淡水的環境爲主。

▶花序僅具 1 枚無柄的小穗。

▲漲潮時浸泡於海水中（高美，1996 年）。

臺屬Carex：約2000種以上；臺灣約有60種，約3種為水生。

種檢索表

❶穗狀花序1個 ──

　　　　　　　　　單穗薹 *C. capillacea*

❶穗狀花序多個

❷花序排列疏鬆，小穗無梗，鱗片無芒 ──

　　　　　　　　　聚生穗序薹 *C. nubigena*

❷花序排列緊密，小穗有梗，鱗片具芒 ──

　　　　　　　　　鏡子薹 *C. phacota*

單穗薹

Carex capillacea Boott

科　名｜ 莎草科 Cyperaceae
英文名｜ Sedge

屬　名｜ 薹屬 *Carex*

分布

　　喜馬拉雅、中國、日本、臺灣、馬來西亞及澳洲。臺灣僅分布於鴛鴦湖，生長在湖邊潮溼的地方。

形態特徵

　　多年生溼生植物，稈長約 30 ～ 70cm，直立或傾斜。葉細線狀，短於稈，寬約 1 ～ 1.5mm。花序穗狀，頂生，長約 5 ～ 12mm；雄花位於花序上端，線狀，3 ～ 6 朵；雌花位於花序下端，6 ～ 10 朵，鱗片卵形至卵狀橢圓形，果囊長於苞片，柱頭 3 叉。瘦果卵形，先端尖，長約 1.5 ～ 2mm。

▲花序（最頂端小穗為雄花）。

▲單穗薹僅見於鴛鴦湖畔潮溼的地方。

聚生穗序薹

Carex nubigena D. Don *ex* Tilloch & Taylor

科　名｜　莎草科 Cyperaceae　　　　　屬　名｜　薹屬 *Carex*

英文名｜　Sedge

分布

　　斯里蘭卡、印度、喜馬拉雅、中國、日本及東南亞地區。臺灣分布於中、高海拔 2200 ～ 3200 公尺的池邊或水窪等潮溼有水的地方。

形態特徵

　　多年生溼生植物，根莖短，叢生。稈細，高約 7 ～ 60cm，三稜狀。葉線形，扁平，寬約 1.5 ～ 2.2mm。花序呈穗狀，長約 1.5 ～ 3cm，葉狀苞片長約 2 ～ 15cm；小穗，長約 5 ～ 7mm，多數，無梗；雌花鱗片卵形，果囊略長於鱗片，柱頭 2 叉。瘦果卵形，兩面透鏡狀，長約 1.5mm。

▲ 植株手繪圖。

鏡子薹

Carex phacota Sprengel

科　名｜	莎草科 Cyperaceae		屬　名｜	薹屬 *Carex*
英文名｜	Sedge		別　名｜	七星斑囊果薹

分布

　　印度、斯里蘭卡、喜馬拉雅、中國、日本、韓國、泰國、馬來西亞等東南亞地區。臺灣分布於低、中海拔 500 ～ 2000 公尺水池邊或潮溼有水的地方。

形態特徵

　　多年生溼生植物，具短匍匐的根莖，叢生。稈高約 30 ～ 80cm，三稜狀。葉線形，粉綠色，寬約 3 ～ 6mm；葉鞘褐色。花序呈穗狀，3 ～ 5 個，長約 2 ～ 8cm，具葉狀苞片；頂生小穗雄性，側生小穗雌性；雌花鱗片卵形至橢圓形，具長芒，柱頭 2 叉；果囊卵形，密布腺狀突起。瘦果寬橢圓形，長約 1.6 ～ 2mm，二面透鏡狀。

▶植株叢生，生長於潮溼的地方。

▲植株花序側生一面。

▲花序具 3 ～ 5 個穗狀花序，雄花序在最頂端。

▲雌花鱗片具長芒。

克拉莎

Cladium jamaicense Crantz

科 名	莎草科 Cyperaceae	屬 名	克拉莎屬 *Cladium*
英文名	Sawgrass	別 名	華克拉莎

分布

東亞、東南亞、太平洋群島、澳洲、非洲及美洲。臺灣分布於低海拔地區溼地及沼澤，如宜蘭雙連埤，但不多見。

形態特徵

多年生溼生植物，植物體高大，可達 2.5m 以上；稈圓柱體，直立。葉線形，長約 60 ～ 200cm，寬約 0.8 ～ 1.5cm，細鋸齒緣；葉鞘短於節間。圓錐花序頂生，由 5 ～ 9 個聚繖花序所組成，側生於花序軸，且互相遠離；小穗卵形，4 ～ 12 個聚成頭狀，再由這些小的頭狀花序組成聚繖花序；雄蕊 2 枚；柱頭 3 叉；無下位剛毛。

▲克拉莎的瘦果。

▲花序生長於花軸的一側（果實已成熟）。

▲花序軸上可見 5 個以上間隔分開的聚繖花序。

莎草屬**Cyperus**：約950種；臺灣約有50種，水生或溼生約33種，紙莎草*C. papyrus*及矮紙莎草*C. prolifer*為引進栽培種。新近的分類將以往水蜈蚣屬（*Kyllinga*）、胡瓜草屬（*Lipocarpha*）、磚子苗屬（*Mariscus*）、扁莎屬（*Pycerus*）、斷節莎屬（*Torulinium*）等均歸於莎草屬之中。

種檢索表

❶葉退化，僅具葉鞘
- ❷葉狀苞片多數，長於花序，螺旋狀排列，呈傘狀 — 風車草 *C. involucratus*
- 花序生於花序基部，短於
  - ❷葉狀苞片3～12枚
    - ❸花序輻射枝不等長 — 單葉鹹草 *C. malaccensis* subsp. *monophyllus*
    - ❸花序輻射枝約等長
      - ❹植株高約2～5 m；葉狀苞片6～12枚；花序輻射枝長約10～60 cm — 紙莎草 *C. papyrus*
      - ❹植株高約23～110cm；葉狀苞片3枚；花序輻射枝長約4～16cm — 矮紙莎草 *C. prolifer*

❶葉線形至寬線形
- ❺小穗輻射枝短、無或近於無；小穗聚集呈密集頭狀
  - ❻花序無輻射枝，3～10個無梗的橢圓狀花序於頂端聚成頭狀 — 華湖瓜草 *C. albescens*
  - ❻小穗輻射枝短，小穗指狀於頂端聚成頭狀
    - ❼鱗片先端圓，微凹頭；瘦果無柄，先端短尖 — 異花莎草 *C. difformis*
    - ❼鱗片先端凸尖；瘦果具柄，先端凸尖 — 頭穗莎草 *C. eragrostis*
- ❺小穗輻射枝長；小穗排列呈球狀、指狀、圓柱狀或圓錐狀
  - ❽柱頭2叉
    - ❾稈基部具節；小穗生長密集；鱗片兩側具縱溝 — 紅鱗扁莎 *C. sanguinolentus*
    - ❾稈無節；小穗疏生；鱗片兩側不具溝 — 球穗扁莎 *C. flavidus*
  - ❽柱頭3叉
    - ❿小穗排列呈球狀 — 密穗磚子苗 *C. compactus*
    - ❿小穗排列呈指狀、圓柱狀或圓錐狀
      - ⓫小穗排列呈指狀、圓柱狀或圓錐狀
        - ⓬小穗排列呈指狀
          - ⓭植株高約50～90cm，葉寬5～12mm — 寬柱莎草 *C. platystylis*
          - ⓭植株高約10～50mm，葉寬2～3mm — 畦畔莎草 *C. haspan*
        - ⓬小穗呈圓柱狀排列
          - ⓮小穗排列疏鬆，可見穗軸 — 高稈莎草 *C. exaltatus*
          - ⓮小穗排列緊密，看不到穗軸 — 覆瓦狀莎草 *C. imbricatus*
      - ⓫小穗呈圓錐狀排列
        - ⓯小穗軸於每一鱗片間具關節 — 斷節莎 *C. odoratus*
        - ⓯小穗軸鱗片間不具關節
          - ⓰鱗片排列緊密 — 粗根莖莎草 *C. stoloniferus*
          - ⓰鱗片排列疏鬆或略重疊
            - ⓱鱗片排列不重疊
              - ⓲鱗片先端圓或微凹 — 碎米莎草 *C. iria*
              - ⓲鱗片先端尖一點 — 點頭莎草 *C. nutans* subsp. *subprolixus*
            - ⓱鱗片排列略重疊 — 毛軸莎草 *C. pilosus*

華湖瓜草

Cyperus albescens (Steud.) Larridon & Govaerts

| 科　名 | 莎草科 Cyperaceae | 屬　名 | 莎草屬 *Cyperus* |

文　獻 | Larridon *et al*., 2016

分布

　　舊世界熱帶、亞熱帶地區從非洲、馬達加斯加至印度、中國、馬來西亞、婆羅洲、蘇門答臘、澳洲昆士蘭等地區。臺灣分布於新竹、南投日月潭、臺東等地區，目前僅日月潭地區尚有野外族群生長。

形態特徵

　　一或多年生直立草本，叢生狀，無明顯根莖，高約 15 ～ 70cm，稈約 1 ～ 2mm 寬。葉基生，最長可達 40cm，短於稈，寬約 2 ～ 4mm；葉扁、厚、軟，邊緣略內捲，先端逐漸尖細至鈍尖。稈頂端葉狀苞片 2 ～ 4 枚，長於花序；花序頭狀，由 3 ～ 10 個長橢圓形或卵狀橢圓形的穗狀花序組成，淡綠色，花穗 5 ～ 8mm 長；鱗片覆瓦狀，匙形至倒卵形或長橢圓形、倒披針形，先端驟縮呈尾狀細尖；雄蕊 1 枚，稀為 2 枚；柱頭 3 叉；瘦果長橢圓形或長橢圓狀卵形，約 1mm 長。

▲生育環境。

▲葉基生，略呈革質。

▲花序頭狀，由 3 ～ 10 個穗狀花序組成。

▲花序。

密穗磚子苗

Cyperus compactus Retz.

科 名 | 莎草科 Cyperaceae　　　屬 名 | 莎草屬 *Cyperus*

分布

　　馬達加斯加、印度、尼泊爾至中國南部及馬來西亞、臺灣至澳洲等地區。臺灣分布於南部地區水田、溼地。

形態特徵

　　多年生挺水或溼生植物，地下根莖短；稈叢生，高約 50～100cm，圓柱形。葉長線形，長於或稍短於稈，寬約 5～9mm；葉鞘長。複聚繖花序呈球狀，葉狀苞片 3～5 枚，較花序長；小穗披針形，長約 0.5～1.1cm，呈放射狀排列；鱗片緊貼小穗軸，長橢圓形，長約 3～3.5mm；雄蕊 3 枚；柱頭 3 叉。瘦果狹長橢圓形，三稜狀，約為鱗片長的 1／2～3／5，具密的細點。

▲瘦果。

▲輻射枝末端有許多球狀的花序，可一眼就辨認出來。

▲每一輻射枝再由數個小輻射枝組成。

異花莎草

Cyperus difformis L.

| 科 名 | 莎草科 Cyperaceae | 屬 名 | 莎草屬 *Cyperus* |

| 英文名 | Globose head hat-sedge, Smallflower umbrella plant, Rice sedge |

分布

全世界溫帶及亞熱帶地區。臺灣全島低海拔水田、河床、溝渠、沼澤等潮溼的地方相當常見。

▲瘦果。

形態特徵

一年生溼生植物，稈叢生，三角形，高約 30 ～ 52cm。葉線形，長約 34 ～ 45cm，寬約 0.4 ～ 0.5cm。葉狀苞片 2 或 3 枚，不等長，約 2 倍長於花序；花序纖狀，小穗扁平狀，排列成 4 ～ 9 個球狀的花序，中間的部分花軸較短，外圍的花軸較長；鱗片近圓形，寬度大於長度；花柱長約瘦果 1／2，柱頭 3 叉；雄蕊 2 枚，有時 1 枚。瘦果卵狀橢圓形，三面狀，長約 0.5 ～ 0.8 mm。

▲小穗扁平狀，排列成 4 ～ 9 個球狀的頭狀花序。

▼植株具有許多球狀的頭狀花序。

頭穗莎草

Cyperus eragrostis Lam.

科 名	莎草科 Cyperaceae	屬 名	莎草屬 *Cyperus*
別 名	畫眉莎草	文 獻	Chen & Wu, 2007

分布

　　原產熱帶美洲，現已發現於美國、南歐、亞洲及澳洲等地區，也歸化於日本、琉球及臺灣全島各地。

形態特徵

　　多年生草本，叢生狀，高 30 ～ 100cm，根莖短，黑色。稈三角形，光滑。葉線形，長 約 10 ～ 90cm，寬 約 2 ～ 6mm，葉緣及下表面中肋粗糙具鋸齒。繖形狀的花序有 6 ～ 10 或更多的分枝，小穗於分支末端排列成頭狀；葉狀苞片 3 ～ 9 枚，長可達 60cm；小穗長橢圓狀披針形，扁壓狀，長 2 ～ 7mm，寬 1.5 ～ 2mm；鱗片卵形至卵狀披針形，具 3 條脈；雄蕊 1 枚；柱頭 3 叉；瘦果三稜狀，先端凸尖，基部具柄。

▶植株。

植物小事典

　　本種花序的排列外觀看似禾本科畫眉草屬植物（*Eragrostis*），小穗扁壓狀二列的排列方式，故有「畫眉莎草」的名稱，種小名「eragrostis」即為畫眉草屬之屬名。

▲瘦果三稜狀。

◀小穗於分支末端排列成頭狀。

▲繖形狀的花序。

高稈莎草

Cyperus exaltatus Retz.

科　名丨 莎草科 Cyperaceae	屬　名丨 莎草屬 *Cyperus*
英文名丨 Giant sedge, Tall flatsedge	別　名丨 無翅莎草

分布

　　南亞、非洲及澳洲。臺灣低海拔農地、埤塘等潮溼的地方均可見。

形態特徵

　　多年生溼生植物,稈數枝叢生,三角形,高約
100～150cm。葉線形,幾與稈等長,寬約1～1.4cm;
葉鞘長,帶褐色。葉狀苞片3～6枚,最外面3枚較
花序長;複聚繖花序呈輻射狀,由4～10個輻射枝組
成,輻射枝長約3～18 cm;每一輻射枝則由數枚穗
狀花序排列而成,穗狀花序上具有許多排列疏鬆的小
穗;小穗無柄,長卵形,長約4～8mm;鱗片卵形;
雄蕊3枚;柱頭3叉,花柱長於瘦果。瘦果倒卵狀橢
圓形,三面狀,長約為鱗片的1／2。本種小穗排列
疏鬆,穗軸容易看到,是辨識的明顯特徵。以往均稱
為「無翅莎草」,根據學名「exaltatus」為「極高」
之意,故此處以「高稈莎草」稱之。

▲穗狀花序由許多排列疏鬆
的小穗構成。

▲由多個輻射枝組成的花序。

▲每一輻射枝由數枚穗狀花序排列而
成。

球穗扁莎

Cyperus flavidus Retz.

科 名｜ 莎草科 Cyperaceae　　　　　屬 名｜ 莎草屬 *Cyperus*

分布

　　廣泛分布於歐洲地中海地區、南非至中亞、印度至中國、日本至澳洲東部。臺灣分布於全島低海拔平地水田、溝渠邊及潮溼有水的地方。

形態特徵

　　多年生溼生植物，根莖短，不明顯；稈叢生，高約 10 ～ 50cm，三稜狀。葉少，短於稈，線形，寬約 1 ～ 2mm。聚繖花序，具 1 ～ 6 個不等長輻射枝，最長的約 7cm；小穗線狀披針形或線狀長橢圓形，扁平，長約 6 ～ 20mm，寬約 1.5 ～ 3mm；鱗片卵狀長橢圓形，長約 1.5 ～ 2mm；雄蕊 2 枚；柱頭 2 叉。瘦果倒卵形，透鏡狀，側面扁平，長約為鱗片的 1 / 3。

◀小穗扁平狀，聚集在輻射枝的頂端。

▲生育環境。

▲聚繖花序由 1 ～ 6 個不等長輻射枝組成。

畦畔莎草

Cyperus haspan L.

| 科　名｜ | 莎草科 Cyperaceae | 屬　名｜ | 莎草屬 *Cyperus* |

英文名｜　Paddy field flat-sedge, Rice-paddy weed

分布

　　全世界溫帶、亞熱帶及熱帶地區。
臺灣常見於水田、溝渠旁等潮溼的地方。

形態特徵

　　一年生溼生植物，稈叢生，三角形，
高約 10 ～ 50cm。葉寬約 2 ～ 3mm，
線形，短於稈，有時僅有葉鞘。葉狀苞
片 2 ～ 3 枚，短於花序；聚繖花序長約 8 ～
15cm；具數枚不等長輻射枝，最長者約
5 ～ 10cm；小穗長橢圓狀卵形，長約
0.2 ～ 1.2cm，扁壓狀；鱗片橢圓形至披
針狀橢圓形、卵形，先端凸尖；花柱長
約瘦果的 1.5 倍，柱頭 3 叉。瘦果倒卵形，
三面狀，長約 0.5mm。

▲花序具數枚不等長輻射枝。

▲卵形扁壓狀的小穗是辨識畦畔莎草的重
要特徵。

▲畦畔莎草是水田溼地常見的溼生植物。

覆瓦狀莎草

Cyperus imbricatus Retz.

科 名 | 莎草科 Cyperaceae   屬 名 | 莎草屬 *Cyperus*

分布

    泛熱帶分布，臺灣低海拔稻田、廢耕地、路邊及水邊潮溼的地方均可發現。

形態特徵

    多年生溼生植物，稈叢生，略呈三角形，高約 70 ～ 120cm。葉長約 60 ～ 75cm，寬約 0.6 ～ 1.5cm。葉狀苞片 3 ～ 6 枚，長於花序。聚繖花序，輻射枝超過 10 個，長可達 12cm；小穗長卵形，排列成穗狀，長約 3 ～ 6mm，小穗排列緊密看不到穗軸；鱗片卵形，長約 1.5 mm；雄蕊 3 枚；柱頭 3 叉。瘦果倒卵形至橢圓狀倒卵形，三面狀，長約為鱗片的 1／2。本種與「高稈莎草」極相似，小穗排列緊密看不到穗軸，可與之區分。

▲花序與高稈莎草很像，但本種的小穗排列非常緊密。

▲植株。

莎草科

植物小事典

　　莎草屬中有許多高大的種類，植株可達1m以上，在水田、溼地等環境相當醒目。一般可依小穗排列的情形來做分辨，如寬柱莎草小穗排列呈指狀，毛軸莎草小穗排列呈圓錐狀，高稈莎草與覆瓦狀莎草小穗排列呈圓柱狀。高稈莎草的小穗排列較鬆，可見到穗軸，覆瓦狀莎草的小穗排列則較緊密；在數量及分布上，覆瓦狀莎草則較爲常見，且常形成大片的族群。

▲覆瓦狀莎草的植株大小及花序均與高稈莎草很相似。

▲生育環境。

風車草

Cyperus involucratus Rottb.

科 名	莎草科 Cyperaceae	屬 名	莎草屬 *Cyperus*
英文名	Umbrella grass	別 名	傘草、輪傘莎草

分布

原產非洲，被廣泛栽植於庭園之中。臺灣低海拔溪流、溝渠旁或潮溼的地方已有許多野生的族群。

形態特徵

多年生溼生植物，稈叢生，高約 50～150cm，橫切面近圓形。葉退化成鞘狀，包裹在稈的基部。稈的頂端葉狀苞片多數，線形，約等長，呈螺旋狀排列生長，向四周開展，有如傘狀；花序聚繖狀，直徑約 15～30cm；小穗橢圓形或長橢圓形，長約 3～9mm，扁壓狀；鱗片卵形，長約 2mm，先端尖；花柱約與瘦果等長，柱頭 3 叉。瘦果倒卵狀橢圓形，橫切面三稜狀，長約為鱗片的 1／3 至 1／4。

▶花序上的葉狀苞片排列，像雨傘，也像風車。

▲葉狀苞片等長，排列成傘狀。

▲花序生長於葉狀苞片之葉腋。

碎米莎草

Cyperus iria L.

科　名 |　莎草科 Cyperaceae　　　　　　　　屬　名 |　莎草屬 *Cyperus*

英文名 |　Crushed flat-sedge, Rice flatsedge

分布

　　非洲、中亞至印度、馬來西亞、越南等南亞地區，及中國、韓國、日本至臺灣等東亞地區，太平洋群島及澳洲等溫帶、亞熱帶及熱帶地區。臺灣常見於稻田、溝渠旁等潮溼的地方。

形態特徵

　　一年生溼生植物，無地下根莖，稈叢生，三角形，高約 30 ～ 60cm。葉線形，短於稈，長約 12 ～ 38cm，寬約 0.6cm。葉狀苞片 4 ～ 6 枚，較花序長；聚繖花序具 3 ～ 7 個不等長輻射枝，輻射枝長約 2 ～ 12cm；小穗長橢圓形至線狀披針形，長約 4 ～ 9mm，扁壓狀，稀疏排列於輻射枝上；鱗片倒卵狀圓形；花柱短，柱頭 3 叉，不外露於鱗片。瘦果倒卵形，三面狀，約與鱗片等長。

▶從名字總讓人覺得碎米莎草的小穗，猶如細碎的米粒稀疏排列於輻射枝末端。

▲聚繖花序由 3 ～ 7 個不等長輻射枝組成。

▲小穗扁壓狀，稀疏排列於輻射枝上。

單葉鹹草

Cyperus malaccensis Lam. subsp. *monophyllus* (Vahl) T. Koyama

科　名 | 莎草科 Cyperaceae　　　　屬　名 | 莎草屬 *Cyperus*

別　名 | 鹹草

分布

　　中國、日本、臺灣、越南等地區。臺灣產於西部沿海地區溝渠、池塘、河口等溼地環境。

形態特徵

　　多年生挺水或溼生植物，根莖橫走土中，成簇生長。稈直立，三角形，高可達 1m 以上。葉退化成鞘狀，生於稈的基部。葉狀苞片 3 枚，短於花序；聚繖花序頂生，具有 5～10 個長短不等的輻射枝，而每一輻射枝上又有約 5～12 個小穗；小穗線形，長約 0.5～3.5cm；鱗片橢圓形，先端圓；花柱短，柱頭 3 叉。瘦果狹長橢圓形，約與鱗片等長。本種過去是做繩子、草帽、草蓆的材料。

▲直立細長的稈是昔日用來當繩子的材料，如今已被塑膠繩所取代。

▲聚繖花序頂生，葉狀苞片 3 枚，短於花序。

◀花序（位於稈的頂端）。

點頭莎草

Cyperus nutans Vahl var. *subprolixus* (Kukenth.) Karth.

科　名 | 莎草科 Cyperaceae　　　　屬　名 | 莎草屬 *Cyperus*

分布

　　分布於東亞地區。臺灣普遍分布於各地水田、溝渠邊、河床、沼澤等潮溼有水的地方。

形態特徵

　　多年生溼生植物，根莖短縮；稈叢生，高約 70 ～ 100cm，三稜狀。葉線形，長約 30 ～ 70cm，寬約 0.5 ～ 1.2cm，短於稈。葉狀苞片 5 ～ 6 枚，下端 2 ～ 3 枚長於花序；聚繖花序具 6 ～ 10 個輻射枝，不等長，約 5 ～ 10cm；小穗線狀，長約 0.6 ～ 1.2cm；鱗片橢圓形至卵狀橢圓形；花柱短，柱頭 3 叉。瘦果倒卵形，三面狀，長約鱗片的 2 / 3。

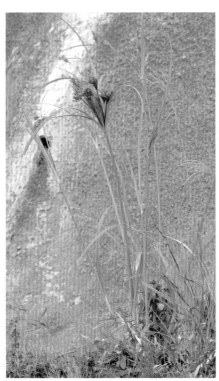

▲植株。

▲點頭莎草的輻射枝不像其他莎草屬植物會向四面伸張，倒是本身的重量讓花序有點垂彎。

斷節莎

Cyperus odoratus L.

| 科 名 | 莎草科 Cyperaceae | 屬 名 | 莎草屬 *Cyperus* |

分布

泛熱帶分布，臺灣全島平地稻田、溝渠、池塘邊等潮溼地區常見。

形態特徵

一年生挺水植物，地下根莖短縮；稈單一或數枝，高約 30 ～ 100cm，三稜形。葉基生，線形，短於稈，寬約 0.7 ～ 1cm；葉鞘長。複聚繖花序，葉狀苞片 6 ～ 8 枚，長於花序，長可達 50cm；小穗線形，長約 1 ～ 2.5cm；小穗軸具關節，具寬翅，翅橢圓形；鱗片卵狀橢圓形，先端鈍，長約 2 ～ 3.5mm；雄蕊 3 枚；柱頭 3 叉。瘦果長橢圓形至倒卵狀長橢圓形，長約為鱗片的 2 / 3。

▶斷節莎是臺灣平地沼澤地常見的植物。

▲花序由數個不等長輻射枝組成，每一輻射再由數個小輻射枝組成。

▲小穗線形，小穗軸具關節。

紙莎草

Cyperus papyrus L.

科　名	莎草科 Cyperaceae	屬　名	莎草屬 *Cyperus*

英文名 | Papyrus

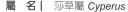

分布

　　非洲北部埃及、蘇丹、喀麥隆、奈及利亞、幾內亞、巴勒斯坦等地區。廣泛被栽植為庭園景觀植物。

形態特徵

　　多年生高大的挺水植物，地下根莖短，叢生，稈三稜形，高可達 2 ～ 5m。葉退化成鞘狀，生於稈的基部。葉狀苞片 6 ～ 12 枚，短於花序，長約 5 ～ 10cm；花序排列成繖狀，由 30 ～ 100 個約等長的輻射枝組成，輻射枝長約 10 ～ 60 cm；小穗聚集於輻射枝頂端，線形，長約 3 ～ 12mm，具有 4 枚長約 10cm 絲狀的苞片；鱗片橢圓形至卵狀橢圓形；柱頭 3 叉。瘦果橢圓形，三面狀，長約 9 ～ 11mm。本種可用來當作造紙的材料，也是古代埃及重要的精神象徵，常出現在一些圖像及建築雕刻上。

▲高大的植株。

▶數量眾多等長的輻射枝讓整個花序猶如一顆圓球。

337

毛軸莎草

Cyperus pilosus Vahl

科　名 |　莎草科 Cyperaceae　　　　屬　名 |　莎草屬 *Cyperus*

分布

南亞、東南亞及澳洲。臺灣低海拔稻田、溝渠旁、沼澤等溼地常見。

形態特徵

一至多年生溼生植物,地下根莖橫走;稈散生,單一或數枝叢生,三角形,高約 25 ～ 100cm。葉寬線形,寬約 6 ～ 13mm,短於稈。葉狀苞片 3 ～ 6 枚,最外面 3 枚通常長於花序,長可達 50cm;聚繖花序具 3 ～ 10 個不等長輻射枝,輻射枝長約 2 ～ 14cm;每一輻射枝由 2 ～ 5 個小輻射枝組成,小穗聚集頂端呈塔狀;穗狀花序軸上密被黃褐色短毛;小穗線狀披針形,長約 5 ～ 20 mm,寬約 1.5 ～ 2.5mm,扁壓狀;鱗片寬三角狀卵形,長約 1.8 ～ 2.5mm,寬約 1.2 ～ 1.5mm,先端銳尖或具短突;花柱短,柱頭 3 叉。瘦果寬橢圓形至倒卵圓形,三面狀,長約 1 ～ 1.25mm,寬約 0.5 ～ 0.75mm,約為鱗片長的 1 / 2 至 2 / 3。

▲花序由多個不等長輻射枝組成。

▲毛軸莎草的小穗不是排成圓筒狀,而是呈塔狀排列,與其他種類明顯不同。

寬柱莎草

Cyperus platystylis R. Br.

科　名｜ 莎草科 Cyperaceae　　　　　　屬　名｜ 莎草屬 *Cyperus*

分布

　　印度、馬來西亞、澳洲。臺灣分布於低海拔地區池塘、湖泊、溪流邊等潮溼有水的地方，不多見。

形態特徵

　　多年生溼生植物，根莖直立，粗狀。稈單生或有時 2～3 叢生，高約 50～90cm，三稜狀。葉寬線形，約與稈等長，寬約 0.5～1.2cm。葉狀苞片 4～12 枚，長於花序；聚繖花序半球狀，直徑約 7～15cm；輻射枝多數，長約 2～8cm；每一輻射枝又分成 4～16 個小輻射枝，每一小輻射枝由 2～7 個小穗組成；小穗線狀長橢圓形，扁平，長約 5～8mm；鱗片寬卵形，長約 2～2.5mm，先端凸尖；花柱扁平，略短於瘦果，柱頭 3 叉。瘦果橢圓形至橢圓狀卵形，三面狀，長約為鱗片的 2／3 至 3／4。

▶生長於池沼邊的植株（雙連埤）。

339

植物小事典

　　分辨莎草屬的特徵主要在於其小穗上的鱗片排成二列，柱頭三叉（1或2叉的情況非常少）。在莎草屬中可以根據外形大致區分為一類較高大的種類，其他則為較矮小的種類，寬柱莎草就是屬於較高大的種類之一。花序是接下來要觀察的重點，寬柱莎草的小穗在輻射枝末端聚集呈輻射狀排列，有些種類如覆瓦狀莎草就排成圓筒狀，寬柱莎草整個花序的外觀看起來就像一個緊密的半球形。從果實的特徵來看，寬柱莎草的瘦果具有明顯海綿狀增厚的角隅，與其他種類明顯不同。寬柱莎草通常喜歡生長在浮島的環境，所以過去日月潭的浮島上以及現今雙連埤的浮島都可以找到它的蹤跡。

◀聚繖花序具多數輻射枝。

▲小穗扁平，呈指狀排列。

矮紙莎草

Cyperus prolifer Lamarck

科　名∣　莎草科 Cyperaceae	屬　名∣　莎草屬 *Cyperus*
英文名∣　Dwarf papyrus	別　名∣　小紙莎草、日本紙莎草

分布

東非及南非、馬達加斯加。廣泛被栽植為庭園景觀植物。

形態特徵

多年生挺水植物，根莖匍匐生長，木質化；稈直立，高約 23 ～ 110cm，圓柱狀或三稜狀，橫切面寬約 2 ～ 7mm。葉退化；葉鞘帶紅褐色至暗紫色。葉狀苞片 3 枚，長約 0.5 ～ 3cm，短於花序。花序排列呈繖狀，具有 1 ～ 260 個約等長的輻射枝，輻射枝長約 4 ～ 16cm；每一輻射枝由一群小穗排列成掌狀，每一輻射枝約有 1 ～ 30 個小穗；小穗長約 3 ～ 17mm，3 個小穗聚成一群，具有一共同的小穗軸，基部具一管狀的鞘；鱗片橢圓形至寬卵形；花柱 3 叉。瘦果倒卵形，三面狀，長約 0.4 ～ 0.5mm，表面具突起或光滑。

▲較紙莎草矮小，故名「矮紙莎草」。

▲花序亦較紙莎草小型，其輻射枝較短。

粗根莖莎草

Cyperus stoloniferus Retz.

科 名｜ 莎草科 Cyperaceae　　　　　屬 名｜ 莎草屬 *Cyperus*

分布

　　熱帶非洲、南亞及澳洲。臺灣生長於西部沿海地區海灘、鹽沼溼地。

形態特徵

　　多年生溼生植物，地下走莖橫走，具塊狀莖，植株匍匐生長。稈單一，高約 20 ～ 40cm，鈍三角形。葉線形，短於稈，寬約 0.2 ～ 0.4cm；基部的葉鞘裂成纖維狀。葉狀苞片 2 ～ 3 枚；聚繖花序由 2 ～ 4 枚短的輻射枝所組成，輻射枝約 0.5 ～ 2cm，每個輻射枝具 3 ～ 8 個小穗；小穗長橢圓形至橢圓狀披針形，長約 0.6 ～ 1.2cm，寬約 1.5 ～ 2mm；鱗片寬卵形，長約 2.2 ～ 2.5mm；柱頭 3 叉。瘦果橢圓形，三面狀，長約為鱗片的 2 / 3。

▲聚繖花序由 2 ～ 4 枚輻射枝組成，葉狀苞片 2 ～ 3 枚。

▲植株匍匐生長，具有明顯的地下塊莖。

▲粗根莖莎草大多生長於海灘，植株明顯呈革質。

▲小穗呈指狀排列。

裂穎茅

Diplacrum caricinum R. Br.

科 名 | 莎草科 Cyperaceae

屬 名 | 裂穎茅屬 *Diplacrum*

分布

　　分布於亞洲至大洋洲。臺灣零星分布於低海拔地區，生長於潮溼的地方。

形態特徵

　　一年生草本，稈三稜狀，多節，纖弱，斜生，長約 10 ～ 30cm。葉片長約 1 ～ 5cm，寬約 2 ～ 5mm；葉鞘長約 5 ～ 10mm，三稜，無葉舌。花序腋生，小穗單性，雄性多為側生，雌性小穗位於頂端；柱頭 3，瘦果卵圓形。

▲花序腋生。

▲瘦果卵圓形。

▲植株。

荸薺屬Eleocharis：約300種；臺灣約有12種。

種檢索表

❶小穗圓筒狀，約與稈同寬	❷稈橫切面三角形 —		桃園藺 *E. acutangula*
	❷稈橫切面圓形	❸稈中空，具橫隔 —	荸薺 *E. dulcis*
		❸稈實心，無橫隔 —	日月潭藺 *E. ochrostachys*
❶小穗卵形、橢圓形至球形，明顯寬於稈	❹柱頭2叉	❺最下3～4枚鱗片不孕，花柱基部錐狀，下位剛毛6～8枚 —	彎形藺 *E. geniculata*
		❺鱗片皆可孕，花柱基部盤狀，下位剛毛3～4（或6）枚 —	黑果藺 *E. atropurpurea*
	❹柱頭3叉	❻稈纖細，直徑約0.25～0.3mm，絲狀；瘦果具橫紋 —	牛毛氈 *E. acicularis*
		❻稈直徑1.5mm以上或0.25～0.5mm；瘦果近光滑	❼稈明顯呈四稜狀；小穗斜生；鱗片3～4mm長；瘦果1.5～2mm長 — 四角藺 *E. tetraquetra*
			❼稈不為四稜狀；小穗頂生；鱗片1～1.2mm長；瘦果0.7～1mm長 — 針藺 *E. congesta* subsp. *japonica*

牛毛氈

Eleocharis acicularis (L.) Roem. & Schult.

科　名｜ 莎草科 Cyperaceae	屬　名｜ 荸薺屬 *Eleocharis*

英文名｜　Needle rush hair grass, Cow hairs, Spikerush, Slender spikerush, Hairgrass

分布

　　廣泛分布於歐亞、北美等地區。臺灣低海拔稻田、溝渠、溪流常見。

形態特徵

　　一至多年生挺水或沉水植物，具有地下走莖。植株細小，稈叢生，長約 3 ～ 10cm，就像牛身上的毛髮。葉退化成鞘狀。小穗卵形，頂生，長約 2 ～ 4mm；鱗片排列疏鬆，卵狀橢圓形，長約 1 ～ 2mm；下位剛毛 3 ～ 4 枚，長於瘦果；柱頭 3 叉，花柱底部膨大，與瘦果間形成明顯的界線。瘦果倒卵狀橢圓形，長約 0.8 ～ 1mm，具有橫的網紋。

▲花序頂生。

▲植株纖細，如同毛髮。

▲牛毛氈形如其名，植株就像牛身上的細毛（生長於水邊的植株）。

桃園藺

Eleocharis acutangula (Roxb.) Schult

科 名 | 莎草科 Cyperaceae　　　屬 名 | 荸薺屬 *Eleocharis*

分布

　　熱帶亞洲、澳洲及美洲。臺灣僅桃園、南投日月潭及屏東「墾丁國家公園」及臺東等地區有紀錄。

形態特徵

　　多年生溼生植物，地下根莖橫走，有時末端膨大成塊莖。稈叢生，高約 30 ～ 90cm，三角形。小穗圓筒狀，長約 2 ～ 4cm；鱗片寬卵形，長約 4 ～ 5mm；花柱長約 6 ～ 7mm，柱頭 3 叉至約花柱一半的地方，基部三角錐狀，底部緊縮，形成與瘦果明顯的界線；下位剛毛 6 枚，不等長，長於花柱基部。瘦果寬倒卵形，扁三面狀至兩面透鏡狀，長約 1.4 ～ 2mm，寬約 1.2 ～ 1.6mm。

▲透鏡狀的瘦果，頂端宿存花柱的基部呈錐狀。

▲桃園藺的稈呈三角形，和同屬其他種類明顯不同。

▲稈三角形，小穗圓筒狀。

黑果藺

Eleocharis atropurpurea (Rztz.) J. Presl & C. Presl

科 名 | 莎草科 Cyperaceae　　　屬 名 | 荸薺屬 *Eleocharis*

分布

　　泛熱帶及亞熱帶地區，延伸至歐洲、美洲及非洲。臺灣分布於低海拔水田、潮溼地等環境，相關的紀錄並不多。

形態特徵

　　一年生溼生植物，稈纖細，叢生，高約 5 ～ 10cm。葉退化，僅有葉鞘。小穗卵形至寬披針形，長約 3 ～ 5mm；鱗片皆可孕，卵形至橢圓形，長約 0.9 ～ 1.2mm；下位剛毛 3 ～ 4（或 6）枚，約等長，約略短或略長於瘦果；柱頭 2 叉，花柱基部盤狀。瘦果倒卵形，兩面透鏡狀，長約 1mm。

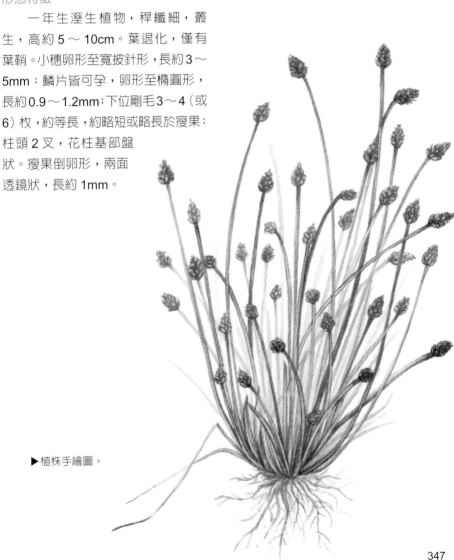

▶植株手繪圖。

針藺

Eleocharis congesta D. Don subsp. *japonica* (Miq.) T. Koyama

科 名 | 莎草科 Cyperaceae　　　　屬 名 | 荸薺屬 *Eleocharis*

分布

　　印度至馬來西亞、臺灣、日本等東亞及南亞地區。臺灣全島低海拔湖沼、溼地、稻田等環境很常見。

形態特徵

　　多年生或一年生溼生或挺水植物，稈細長，叢生，高約 10 ～ 25cm。葉退化僅有葉鞘。小穗長卵形，長約 3 ～ 7mm，基部常有無性繁殖芽產生；鱗片橢圓形至卵狀橢圓形，長約 1 ～ 1.2mm；雄蕊 3 枚；花柱長約 1.5mm，柱頭 3 叉，花柱基部三角錐狀，與瘦果有明顯界線；下位剛毛 6 枚，較瘦果長。瘦果橢圓形，長約 0.7 ～ 1mm。

▲植株

▲瘦果。

◀小穗頂生，長卵形。

荸薺

Eleocharis dulcis (Burm. f.) Trin. *ex* Hensch.

科 名	莎草科 Cyperaceae
英文名	Water chestnut

屬 名	荸薺屬 *Eleocharis*
別 名	水燈心草

分布

　　熱帶及亞熱帶非洲、亞洲及太平洋群島。臺灣分布於全島低海拔地區的溼地、湖沼、池塘中。

形態特徵

　　多年生挺水植物，具有走莖，高約 40 ～ 100cm。稈叢生，圓柱形，稈的中心具有橫隔膜。葉退化僅有葉鞘。小穗圓柱狀，長約 2 ～ 5cm；鱗片橢圓形，長約 5 ～ 6mm，頂端鈍至圓；花柱細長，長約 7 ～ 8mm，柱頭 3 叉至約花柱的一半，花柱基部三角錐狀，底部不窄縮，與瘦果間無明顯區隔；下位剛毛 6 ～ 8 枚，較瘦果長。瘦果倒卵形，長約 2 ～ 2.2mm，兩面透鏡狀。本島野生的荸薺並不會產生塊莖，我們所吃的荸薺塊莖是栽培的變種「甜荸薺」所產生的。

▲稈圓柱形，中心具有橫隔膜。

▲花序。

▲荸薺的植株是本屬最大型的種類之一。

莎草科

349

甜荸薺

Eleocharis dulcis (Burm. f.) Trin. *ex* Hensch. var. *tuberosa* (Roxb.) T. Koyama

栽培種

科 名	莎草科 Cyperaceae	屬 名	荸薺屬 *Eleocharis*

英文名 | Chinese water chestnut, Ground chestnut

分布

中國和臺灣,栽培歷史可能超過一千年。本種已併入原種荸薺,此處則保留供參考。

形態特徵

本植物為一栽培變種,外形特徵與荸薺相同,其差異在於甜荸薺的地下走莖前端會長出膨大的塊狀莖,直徑約 2～5cm,高度約 1～2.5cm。

◀與荸薺不同的地方在於甜荸薺的地下走莖前端會長出膨大的塊狀莖。

▲花序。

▲甜荸薺栽植田。

彎形藺

Eleocharis geniculata (L.) Roem. & Schult.

科　名丨 莎草科 Cyperaceae	屬　名丨 荸薺屬 *Eleocharis*
別　名丨 黑籽荸薺	

分布

　　泛熱帶分布，臺灣分布於近海岸地區的河口沙地及溼地。

形態特徵

　　多年生溼生植物，植株高約 15 ～ 30cm，稈叢生，細絲狀。葉退化僅有葉鞘。小穗卵形，長約 3 ～ 7mm；鱗片卵形至寬卵形，長約 1.8 ～ 2mm，先端鈍至圓，最下方 3 ～ 4 枚；花柱長約 1.5 ～ 1.7mm，柱頭 2 叉，花柱基部扁圓錐狀，底部與瘦果間有明顯區隔；下位剛毛 6 ～ 8 枚，略長於瘦果。瘦果寬倒卵形，兩面透鏡狀，成熟時黑色，長約 0.8 ～ 1mm。

▲花序。

▲瘦果。

▲彎形藺的稈纖細呈叢生狀。

莎草科

351

日月潭藺

Eleocharis ochrostachys Steudel

科 名 | 莎草科 Cyperaceae　　　　屬 名 | 荸薺屬 *Eleocharis*

分布

　　印度、中南半島、中國、臺灣、菲律賓、印尼至婆羅洲、澳洲等熱帶、亞熱帶地區。臺灣分布於桃園、南投、宜蘭等湖沼溼地、池塘等環境。

形態特徵

　　多年生溼生植物，具長地下走莖；稈叢生，圓柱狀，高約 30 ～ 80cm，內部有髓，無橫隔膜。葉退化僅有葉鞘。小穗圓柱狀，長約 1 ～ 2.5cm，略寬於稈；鱗片卵狀橢圓形，長約 4 ～ 5mm，先端鈍；花柱長約 5 ～ 6mm，柱頭 3 叉，花柱基部三角錐狀，與瘦果間呈明顯的杯狀環區隔；下位剛毛 6 ～ 7 枚，較瘦果長。瘦果倒寬卵形，長約 1 ～ 2mm，兩面透鏡狀。

▲圓柱狀的稈內部充滿髓，可與荸薺明顯區分。

▲果實成熟的花序。

▲稈圓柱狀；頂生的小穗圓柱狀。

四角藺

Eleocharis tetraquetra Nees *ex* Wight

科 名 | 莎草科 Cyperaceae　　　屬 名 | 荸薺屬 *Eleocharis*

分布

　　亞洲熱帶、亞熱帶及太平洋地區，從印度至澳洲。臺灣主要分布於低海拔地區的湖沼、水田等潮溼的地方，不常見。

形態特徵

　　多年生溼生植物，根莖短，具短的地下走莖；稈細長，叢生，高約 40 ～ 90cm，四稜狀或有時五稜。葉退化；稈的基部具葉鞘，膜質，最上面 1 枚長約 6 ～ 15cm。小穗斜生，位於稈的頂端，長橢圓形至披針形，長約 0.8 ～ 2cm，寬約 3 ～ 5mm；鱗片長橢圓形，長約 3 ～ 4mm；下位剛毛 6 枚，約瘦果 2 倍長；花柱長約 2.5 ～ 3mm，基部三角形，柱頭 3 叉。瘦果倒卵形，扁平，三面狀，長約 1.5 ～ 2mm，具粗短的果柄。

▲稈四稜狀或有時五稜，小穗斜生。

◀植株基部可見明顯葉鞘。

353

飄拂草屬**Fimbristylis**：約306種；臺灣約有33種。

種檢索表	❶ 小穗1枚	❷ 小穗直立狀，假側生，瘦果表面無皺紋及突起 ── 水蔥 *F. tristachya* var. *subbispicata*		
		❷ 小穗俯垂，頂生，瘦果表面具數條橫的皺紋，具疣狀突起 ── 點頭飄拂草 *F. nutans*		
	❶ 小穗多枚	❸ 柱頭2叉	❹ 稈高約3～12 cm；葉鞘有毛 ── 小畦畔飄拂草 *F. aestivalis*	
			❹ 稈高約20～80cm；葉鞘無毛 ──	❺ 稈直徑約1～2mm；花序小穗3～15枚，長卵形 ── 彭佳嶼飄拂草 *F. ferruginea*
				❺ 稈直徑小於1mm；花序小1或2枚，卵形 ── 嘉義飄拂草 *F. schoenoides*
		❸ 柱頭3叉	❻ 葉片側扁，鱗片先端鈍 ── 水虱草 *F. littoralis*	
			❻ 葉片不側扁，鱗片先端銳尖至短凸尖 ── 五稜飄拂草 *F. milliacea*	

小畦畔飄拂草

Fimbristylis aestivalis (Retz.) Vahl

科 名 | 莎草科 Cyperacea

屬 名 | 飄拂草屬 *Fimbristylis*

分布

　　尼泊爾、印度、斯里蘭卡、中南半島、中國、滿洲、韓國、日本、臺灣、印尼、婆羅洲、澳洲等地區。臺灣分布於低海拔稻田、河床、溝渠、溼地等潮溼的地方。

形態特徵

　　一年生溼生植物，無地下走莖；稈密叢生，高約 3 ～ 12cm，3 ～ 4 稜。葉絲狀，長約 1.5 ～ 4cm，短於稈，被毛；葉鞘短，被密毛，無葉舌。複聚繖花序，葉狀苞片絲狀，3 ～ 5 枚，短於或等長於花序；小穗長卵形，長約 2.5 ～ 6mm；鱗片螺旋狀覆瓦狀排列，卵形，中肋向先端延伸出一凸尖，背面中肋處被毛；雄蕊單一；花柱扁平，柱頭 2 叉，花柱基部膨大，先端被毛。瘦果倒卵圓形，長約 0.5 ～ 0.7mm，兩面透鏡狀。

▲小穗及成熟果實。

▲花序。

▲矮小的植株常平鋪地面，其葉鞘被毛的特徵很容易辨識。

彭佳嶼飄拂草

Fimbristylis ferruginea (L.) Vahl

| 科 名 | 莎草科 Cyperaceae | 屬 名 | 飄拂草屬 *Fimbristylis* |

分布

　　泛熱帶分布。臺灣分布於海岸地區的鹽沼溼地，以及南部或東部泥火山地區。

形態特徵

　　多年生溼生植物，稈叢生，高約20～80cm，扁三稜狀。葉線形，長約5～15cm，短於稈，基部成鞘狀，光滑，具短毛狀葉舌。聚繖花序，葉狀苞片2～3枚，短於或稍長於花序；小穗長卵形，長約0.7～1.3cm；鱗片螺旋狀覆瓦狀排列，卵形，背面上半部中間具柔毛，中肋向先端延伸出一短凸尖；雄蕊3枚；花柱扁平，具密毛，柱頭2叉，花柱基部膨大。瘦果寬卵形，兩面透鏡狀，長約1～1.5mm，具短柄。

▲瘦果。

▲彭佳嶼飄拂草為土壤含鹽分的指標植物。

▲聚繖花序由許多長卵形的小穗組成。

水虻草

Fimbristylis littoralis Gaudich.

科　名｜ 莎草科 Cyperaceae	屬　名｜ 飄拂草屬 *Fimbristylis*
英文名｜ Grass-like Fimbristylis	別　名｜ 木虻草、日照飄拂草

分布

泛熱帶分布。臺灣全島平地稻田、溝渠、沼澤、溼地相當常見。

形態特徵

一或多年生溼生植物，無地下根莖；稈密叢生，高約 10～60cm，略扁，四或五稜形，光滑。葉線形，長約 10～50cm，寬約 1～4mm，側面扁壓，無葉舌。複聚繖花序，葉狀苞片 2～4 枚，較花序短；小穗近球形，長約 1.5～5mm，頂端鈍；鱗片螺旋狀覆瓦狀排列，卵形，先端鈍不突出；雄蕊 1～2 枚；柱頭 3 叉，約為花柱長的 1／2，花柱基部錐狀。瘦果為寬倒卵形，長約 0.6～1mm，表面具突起，具橫的網紋。

▲植株側面扁平狀。

▲生育環境。

▲花序。

莎草科

357

五稜飄拂草

Fimbristylis milliacea (L.) Vahl

科　名｜ 莎草科 Cyperaceae 　　　　　　屬　名｜ 飄拂草屬 *Fimbristylis*

別　名｜ 四稜飄拂草

分布

舊世界熱帶地區。臺灣分布於低海拔的水田、潮溼地。

形態特徵

一或多年生溼生植物，地下根莖極短，稈叢生，高約 15 ～ 70cm，五稜形。葉線形，長約 30cm，短於稈或略與稈等長，寬約 2 ～ 3mm。複聚繖花序，葉狀苞片 3 ～ 5 枚，短於花序，邊緣有細齒；小穗卵形，長約 2 ～ 5mm，頂端鈍至尖；鱗片卵形，長約 1.7 ～ 2mm，先端銳尖至具短凸尖；雄蕊 1 ～ 2 枚；柱頭 3 叉，略長於花柱，花柱基部錐狀。瘦果寬倒卵形，長約 0.4 ～ 1mm，表面具突起，具橫的網紋。

▲稈五稜的特徵在莎草科中是較少的。

▲每一輻射枝再由數個小輻射枝組成。

植物小事典

　　本種在過去所有臺灣公家機關的出版資料中，都是以「四稜飄拂草」的中名稱呼。在《臺灣植物誌》第一版（1978）中所使用的學名 *F. quinquangularis*（Vhal）Kunth，它的種小名「*quinquangularis*」就是「五稜形的」，不知爲何使用的中名卻爲「四稜飄拂草」。但它的稈爲五稜形，爲了避免混淆，還是以「五稜飄拂草」爲中名。

▶稈五稜形。

▲花序由數個輻射枝組成。

點頭飄拂草

Fimbristylis nutans (Retz.) Vahl

| 科 名 | 莎草科 Cyperaceae | 屬 名 | 飄拂草屬 *Fimbristylis* |

分布

　　印度、斯里蘭卡、印尼、馬來西亞、澳洲、琉球、中國。臺灣分布於北部地區潮溼的地方，相關紀錄不多。

形態特徵

　　多年生溼生植物，根莖短，稈叢生，高約 20 ～ 85cm，近於圓柱狀，具縱溝，光滑。葉退化，葉鞘管狀，先端斜截。花序單一，頂生，僅 1 枚小穗，卵形、橢圓形至長卵形，稍俯垂，長約 0.5 ～ 1.6cm，寬約 3 ～ 5mm；鱗片寬卵形，長約 3 ～ 5mm，先端圓，具短凸尖；雄蕊 3 枚；花柱扁平，先端具毛，柱頭 2 叉。瘦果倒卵形，兩面不相等的透鏡狀，長約 1.2 ～ 1.5mm，成熟白色，表面有 5 ～ 7 條橫的皺紋，具疣狀突起。

▶花序單一，頂生，僅一枚小穗，稍俯垂。

飄拂草屬從外觀上大致可以分成兩大類，一類是花序僅由 1 枚小穗構成；另一類是小穗多數，形成聚繖花序或複聚繖花序。部分的荸薺屬及擬莞屬植物容易與小穗僅 1 枚的飄拂草混淆，不過荸薺屬及擬莞屬植物的果實基部均有下位剛毛，而飄拂草屬植物則沒有；荸薺屬及飄拂草屬的花柱基部和瘦果交界處常會有明顯的界線，擬莞屬則無此明顯界線。在同屬種類中點頭飄拂草與卵形飄拂草 *F. ovata*（Burm. f.）J. Kern、水蔥很相似，不過卵形飄拂草和水蔥基本上花序都屬於假側生的情況，仔細觀察不難發現在小穗旁邊還有一枚長得像稈的葉狀苞片，且這兩種有時也會有 2 枚小穗的情形。再從花柱的特徵也可以容易區分它們，卵形飄拂草的柱頭三叉，花柱三角形；點頭飄拂草與水蔥的柱頭則為二叉，花柱扁平。

莎草科

▲小穗卵形至長卵形。

嘉義飄拂草

Fimbristylis schoenoides (Retz.) Vahl

| 科 名 | 莎草科 Cyperaceae | 屬 名 | 飄拂草屬 *Fimbristylis* |

分布

熱帶非洲至坦尚尼亞、讚比亞，熱帶和亞熱帶亞洲至澳洲北部。臺灣生長於全島低海拔潮溼的地方。

形態特徵

叢生狀，植株高約 14 ～ 21 cm。葉線形，基部鞘狀；葉鞘長約 2 ～ 4.5 cm，淺褐色，無毛，具綠色直條紋，鞘舌短，鞘口膜質。葉身長約 5.5 ～ 15.5 cm，寬約 0.5 mm，表面無毛，邊緣具微細鋸齒，橫切面弧狀。花序頂生，葉狀苞片長約 0.8 ～ 2 cm，花序軸長約 13.7 ～ 21 cm。小穗單一，卵形，長約 4 mm，寬約 2 mm，具 11 ～ 12 朵小花；鱗片覆瓦狀著生，寬卵形，淺褐色，最外一枚不孕，先端尖至凸尖，內側鱗片先端尖，中脈綠色，長約 2 ～ 2.6 mm，寬約 1.6 ～ 1.8 mm。雄蕊 3 枚。花柱二叉，扁平，長約 1.4 mm，上半部具毛，基部略膨大，與瘦果具明顯界線。瘦果兩面透鏡狀，寬倒卵形，基部具短柄；瘦果長約 1 ～ 1.3 mm，寬約 0.9 ～ 1 mm，表面具明顯格紋。

▲瘦果兩面透鏡狀。

▲卵形小穗具 11 ～ 12 朵小花。

▲花序頂生，葉狀苞片短。

◀植株叢生狀。

水蔥

Fimbristylis tristachya R. Br. var. *subbispicata* (Nees & Meyen) T. Koyama

科　名 | 莎草科 Cyperaceae　　　屬　名 | 飄拂草屬 *Fimbristylis*

莎草科

分布

　　中國、韓國、日本、臺灣。臺灣分布於全島低海拔地區潮溼的地方。

形態特徵

　　多年生溼生植物，具短的地下根莖；稈密叢生，高約 40 ～ 70cm，稈圓形，實心，纖細。葉具葉鞘，長約 6 ～ 7cm；葉 20 ～ 30cm 長，橫切面半圓形。小穗假側生，長卵形，長約 1.2 ～ 2.8cm；葉狀苞片 1 枚，長約 0.7 ～ 1.7cm；鱗片螺旋狀覆瓦狀排列，卵形，先端微突，背面具多條脈；雄蕊 3 枚；花柱略扁，被毛，基部膨大，柱頭 2 叉。瘦果近球形，長約 0.8 ～ 1mm，具短柄。

▲稈纖細，小穗生長於近末端的側面。

▲瘦果表面無皺紋及突起。

▲小穗假側生。

毛三稜

Fuirena ciliaris (L.) Roxb.

科 名 | 莎草科 Cyperaceae　　　　屬 名 | 黑珠蒿屬 *Fuirena*

分布

舊世界熱帶及亞熱帶地區。臺灣分布於西部臺北至南部屏東地區低海拔的潮溼地。

形態特徵

一年生溼生植物，高約 10 ～ 50cm，植株被柔毛，地下根莖短；稈叢生，不明顯稜角。葉長披針形，長約 5 ～ 15cm，寬約 3.4 ～ 7mm；葉鞘具膜質葉舌。聚繖花序間隔數叢，每一叢由 3 ～ 15 個小穗聚集而成；小穗卵形或長橢圓形，長約 5 ～ 8mm；鱗片覆瓦狀排列，倒卵形，被毛，頂端圓，中肋延伸成芒狀，芒向外彎，芒長約 1mm；雄蕊 3 枚；花柱細長，柱頭 3 叉。瘦果倒卵形，三稜狀，長約 0.7 ～ 1mm；下位剛毛 3 枚，短於瘦果；花被狀鱗片 3 枚，約與瘦果等長，明顯具柄。本種植株有毛，可與黑珠蒿區別。

▲毛三稜的植株明顯可見白色細毛。

▲葉及葉鞘口處有毛。

▶花序。

黑珠蒿

Fuirena umbellata Rottb.

科 名 | 莎草科 Cyperaceae

屬 名 | 黑珠蒿屬 *Fuirena*

分布

南、北半球熱帶地區。臺灣分布於全島低海拔潮溼的地方。

形態特徵

多年生溼生植物，地下根莖短，稈叢生，五稜，高約 50 ～ 120cm，光滑無毛。葉長披針形，長約 10 ～ 20cm，寬約 0.5 ～ 1.5cm，葉緣被細毛或無毛；葉鞘具膜質葉舌。聚繖花序間隔數叢，每一叢由 6 ～ 15 個小穗聚集而成；小穗卵形或長橢圓形，長約 0.6 ～ 1.2cm；鱗片覆瓦狀排列，橢圓形，被疏毛，頂端圓，中肋延伸成芒狀，芒向外彎，芒長約 1mm；雄蕊 3 枚；柱頭 3 叉。瘦果倒卵形，三稜狀，長約 0.8 ～ 1.2mm；下位剛毛無；花被狀鱗片 3 枚，無柄或具短柄，約與瘦果等長。本種植株較毛三稜高大，植株無毛，可與其區別。

▲植株。

▲花序。

▲稈五稜，光滑無毛。

石龍芻

Lepironia articulate (Retz.) Domin

科 名 | 莎草科 Cyperaceae　　　　屬 名 | 石龍芻屬 *Lepironia*

莎草科

分布

　　從馬達加斯加至印度、馬來西亞、中國、澳洲、大洋洲。臺灣早期栽培作為草蓆的材料。

形態特徵

　　多年生挺水植物，根莖短橫走，粗狀，木質化；稈沿著根莖生長成一排，高約 50 ～ 120cm，圓柱狀，中空，具橫隔，兩橫隔距離約 0.3 ～ 6cm。葉退化；稈基部具 3 枚葉鞘。花序假側生，小穗單一，卵形、橢圓形或長橢圓形，長約 1 ～ 3.5cm，直徑約 3 ～ 7mm；稈狀苞片直立，長約 2 ～ 6cm，向頂端逐漸尖細，無橫隔；鱗片寬卵形，先端圓，長約 3.2 ～ 6.7mm；雄蕊單一；花柱長約 2 ～ 3mm，柱頭 2 叉。瘦果卵形至寬卵形，長約 3 ～ 4mm，寬約 2 ～ 2.8mm，表面具 7 ～ 9 條縱紋，縱紋上端全緣或具細刺。

▶昔日作為草蓆材料的石龍芻，其植株高大，有著大型的卵形小穗。

刺子莞屬**Rhynchospora**：約400種；臺灣有6種，水生約5種。

種檢索表				
❶花序由數個無柄頭狀花序組成 ── 馬來刺子莞 *R. malasica*				
❶花序由聚繖花序組成的圓錐狀花序	**❷葉寬1～2cm，瘦果長約3～4mm；花柱基部宿存，長錐狀，長於瘦果** ── 三儉草 *R. corymbosa*			
	❷葉寬小於5mm，瘦果長約2mm；花柱基部宿存，錐狀，短於瘦果	**❸鱗片帶白色，下位剛毛9～13枚** ── 白刺子莞 *R. alba*		
		❸鱗片棕色，下位剛毛6枚	**❹小穗長約6～8mm，下位剛毛長於瘦果** ── 華刺子莞 *R. chinensis*	
			❹小穗長約3～4.5mm；下位剛毛，長短不一，略長或略短於瘦果 ── 布朗氏刺子莞 *R. rugosa* subsp. *brownii*	

白穗刺子莞

Rhynchospora alba (L.) Vahl

科　名 | 莎草科 Cyperaceae　　　　屬　名 | 刺子莞屬 *Rhynchospora*

莎草科

分布

　　歐洲、美洲及東亞韓國、日本、琉球、中國、臺灣等地區。本種屬較溫帶的植物，在美洲及臺灣與其鄰近地區呈不連續的分布。臺灣主要產於鴛鴦湖海拔約 1600 公尺的湖沼溼地。

形態特徵

　　一年生溼生植物，地下根莖短，稈近叢生，高約 10 ～ 60cm，三稜狀。葉線形，短於稈，寬約 0.5 ～ 1.5mm；基部的葉片短小或僅有葉鞘。聚繖花序頂生，呈頭狀；小穗 3 ～ 7 個成簇，披針形至卵狀披針形，長約 5 ～ 6mm；鱗片卵狀披針形，帶白色，先端銳尖；雄蕊 2 枚；花柱細長，基部膨大；柱頭深 2 叉。瘦果倒卵形，兩面透鏡狀，長約 2 ～ 2.5mm；下位剛毛 9 ～ 13 條，長於瘦果。

▲鴛鴦湖入水口端沼澤地是白穗刺子莞在臺灣唯一的生育地。

▶聚繖花序頂生，呈頭狀，外觀白色。

布朗氏刺子莞

Rhynchospora brownii Roem & Schult.

科　名｜ 莎草科 Cyperaceae　　　　屬　名｜ 刺子莞屬 *Rhynchospora*

莎草科

分布

　　廣泛分布於舊世界熱帶及亞熱帶地區，從非洲至印度、馬來西亞、中國、日本、澳洲、大洋洲等地區。臺灣分布於全島低海拔地區沼澤、溼地等潮溼有水的地方。

形態特徵

　　多年生溼生植物，根莖短；稈叢生，高約 30 ～ 70cm，三稜狀，2 ～ 3 節。葉狹線形，短於稈，寬約 1.5 ～ 3mm。圓錐花序由頂生和側生的聚繖花序組成，長約 10 ～ 30cm；小穗披針狀卵形至卵狀橢圓形，長約 3 ～ 4.5mm；鱗片卵形至寬卵形，先端銳尖；花柱基部錐狀，長約 0.75 ～ 1mm，與瘦果同寬，宿存；柱頭 2 叉，裂至花柱一半長度。瘦果寬倒卵形，長約 1.5 ～ 1.8mm，寬約 1 ～ 1.5mm，兩面透鏡狀；下位剛毛 6 枚，長短不一，略長或略短於瘦果，具向上的順刺。

▶植株手繪圖。

三儉草

Rhynchospora corymbosa (L.) Britton

科 名 | 莎草科 Cyperaceae　　　　屬 名 | 刺子莞屬 *Rhynchospora*

莎草科

分布

　　熱帶非洲、亞洲及澳洲。臺灣分布於低海拔平地或山區池沼、溼地。

形態特徵

　　多年生溼生植物，地下根莖短而粗，稈近叢生，高約60～120cm，三稜形。葉線形，基生或莖生，長約50～100cm或更長，寬約1～2cm；葉鞘管狀，葉舌膜質。葉狀苞片3～5枚，長於花序，具葉鞘。聚繖花序頂生，3～4叢；小穗長披針形，長約0.8～1cm；下方鱗片不孕，長約2～4mm；上方可孕鱗片2枚，長約6～9mm；雄蕊2～3枚；柱頭1或2，基部膨大；花柱基部宿存，呈長錐狀，長約4～5mm，略長於瘦果。瘦果倒卵形至倒披針形，長約3～4mm，寬約1～2mm；下位剛毛6枚，長約4～5mm，具向上的順刺。

▲聚繖花序頂生，3～4叢。

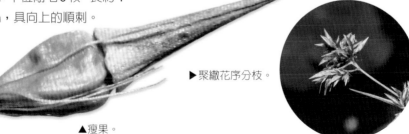

▲瘦果。

▶聚繖花序分枝。

370

馬來刺子莞

Rhynchospora malasica C. B. Clarke

科　名｜ 莎草科 Cyperaceae　　　屬　名｜ 刺子莞屬 *Rhynchospora*

分布

中國東南、韓國、日本、臺灣、馬來西亞、印尼、婆羅洲。臺灣僅南投日月潭及宜蘭雙連埤有紀錄。

形態特徵

多年生溼生植物，地下根莖橫走；稈高約 50 ～ 100cm，三角形。葉寬線形，基生或莖生，長於稈，寬約 5 ～ 9mm；葉鞘具膜質葉舌。花序長約 20cm，由 2 ～ 7 個頭狀花序排列於同一花序軸上；頭狀花序球狀，直徑約 1 ～ 1.5cm；小穗卵狀披針形至披針形，長約 6 ～ 7mm，灰褐色；鱗片 5 ～ 6 枚，下面 3 ～ 4 枚卵形，短於上面 2 枚；上面 2 枚鱗片披針狀卵形；柱頭 2 叉。瘦果倒卵形，長約 2 ～ 2.5mm，兩面透鏡狀；下位剛毛 6 枚，長約 3.4 ～ 4.5mm。

▶花序由數個頭狀花序排列於花軸上。

擬莞舅屬**Schoenoplectiella**：全世界約有51種；臺灣約有7種。
擬莞屬**Schoenoplectus**：全世界約有27種；臺灣有2種。

種檢索表				
❶稈叢生	❷無下位剛毛 —		小水莞 *S. lateriflorus*	
	❷下位剛毛4～6枚	❸稈三角形	❹根莖圓柱狀橫走，稈疏生；花序小穗數量少，苞片短 — 水毛花*S. mucronatus* subsp. *robustus*	
			❹根莖不為圓柱狀橫走，稈近叢生；花序小穗數量多，苞片長 — 疏稈水毛花*S. multiseta*	
		❸稈圓柱狀或多稜狀	❺鱗片卵圓形；下位剛毛約與瘦果等長或略長 — 大井氏水莞 *S. juncoides*	
			❺鱗片橢圓形至卵狀橢圓形；下位剛毛長於瘦果 — 臺灣水莞 *S. wallichii*	
❶稈單一	❻稈三稜形 —		蒲 *S. triqueter*	
	❻稈圓柱狀	❼花序僅具一枚小穗，小穗無柄 —	匍伏莞草 *S. lineolatus*	
		❼花序為聚繖花序，部分小穗具柄 —	莞*S. tabernaemontani*	

【註1】：根據分子生物的研究顯示，擬莞舅屬（*Schoenoplectiella*）植物與擬莞屬（*Schoenoplectus*）植物間的親緣關係是疏遠的，擬莞舅屬植物通常是一年生，植物體較矮小，花序通常由1或少數無梗的小穗聚成頭狀排列。擬莞屬植物通常為多年生，植物體較高大，小穗數量多，花序由分枝或不分枝的花梗聚成聚繖狀排列。

【註2】：「2017臺灣維管束植物紅皮書名錄」小水莞（*Schoenoplectiella supina* （Palla） Lye subsp. *lateriflora* （J. F. Gmel.） T. C. Hsu）應為*Schoenoplectiella lateriflora* （J. F. Gmel.） Lye（Lye, 2003；Hayasaka, 2012）。

大井氏水莞

Schoenoplectiella juncoides (Roxb.) Lye

科 名｜ 莎草科 Cyperaceae	屬 名｜ 擬莞舅屬 *Schoenoplectiella*
英文名｜ Bulrush	別 名｜ 螢藺

分布

　　印度、斯里蘭卡、馬來西亞、臺灣、琉球、日本、夏威夷、斐濟等地區。臺灣全島平地水田、沼澤溼地常見。

形態特徵

　　一年生挺水或溼生植物，無明顯的地下根莖；稈叢生，高約 15 ～ 70cm，圓柱形。不具葉片；葉鞘 3 ～ 4 枚，先端斜截形。花序假側生，由 2 ～ 8 個小穗聚集而成；苞片為稈的延伸，長約 5 ～ 15cm；小穗卵形至卵狀長橢圓形，長約 0.8 ～ 1.7cm；鱗片卵圓形，長約 3 ～ 4mm，寬約 1.8 ～ 2.7mm，頂端具短凸尖；雄蕊 3 枚；柱頭 2 或 3 叉。瘦果寬倒卵形，長約 1.8 ～ 2mm，寬約 1.5mm，平凸透鏡狀；下位剛毛 4 ～ 6 條，與瘦果等長或略長。

▲瘦果。

▲稈叢生，小穗卵形至卵狀長橢圓形。

▲果實已成熟的花序。

▶植株。

匍伏莞草

Schoenoplectiella lineolata (Franch. & Sav.) J. Jung & H. K. Choi

科　名	莎草科 Cyperaceae	屬　名	擬莞舅屬 *Schoenoplectiella*
英文名	Bulrush	別　名	蘭嶼莞、水尖仔

分布

　　日本、琉球及臺灣。在臺灣過去僅有兩個採集紀錄，一為宜蘭的蘇澳，另一為蘭嶼。筆者 2006 年在桃園平鎮地區採獲此一植物，推測本種在臺灣各地應該都有分布，只是較局限於特定的生育環境，因此採集紀錄較少。

形態特徵

　　多年生挺水或溼生植物，匍匐走莖細長；稈圓柱狀，高約 7 ～ 35cm，在走莖上明顯成一排，每節生一個稈；基部具葉鞘，長約 1 ～ 5cm。花序假側生，小穗單一，披針狀長橢圓形至狹長橢圓形，長約 7 ～ 10mm，寬約 2.5 ～ 3.5mm；鱗片長橢圓形或橢圓形，長約 3.8 ～ 4.5mm，寬約 1.8 ～ 2mm，先端銳尖；花柱細長，長約 4 ～ 5mm，柱頭 2 叉。瘦果寬倒卵形，長約 1.7 ～ 2.2mm，寬約 1.2 ～ 1.8mm，先端具短突，平凸透鏡狀；下位剛毛 4 ～ 5 枚，長約為瘦果的 2 倍。

▲生育環境（淺水）。

▲生育環境（乾季）。
◀稈單生，花序假側生，小穗單一。

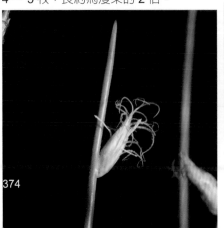

水毛花

Schoenoplectiella mucronata (L.) J. Jung & H. K. Choi subsp. *robusta* (Miq.) T. C. Hsu

科　名｜	莎草科 Cyperaceae	屬　名｜	擬莞舅屬 *Schoenoplectiella*
英文名｜	Roughseed bulrush		

分布

　　舊世界至澳洲。臺灣分布於低、中海拔湖沼、池塘、溼地等地區，最高可達海拔2000公尺左右。

形態特徵

　　多年生挺水植物，地下根莖短，稈近叢生；稈高可達45～130cm，三角形。葉鞘2～4枚。花序假側生，由5～20個小穗聚集而成；苞片為稈的延伸；小穗長橢圓形至披針形，長約1～2cm，寬約4～6mm，無柄；鱗片卵形至寬卵形，長約3.8～5mm，寬約2.5～3mm，上部邊緣具微毛，先端銳尖；柱頭3叉。瘦果寬倒卵形，長約2～2.5mm，寬約1.5～2mm，三面狀；下位剛毛5～6枚，長於瘦果。

▶水毛花常見於各地的湖沼中。

植物小事典

　　「細入水毛花 *Schoenoplectiella mucronata* （L.） J. Jung & H. K. Choi subsp. *robusta* （Miq.） T. C. Hsu f. *hosoiri* （Hayasaka & H. Ohashi） S. P. Li, *comb. nov.*」為早坂英介與大橋廣好 2000 年發表於日本《植物研究雜誌》（The Journal of Japanese Botany），分布於日本富山縣細入村的水毛花新品種（*Schoenoplectus mucronatus* （L.） Pall subsp. *robustus* （Miq.） T. Koyama f. *hosoiri* Hayasaka & H. Ohashi），其小穗具有長約 1cm 的總柄。林春吉（2009）所記載的神祕湖水毛花即是本種，臺灣目前僅見於宜蘭神祕湖。

▲水毛花花序上的不定芽。

▲水毛花花序假側生，由 5 ～ 20 個小穗聚集而成。

疏稈水毛花

Schoenoplectiella multiseta (Hayasaka & C. Sato) Hayasaka

科 名	莎草科 Cyperaceae	屬 名	擬莞草屬 *Schoenoplectiella*
文 獻	Hayasaka & Sato, 2004		

分布

　　原紀錄於日本本州及九州地區。臺灣發現於東北部宜蘭草埤、垻埤及新竹鴛鴦湖等地區。

形態特徵

　　多年生挺水植物，地下根莖橫走，稈疏生，單列，間距約 1.5 ～ 5cm；稈高約 56 ～ 134 cm，三角形。葉鞘 2 ～ 4 枚。花序假側生，由 5 ～ 16 個小穗聚集而成：苞片為稈的延伸，約 1 ～ 3.5cm 長；小穗長橢圓狀卵形，長約 7 ～ 11.5mm，寬約 3 ～ 4.5 mm，無柄；鱗片卵形，長約 3 ～ 4.5 mm，寬約 2 ～ 2.6 mm，先端具小短尖；柱頭 3 叉。瘦果寬倒卵形，長約 1.6 ～ 2.4 mm，寬約 1 ～ 1.7 mm，三面狀；下位剛毛 3 ～ 10 枚，長於瘦果。

▼疏稈水毛花葉狀苞片明顯較短。

植物小事典

　　本種過去均被當作是廣泛分布的水毛花，然而疏稈水毛花苞片短、鱗片先端具小短尖及地下根莖橫走、稈疏生等特徵，與水毛花有明顯的不同。在臺灣，疏稈水毛花僅見於東北部的少數湖沼溼地，分布甚為狹隘。

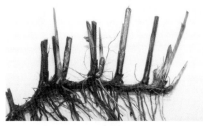

▲橫走的地下根莖可見明顯疏生的稈枝。

▲湖畔的疏稈水毛花（鴛鴦湖）。

臺灣水莞

Schoenoplectiella wallichii (Nees) Lye

| 科 名 | 莎草科 Cyperaceae | 屬 名 | 擬莞舅屬 *Schoenoplectiella* |

別 名 | 豬毛草

分布

印度阿薩姆邦、緬甸、越南、中國、韓國、日本、臺灣、菲律賓等地區。臺灣分布於平地稻田、沼澤等潮溼有水的地方。

形態特徵

一年生溼生植物，無明顯根莖；稈叢生，高約 10～40cm，圓柱狀，4 或 5 稜，葉退化，具 3～4 枚葉鞘，先端具短凸尖。花序假側生，由 1～4 枚小穗聚集而成；苞片為稈的延伸，長約 6～16cm；小穗披針形至卵狀長橢圓形，長約 8～20mm，寬約 3～4mm；鱗片橢圓形至卵狀橢圓形，長約 3.5～4mm，寬約 2.5mm，先端邊緣有毛，具短凸尖；柱頭 2 叉。瘦果寬倒卵形，長約 1.5～1.8mm，寬約 1.5mm，平凸透鏡狀，表面具不明顯皺紋；下位剛毛 4 或 5 枚，長於瘦果。

▲與大井氏水莞相似，小穗深綠色是第一眼辨識的依據。

◀種子下位剛毛 4 或 5 枚，長於瘦果。

▶花序。

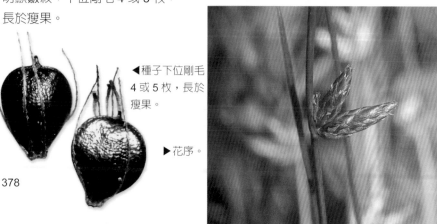

莞

Schoenoplectus tabernaemontani (C. C. Gmel.) Palla

科　名	莎草科 Cyperaceae	屬　名	擬莞屬 *Schoenoplectus*
英文名	Bass, Blackrush, Softstem bulrush	別　名	大水莞

分布

南亞馬來西亞、臺灣、太平洋群島、澳洲、美洲等溫帶及熱帶地區。臺灣分布於平地沿海地區溼地、河口等地區。

形態特徵

多年生挺水或溼生植物，地下根莖橫走；稈單一，高約 70 ～ 120cm，圓柱形。葉退化，僅有葉鞘 3 ～ 5 枚。聚繖花序假側生，由 3 ～ 8 個輻射枝組成，輻射枝長約 4 ～ 8cm；苞片短，與稈同形，為稈的延伸，長約 1 ～ 3cm；小穗卵形至卵狀橢圓形，長約 0.6 ～ 1.5cm，寬約 3 ～ 4mm；鱗片卵形至橢圓形，長約 2.5 ～ 3.2mm，背部中間具突起小點，邊緣具毛，先端微凹，中肋具短凸尖；柱頭 2 叉，長於花柱。瘦果倒卵形，不相等的兩面透鏡狀，長約 2 ～ 2.5mm；下位剛毛 2 ～ 6 條，約等長於瘦果。

▲莞為生長在沿海地區的莎草科植物中，屬較中型的種類。

◀鱗片先端微凹，中肋凸尖。

◀花序假側生，不仔細觀察容易看成頂生。

蒲

Schoenoplectus triqueter (L.) Palla

科 名 | 莎草科 Cyperaceae	屬 名 | 擬莞屬 *Schoenoplectus*
英文名 | Bulrush, Chair-maker's rush	別 名 | 大甲藺

分布

　　廣泛分布於亞洲、南歐、地中海地區。臺灣分布於西部及東北部等河口或沿海地區。

形態特徵

　　多年生挺水或溼生植物，地下根莖橫走；稈單一，高可達 1m，三角形。葉短小或退化成葉鞘，生於稈的基部，1 ～ 3 枚。花序假側生，由 3 ～ 15 個小穗組成；苞片與稈同形，為稈的延伸，長約 2 ～ 7cm；小穗長橢圓形至卵狀長橢圓形，長約 0.7 ～ 1.2cm，寬約 5 ～ 7mm；鱗片橢圓形至長橢圓形，長約 3.5 ～ 4mm，寬約 2.5mm，邊緣具微毛，先端微凹呈二齒狀；柱頭 2 叉。瘦果倒卵形，不相等的兩面透鏡狀，長約 2.5 ～ 3mm，寬約 1.5 ～ 2mm；下位剛毛 4 ～ 6 枚，約與瘦果等長。本種俗稱「大甲藺」，是製作草蓆和草帽的重要材料。

▲蒲和單葉鹹草的用途相似，除稈均呈三角形外，花序形態完全不同。

◀花序假側生，由 3 ～ 15 個小穗組成，小穗卵形至長橢圓形。

▶瘦果。

大莞草

Scirpus ternatanus Reinw. *ex* Miq.

科　名 | 莎草科 Cyperaceae

屬　名 | 莞屬 *Scirpus*

分布

　　喜馬拉雅、西藏、阿薩姆邦、孟加拉、中國、中南半島緬甸、泰國、越南、日本、臺灣、菲律賓、印尼、爪哇、婆羅洲至新幾內亞等地區。臺灣主要分布於全島低海拔地區溼地、林緣、滲水坡面、溪水邊等潮溼有水的環境。

形態特徵

　　多年生大型草本，直立或蔓延狀，植株可達 1～2m，葉基生或稈生；稈粗壯，三稜狀，末端常具不定芽。葉堅硬，革質，寬線形，長 20～50cm，寬 8～15mm，葉緣粗糙易割傷皮膚。聚繖花序或複聚繖花序頂生，輻射分枝多。葉狀苞片 5～6 枚，長於花序。小穗寬橢圓狀至卵形，頂端圓鈍，長約 3～6mm，無柄，4～10 枚聚成頭狀；鱗片寬倒卵形至三角狀卵形，長約 1～1.25mm，寬約 0.7～0.9mm；下位剛毛無，或有時 2～3 枚，長於瘦果；柱頭 2 叉。瘦果寬倒卵形，兩面凸透鏡狀。

▲大莞草植株大型。

▲花序分枝由寬橢圓狀至卵形的小穗 4～10 枚聚成頭狀。

◀聚繖或複聚繖花序頂生。

穀精草屬**Eriocaulon**：全世界約有470種；臺灣有9種。

種檢索表					
①雌花萼片分離	**②**雌花具花瓣	**③**雌花萼片線形至倒橢圓狀線形	**④**雌花萼片2枚 ── 菲律賓穀精草 *E. truncatum*		
			④雌花萼片3枚	**⑤**花托有毛；雌花花瓣先端不具黑色腺體 ── 南投穀精草 *E. nantoens*	
				⑤花托光滑無毛；雌花花瓣於先端微凹處具黑色腺體 ── 尼泊爾穀精草 *E. nepalense*	
		③雌花花萼舟狀 ── 大葉穀精草 *E. sexangulare*			
	②雌花無花瓣	**⑥**雄花萼片3裂 ── 小穀精草 *E. cinereum*			
		⑥雄花萼片2深裂 ── 小島氏穀精草 *E. odashimai*			
①雌花萼片合生成佛燄苞狀	**⑦**花苞片上有明顯的白色囊狀附屬物	**⑧**葉長10cm以上 ── 連萼穀精草 *E. buergerianum*			
		⑧葉長10cm以下 ── 七星山穀精草 *E. chishingsanensis*			
	⑦花苞片上有明顯的白色囊狀附屬物少，近乎無 ── 松羅湖穀精草 *Eriocaulon sp.*				

連萼穀精草

Eriocaulon buergerianum Koernicke

科　名｜ 穀精草科 Eriocaulaceae　　　　屬　名｜ 穀精草屬 *Eriocaulon*

文　獻｜ 馬 , 1991；陳 , 2001；Zhang, 1999；Li *et al*., 2000

分布

　　中國、韓國、日本至琉球。臺灣主要生長在海拔 1300 公尺以下的稻田和溼地。

形態特徵

　　生長在沼澤或淺水地區的一年生溼生植物，葉帶狀，長 6 ～ 21cm，寬 0.3 ～ 1cm。半球形的花序頂生，直徑約 0.5 ～ 0.6cm，生長在一長的花軸上，花軸螺旋狀。總花苞寬卵形，膜質；總花托具密至疏毛；花苞片倒卵形，先端三角形，基部楔形，先端及背面三角形區域密被白色囊狀附屬物。雄花在花序的中央，花萼佛燄苞狀，向一面開口，先端 3 裂至 3 淺裂，先端具白色囊狀附屬物；花冠筒狀，頂端裂片 3，具有黑色腺體及少許白色囊狀附屬物；雄蕊 6 枚，花藥黑色。雌花位於花序的周邊，花萼合生成佛燄苞狀，所以被稱為「連萼穀精草」，花萼頂端 3 裂，先端及背面具白色囊狀附屬物；花瓣 3 枚，分離，披針形，內面有毛，頂端具黑色腺體及少許白色囊狀附屬物。種子橢圓形，具橫向六角形網紋，表面具有「T」字形的附屬物。在臺灣所產的穀精草植物中，連萼穀精草的葉片在基部呈寬帶狀，向頂端慢慢變尖，可以很明顯和其他種類區別。

▲植株（草埤）。

▲花序呈半球形。

穀精草科

▲種子。

　　張慶恩教授在《臺灣植物誌》第一版（1978）曾發表「七星山穀精草 *E. chishingshanensis* Chang」，並指出七星山穀精草的總花托上有毛、花苞鈍、較小的葉片等特徵，不同於連萼穀精草。過去有關「連萼群」的穀精草，也就是雌花花萼合生的這一群，包含了典型的連萼穀精草及後來發現於七星山夢幻湖的七星山穀精草。

　　筆者在 1999 年於松蘿湖採集到一種個體更小的連萼群穀精草，在檢視這三大類的穀精草之後，發現三者的特徵在植株大小及毛被物多寡上有連續性的變化，另外筆者也曾在夢幻湖中發現植株大小與典型連萼穀精草一樣的植株；而松蘿湖所發現的穀精草，在植株大小上明顯最小，毛被物也最稀少，七星山穀精草正好介於連萼穀精草與松蘿湖所發現的穀精草之間。因此，筆者認為這可能是生育環境上所造成的生態型差異，因此在《臺灣植物誌》第二版（2000）中，將七星山穀精草處理為連萼穀精草的同物異名。

　　不過陳奐宇（2001）仍認為七星山穀精草為一獨立的分類群，並把松蘿湖發現的這個穀精草鑑定為七星山穀精草；他提到如果要解決目前的歧見，應一併處理所有連萼群的種類。

　　根據以往的文獻及標本鑑定，可以發現過去許多連萼穀精草都被鑑定為「高山穀精草 *E. alpestre*」，它的分布比連萼穀精草更廣，包含整個東亞及南亞地區，而連萼穀精草僅分布於東亞地區；其次，分布於日本的特有種 *E. atrumu* 也和此處所談的幾個物種在特徵上都有很相似的地方，它們之間的關係有待更進一步釐清。

▼七星山穀精草（夢幻湖，2000 年）。

▲七星山穀精草外觀與典型連萼穀精草相似的植株（夢幻湖，2000 年）。

▲松蘿湖穀精草高度在 10cm 以下（松蘿湖，1999 年）。

▲夢幻湖的七星山穀精草老熟植株會呈平鋪狀（2000 年）。

七星山穀精草

Eriocaulon chishingsanensis Chang

科　名｜ 穀精草科 Eriocaulaceae　　　　　　屬　名｜ 穀精草屬 *Eriocaulon*

分布

　　僅見於陽明山國家公園七星山夢幻湖。

形態特徵

　　一年生草本，葉帶狀，光滑無毛，長 4 ～ 10 cm，寬 2 ～ 5mm，先端漸尖。花序頭狀，半球形，高約 3mm，直徑約 5mm；花序軸長約 4 ～ 15cm，具 4 ～ 6稜，扭轉狀；總苞寬卵形，膜質，淺褐色，光滑，長 1.5 ～ 2mm，寬約 1.5mm，先端圓至鈍；總花托具毛。花苞片倒披針形，2mm 長，1mm 寬，先端三角形，基部楔形；上部邊緣及背面三角形區域具有白色囊狀附屬物。雄花花萼佛燄苞狀，向一面開口，倒卵形，先端淺 3 裂至截形，長約 1.5mm，寬約 0.9mm，上部邊緣具白色囊狀附屬物；花冠筒狀，頂端 3 裂，先端具黑色腺體，頂端白色囊狀附屬物；花藥 6 枚，黑色。雌花花萼佛燄苞狀，向一面開口，寬卵形，約 2mm 長，

▲成熟植株。

先端微 3 裂，上部邊緣具白色囊狀附屬物，內側被毛；花瓣 3 枚，分離，披針形，1.5mm 長，0.5mm 寬，頂端具微小黑色腺體，基部楔形，內側被疏毛；子房 3 室，光滑；柱頭 3 叉，長於花柱或等長。種子長橢圓形至橢圓體狀，0.8 ～ 1mm長，具橫向網紋，表面具「T」字形的附屬物。

◀生育環境。

植物小事典

　　本種不同於連萼穀精草，在於七星山穀精草爲較小的葉片、葉片長度在 10cm 以下、花苞片上面白色囊狀物較少、雌花苞片先端爲 3 裂、花柱的長度短於柱頭的長度及蒴果的長度。若從外觀來看，連萼穀精草葉片較爲狹長，加上抽出來的花序，使得連萼穀精草的植株顯得較爲瘦高；七星山穀精草葉片較短，植株就不像連萼穀精草那種瘦長的外觀。

▲未開花植株。

▲花序。

▲半球形花序上可見明顯白色囊狀附屬物。

▲植株。

小穀精草

Eriocaulon cinereum R. Br.

科 名	穀精草科 Eriocaulaceae	屬 名	穀精草屬 *Eriocaulon*
英文名	Pipewort	別 名	白藥穀精草

分布

　　澳洲、韓國、日本、琉球、中國、菲律賓、馬來西亞、越南、印尼、印度、尼泊爾、斯里蘭卡、非洲。臺灣過去全島低海拔稻田、溼地均有分布，現今以北部地區較為常見。

形態特徵

　　一年生挺水或沉水植物，葉帶狀，長 1.5 ～ 7.5cm，寬 1 ～ 2mm。花序卵形，不同於其他的種類，直徑約 3 ～ 4mm，生長在一長的花軸上，花軸扭轉狀。總花苞倒卵形，膜質；總花托具毛；花苞橢圓形至披針狀橢圓形，光滑或背面具少許白色囊狀附屬物。雄花花萼佛燄苞狀，頂端 3 裂，具白色囊狀附屬物；花冠筒狀，頂端裂片 3，具白色囊狀附屬物；雄蕊 6 枚。雌花萼片 2 或 3 枚，絲狀，無花瓣。種子為寬卵形，具橫向六角形網紋，上面沒有任何的附屬物。看到名字就可以知道，這種植物在穀精草中是較小的，同時也是臺灣穀精草植物中唯一可以沉水生長的種類，因此在水族箱中常常可以看到它。

▲種子呈寬卵形。

▲花序外觀呈卵形。

▲小穀精草常聚集成群生長。

南投穀精草

Eriocaulon nantoens Hayata

科 名 | 穀精草科 Eriocaulaceae　　　屬 名 | 穀精草屬 *Eriocaulon*

分布

　　中國及臺灣。臺灣主要分布於南投地區，北部亦有紀錄，標本館的採集紀錄都在 1940 年之前。原以為其於野外已消失，直至 2007 年標本館才再重見其於日月潭地區的採集紀錄，然僅單一生育地且族群數量亦不穩定。

形態特徵

　　一年生溼生植物，葉帶狀，長約 2 ～ 8cm，寬約 2 ～ 5mm，先端尖至漸尖。花序頭狀，半球形，直徑約 3 ～ 4mm；花軸長約 15 ～ 38cm，具 4 ～ 5 稜，扭轉狀；總苞片倒卵形，膜質，淺褐色；總花托具密毛；花的苞片倒卵形至倒披針形，先端具有白色囊狀附屬物。雄花花萼佛燄苞狀，向一面開口，帶黑色，先端淺至 3 深裂，先端及背面具白色囊狀附屬物；花冠 3 裂，頂端具少許白色囊狀附屬物；雄蕊 6 枚，花藥黑色。雌花花萼 3 枚，分離，倒披針形至線形，黑色，先端及背面具白色囊狀附屬物；花瓣 3 枚，倒披針形至線形，淺黃色，先端尖，無黑色腺體，具少許白色囊狀附屬物。子房 3 室，柱頭 3 叉。種子橢圓形，淺褐色，表面具有橫向網格，具有「I」字形的附屬物。

▲植株手繪圖。

◀葉於基部叢生狀。

▲半球狀的花序密生白色囊狀附屬物。

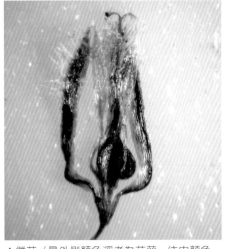

▲雌花（最外側顏色深者為花萼，往內顏色較淡者為花瓣）。

▲植株生育環境。

▲南投穀精草有明顯伸長的莖部。

尼泊爾穀精草

Eriocaulon nepalense Prescott *ex* Bongard

科　名	穀精草科 Eriocaulaceae	屬　名	穀精草屬 *Eriocaulon*
別　名	蓮花池穀精草		

分布

　　印度、尼泊爾、泰國、緬甸、日本、中國。臺灣主要分布於南投地區，桃園亦曾有紀錄，現今野外已很難見到。

形態特徵

　　一年生溼生植物，葉帶狀，長約 16 ～ 40cm，寬約 7 ～ 10mm，先端漸尖。花序頭狀，半球形，直徑約 5 ～ 6mm；花軸長約 10 ～ 22cm，具 5 稜，扭轉狀；總苞片倒卵形，膜質，光滑；總花托無毛；花苞倒卵形，黑色，頂端及背面具白色囊狀附屬物。雄花花萼佛燄苞狀，頂端 3 裂或深 3 裂，頂端邊緣具白色囊狀附屬物；花冠裂片 3，頂端具黑色腺體及少許白色囊狀附屬物；雄蕊 6 枚，花藥黑色。雌花花萼 3 枚，分離，倒披針形至線形，黑色，上部背面具白色囊狀附屬物；花瓣 3 枚，倒披針形，被毛，先端微凹，具黑色腺體，頂端具稀疏白色囊狀附屬物。子房 3 室，花柱 3 叉。種子橢圓形或卵形，表面具橫向網格，具有「I」字形的附屬物。

▼植株手繪圖。

◀花序半球形。

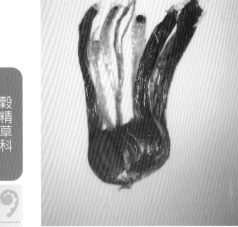

◀種子已成熟的雌花（最外側顏色深者為花萼，內側顏色淺者為花瓣，花瓣先端可見黑色腺體）。

▲橢圓體狀的種子表面具「I」字形附屬物。

◀花序半球狀，密生白色囊狀附屬物。

▲植物葉片於基部呈叢生狀。

小島氏穀精草

Eriocaulon odashimai Masamune

科　名｜ 穀精草科 Eriocaulaceae　　　　屬　名｜ 穀精草屬 *Eriocaulon*

別　名｜ 泰山穀精草

分布

中國及臺灣。臺灣僅發現於嘉義地區。

形態特徵

一年生溼生植物，葉帶狀，長約 2 ～ 4cm，寬約 1.5 ～ 3mm。花序頭狀，卵形，直徑約 3mm；花軸長約 7 ～ 14cm，具 5 稜，扭轉狀；總苞片倒卵形，膜質，淺褐色，光滑；總花托具毛；花苞倒卵形，光滑。雄花花萼佛燄苞狀，光滑，2 深裂至花萼的一半長度；花冠筒狀，裂片 3，光滑；雄蕊 5 枚，花藥黑色。雌花花萼 2 或 3，分離，絲狀，光滑；花瓣通常無，若有為 3 枚，絲狀。子房 3 室，花柱 3 叉。種子橢圓形，黃色，表面具橫向網格，無凸起附屬物。

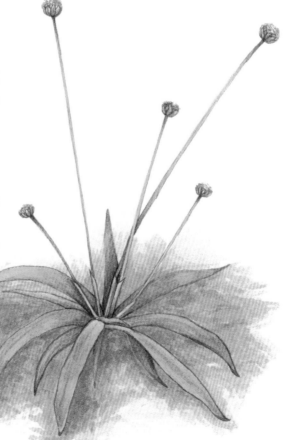

▲ 植株手繪圖。

植物小事典

　　本種最早為筆者等（2000）根據採於嘉義地區的標本發表為泰山穀精草，陳
奐宇（2001）在檢視標本時，發現一份藏於臺大植物標本館的模式標本，正宗嚴
敬於 1943 年根據這份標本，發表了小島氏穀精草 *E. odashimai*。筆者檢視了這份
標本後，也同意陳奐宇的看法，泰山穀精草應為「小島氏穀精草」的同物異名。

▲花序。

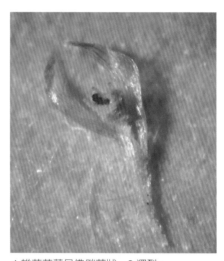

▲雄花花萼呈佛燄苞狀，2 深裂。

▲橢圓體狀種子表面的橫格。

大葉穀精草

Eriocaulon sexangulare L.

科 名｜穀精草科 Eriocaulaceae　　　　屬 名｜穀精草屬 *Eriocaulon*

分布

中國、日本、印度、斯里蘭卡、越南、馬來西亞、菲律賓。臺灣分布於低海拔地區的水田、溼地。

形態特徵

生長在沼澤或淺水地區的一年生溼生或挺水植物，葉帶狀，長 16 ～ 40cm，寬 0.7 ～ 1cm。在穀精草中這是葉形最大的種類，所以稱為「大葉穀精草」。圓筒狀的花序是很容易辨識的特徵，花序上的苞片頂端常具有白色囊狀附屬物，花序直徑約 5 ～ 7mm，生長在一長的花軸上，花軸扭轉狀。總苞片寬卵形，質硬；總花托無毛；花苞寬倒卵形，密生白色囊狀附屬物。雄花花萼合生成筒狀；花冠裂片 3，頂端具白色囊狀附屬物；雄蕊 5 或 6 枚，花藥黑色。雌花的萼片 2 枚呈舟狀，邊緣呈翅狀，和其他的種類有很大不同；花瓣 3 枚，分離，線形，頂端具少許白色囊狀附屬物。種子卵形，具橫向六角形網紋，上面也具有「T」字形的附屬物。

▲果實已成熟的雌花（萼片呈舟狀）。

▲花序圓筒狀，花序上的苞片頂端具有白色囊狀附屬物。

◀葉片寬大是大葉穀精草名字的由來。

植物小事典

　　古文中記載穀精草是「穀田餘氣所生」，所以稱這類的植物為「穀精草」，在中藥上主要治療眼疾。大葉穀精草是臺灣所產穀精草屬植物中最容易辨識的種類，植株大型、葉片寬大、花序呈圓筒狀等特徵，任何初學者一看就可以辨別。另外如果從花部的構造來看，它的雌花萼片有兩枚，像是兩個小舟相對，側面（背部）呈翅狀，穀精草屬中具有這樣特徵的種類並不多。臺灣所產的大葉穀精草主要分布於北部地區，最南只有到臺中市大甲的紀錄。

▲花序。

▲植株（桃園平鎮）。

▲植株。

菲律賓穀精草

Eriocaulon truncatum Buch.-Ham *ex* Mart.

科 名 | 穀精草科 Eriocaulaceae　　　　　　屬 名 | 穀精草屬 *Eriocaulon*

分布

　　菲律賓、泰國、斯里蘭卡、印度、日本、中國南部。本種是穀精草屬植物在臺灣分布最廣的種類，各地潮溼的沼澤、稻田均有分布。

形態特徵

　　一年生溼生植物，葉帶狀線形，長約 2 ～ 10cm，寬約 2 ～ 5mm。頭狀花序半球形，直徑長約 4 ～ 5mm，生長在一長的花軸上，花軸扭轉狀。總花苞橢圓形至倒卵形；總花托無毛或具疏毛；花苞倒卵形，光滑，上半部黑色。雄花在花序的中央，花萼佛燄苞狀，頂端 2 裂或深 2 裂或淺 3 裂；花冠裂片 3，具黑色腺體及少許白色囊狀附屬物；雄蕊 6 枚，花藥黑色。雌花位於花序的周邊，花萼 2 枚，線形，黑色或淺褐色；花瓣 3 枚，倒披針形至線形，邊緣及內側具有毛，頂端具少許白色囊狀附屬物及腺體。種子橢圓形，淡黃色，表面具有不規則帶狀突起。

▲花序呈半球狀。

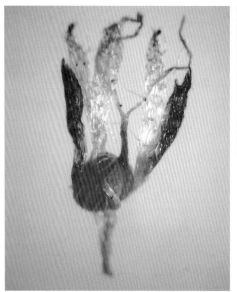

▲橢圓體狀的種子，表面具不規則帶狀突起。

▲種子已成熟的雌花（外側 2 枚黑色為花萼，内側淺褐色 3 枚為花瓣）。

▲植株。

松蘿湖穀精草

Eriocaulon sp.

科　名｜ 穀精草科 Eriocaulaceae　　　　屬　名｜ 穀精草屬 *Eriocaulon*

分布

　　僅見於東北部新北市烏來海拔 1300 公尺的松蘿湖。

形態特徵

　　小型的草本，葉帶狀，線狀披針形，光滑，長 3 ～ 7.5cm，寬 1 ～ 4mm，先端漸尖，葉脈 4 ～ 5 條。花序軸光滑，長約 7 ～ 10cm，具 4 ～ 5 稜，扭轉狀；頭狀花序，半球形，高度約 2mm，直徑約 3mm；總苞卵形，膜質，淺褐色，光滑，長約 1.8mm，寬約 1 ～ 1.2mm，先端鈍；總花托具毛；花苞片倒卵形，長約 2mm，寬約 0.7 ～ 0.9mm，先端三角形；上部邊緣及背面三角形區域具疏白色囊狀附屬物或幾乎沒有。雄花花萼佛燄苞狀，長 1.3 ～ 1.5mm，向一面開口，頂端 3 裂，上部邊緣具疏白色囊狀附屬物；花冠筒狀，頂端 3 裂，裂片三角形，光滑，頂端具黑色腺體；花藥 6 枚，黑色。雌花花萼佛燄苞狀，光滑，長 1.5 ～ 1.9mm，寬 0.7 ～ 0.9mm，先端 3 裂，頂端具疏白色囊狀附屬物；花瓣 3 枚，離生，披針形，長 1.5 ～ 1.7mm，寬 0.2 ～ 0.3mm，頂端具微小黑色腺體及少量白色囊狀附屬物；子房 3 室，光滑；柱頭三叉，短於花柱；種子長橢圓形至橢圓體狀，長 0.8 ～ 0.9mm，表面具橫向網紋。

▲生育環境（松蘿湖）。

植物小事典

本種植株矮小，葉片長度均在8cm以下，花苞片上的白色囊狀附屬物明顯稀少；頭狀花序上的花朵數量大都在30以下，少數可至34朵；花柱、柱頭、蒴果之比例則與連萼穀精草較相似。陳奐宇（2001）認為本種應為「七星山穀精草」，此處認為以上述之特徵有別於七星山穀精草。其次，山林開放，大量遊客湧入，對湖沼溼地生態造成極大的影響，松蘿湖穀精草在松蘿湖中的族群原本就不大，人群的踩踏對物種造成極大的威脅，此處也呼籲大眾及相關單位能加以重視，讓山林湖水能在渺渺雲霧中孕育更豐富的自然生態。

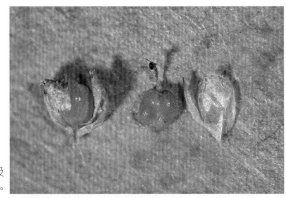

▶果實（左）及雌花花萼（右）。

▲植株高度在8cm以下。

簀藻屬**Blyxa**：約13種；臺灣有3種。

種檢索表

❶莖明顯 ——
　　　　　　　　　　　　　日本簀藻 *B. japonica*

❶莖短縮，不顯著
　　　　❷種子兩端具尾狀突起 ——
　　　　　　　　　　　　　有尾簀藻 *B. echinosperm*

　　　　❷種子兩端無尾狀突起 ——
　　　　　　　　　　　　　瘤果簀藻 *B. aubertii*

瘤果簀藻

Blyxa aubertii Rich.

| 科 名 | 水鱉科 Hydrocharitaceae | 屬 名 | 簀藻屬 *Blyxa* |
| 別 名 | 無尾水蓑 | 文 獻 | Cook & Lüönd, 1983 |

分布

　　從印度、斯里蘭卡至馬來西亞、中國、臺灣、琉球、日本、韓國等亞洲地區，以及澳洲、東非、馬達加斯加等地區，目前已歸化至北美洲。臺灣主要生長在低海拔水田、流動的小溝渠等淺水地方。

形態特徵

　　一年生沉水性植物；葉叢生，帶狀，長約 5 ～ 60cm 或更長，寬約 0.4 ～ 1.2cm，質地薄而易碎，先端銳尖。開花時花朵挺出水面，兩性；花瓣 3 枚，線形，白色；雄蕊 3 枚，絲狀；子房下位。果實圓柱狀，種子橢圓形，長約 1.2 ～ 1.8mm，表面平滑或具有瘤狀突起。

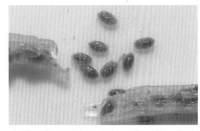

▲種子像是細小的米粒，表面有一些突起。

▲花朵挺出水面。

▲植株呈叢生狀。

有尾簀藻

Blyxa echinosperma (C. B. Clarke) Hook. f.

科　名｜　水鱉科 Hydrocharitaceae

屬　名｜　簀藻屬 *Blyxa*

別　名｜　有尾水蓆、臺灣簀藻

分布

　　熱帶及亞熱帶亞洲及澳洲。臺灣的生育環境與瘤果簀藻大致相似。

形態特徵

　　本種外形與瘤果簀藻幾乎相同，不過本種的種子兩端具有長約 5mm 的尾狀突起，可與瘤果簀藻區別。

▲伸出水面的花朵。

▲種子兩端具有尾狀突起，可與瘤果簀藻區別。

▲生育在溝渠中的植株。

▲生長在靜止環境的植株。

日本簀藻

Blyxa japonica (Miq.) Maxim. *ex* Asch. & Gürke

科 名 | 水鱉科 Hydrocharitaceae　　屬 名 | 簀藻屬 *Blyxa*

別 名 | 日本水蒒

分布

　　尼泊爾、印度、中國、臺灣、日本、韓國等南亞及東亞地區。臺灣主要分布於北部桃園、臺北、基隆、宜蘭等地區的水田、溝渠、池塘等有水的地方。

形態特徵

　　一年生沉水植物，莖細且柔弱，具分枝，長約10～20cm。葉細長，線形，長約5～15cm，先端漸尖。花兩性，挺出水面，長3～8mm，花瓣3枚，線形，白色；雄蕊3枚，絲狀；子房下位。果實圓柱狀，長約1～2cm；種子紡錘狀，平滑。本種具有明顯的匍匐莖，與其他兩種簀藻短縮的莖有明顯不同，且日本簀藻的植株常帶紅色。

▲植株帶紅色。

▲花朵挺出水面。

▲本種具有明顯的莖，且日本簀藻的植株常帶紅色，與其他兩種簀藻有明顯的不同。

水蘊草

Egeria densa Planch.

科　名｜	水鱉科 Hydrocharitaceae	屬　名｜	水蘊草屬 *Egeria*
英文名｜	Anacharis, Dense waterweed	文　獻｜	Cook & Urmi-König,1984a

分布

　　原產南美洲巴西，目前已歸化至全世界各地。臺灣低海拔的溝渠中均可發現。

形態特徵

　　多年生沉水植物，莖圓形，細長，可達 1～2m。葉 3～6 枚輪生，通常為 4 枚，線形，長約 1～4cm，寬約 2～5mm。花單性，腋生，挺出水面；雄花白色，花瓣 3 枚，卵圓形，長約 0.7～1.2cm，雄蕊黃色。臺灣尚未發現雌株的個體。

▲水蘊草的根、莖柔軟，常用來種植於水族箱中。

▲生育環境（食水嵙溪）。

405

植物小事典

　　水蘊草最早被帶離其原產地的紀錄約在 1893 年左右，臺灣何時引進則不得而知，目前仍被廣泛使用於自然科教學及水族箱的造景，在野外溝渠中生長的時間已久。

　　許多人常對水蘊草和臺灣原生的水王孫混淆，兩者都有相似線形的輪生葉，的確很不容易辨別，從三個部位的特徵可以很容易來辨識。第一：水王孫葉腋處有 2 枚褐色鱗片，水蘊草則沒有。第二：水蘊草的花挺出水面，花瓣 3 枚，白色，臺灣只有雄性植株。水王孫的雌花浮貼水面，花被 6 枚，淡白色；雄花則是脫離植株自由漂浮於水面。第三：水王孫具有休眠芽，水蘊草則沒有。

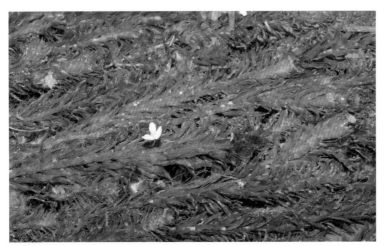

▲植株。

▲花單性，腋生，挺出水面，白色花瓣 3 枚。

鹽藻屬**Halophila**：約24種；臺灣有3種。

種檢索表

❶葉長橢圓形，葉寬少於4mm ─── 貝克喜鹽草 *H. beccarii*

❶葉橢圓形至卵形，葉寬大於5mm

❷葉兩面有毛 ─── 毛葉鹽藻 *H. decipiens*

❷葉面無毛 ─── 卵葉鹽藻 *H. ovalis*

貝克喜鹽藻

Halophila beccarii Asch.

科　名｜ 水鱉科 Hydrocharitaceae　　　　屬　名｜ 鹽藻屬 *Halophila*

文　獻｜ Yang *et al.*, 2002；Mok *et al.*, 1993；Kuo, 2020

分布

　　孟加拉灣及南中國海，臺灣是本種分布最北界限。臺灣僅發現於西南沿海一帶鹽田及海灘。

形態特徵

　　多年生沉水植物，莖纖細，匍匐生長，節間約 1 ～ 2cm，每節只有一條根。直立莖短，長約 1cm。葉 4 ～ 10 枚簇生於直立莖頂端，葉片長橢圓形，長約 0.6 ～ 1.1cm，寬約 1 ～ 2mm，葉柄長約 1 ～ 2cm。花單性，雌雄同株，雄佛燄苞具長柄，內有雄花一朵；雌佛燄苞無柄，具雌花一朵，花柱細長，絲狀，頂端 2 叉。果實卵形，長約 0.5 ～ 1.5mm。

植物小事典

　　臺灣鹽藻屬植物有 3 種，最早有紀錄的種類是卵葉鹽藻，毛葉鹽藻是1993 年才在南灣水深 2 ～ 40 公尺的海底發現。至於貝克喜鹽藻雖然早在1954 年正宗嚴敬的《臺灣維管束植物目錄》一書中有記載，但僅有一個學名的名錄，此外並無任何相關文獻或標本描述，因此在 1978 年《臺灣植物誌》第一版中以疑問種來處理。

　　直到林春吉（2000）才又記載分布於西南沿海的嘉義地區；《臺灣植物誌》第二版（2000）也正式記載分布於屏東東港，但並無標本或其他描述，根據楊遠波教授等（2001）的說法，此一紀錄為一張標本照片。柯智仁（2004）在其碩士論文中就有很明確的引證標本分布於嘉義白水湖地區。貝克喜鹽藻和其他兩種最大的不同，在於本種的葉呈長橢圓形，且葉片多枚簇生於直立莖頂端；另兩種則葉呈橢圓形，僅 2 枚葉片長於節上。

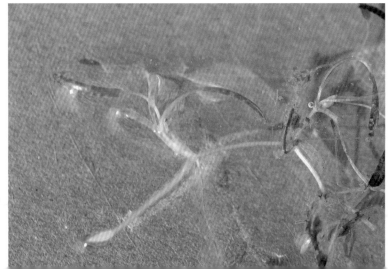

▶植株。

卵葉鹽藻

Halophila ovalis (R. Br.) Hook. f.

科　名｜	水鱉科 Hydrocharitaceae	屬　名｜	鹽藻屬 *Halophila*
英文名｜	Sea wrack	文　獻｜	kuo, 2020

分布

　　廣泛分布於熱帶印度洋至西太平洋地區。臺灣主要分布於西南沿海地區鹽田、海灘等地方。

形態特徵

　　多年生沉水植物，莖纖細，匍匐生長，節間約 1 ～ 5cm，每節只有一條根，節上具 2 枚鱗片。葉 2 枚，自鱗片腋部長出，具長柄；葉身橢圓形，長約 2 ～ 4cm，寬約 1 ～ 2cm；葉脈明顯，羽狀，9 ～ 18 對，具圍緣脈。花單性，雌雄異株，具佛燄苞。果實近球形，長約 0.5 ～ 1cm，具 0.2 ～ 0.5cm 的喙。

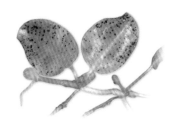

▲葉身橢圓形，葉面無毛。

▲葉基部的鱗片。

▲每節葉片 2 枚，葉具有長柄。

水王孫

Hydrilla verticillata (L. f.) Royle

科　名	水鱉科 Hydrocharitaceae	屬　名	水王孫屬 *Hydrilla*
英文名	Water thyme	別　名	黑藻
文　獻	Cook & Lüönd, 1982b		

分布

　　廣泛分布於舊世界歐洲、亞洲、澳洲、非洲等地區。臺灣主要生長在全島水田、溝渠或池塘中。

形態特徵

　　多年生沉水性植物，莖、葉柔軟。葉長條形，長約 1.5cm，無柄，3～8 枚輪生，邊緣有鋸齒，葉腋具有 2 枚褐色小鱗片。花單性，雌雄同株或異株。雄佛燄苞近球形，腋生，成熟時脫離植株，藉反捲的萼片及花瓣使花朵漂浮在水面上。雌佛燄苞管狀，腋生，苞內雌花一朵，沒有花梗；萼片、花瓣各 3 枚，匙形，開放時浮於水面。藉由風力或水流，可使雄花漂到雌花附近，達到傳粉的目的。同科植物「水蘊草」，外形與水王孫很相似，但水蘊草的花朵具有花梗將其挺出水面、白色花瓣 3 枚、花朵較大型等特徵可以和水王孫區別。

▲雌花。

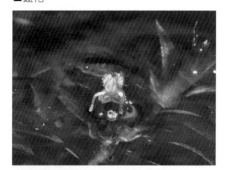
▲雄花脫離植株漂浮於水面。

▶植株（具休眠芽）。

水鱉

Hydrocharis dubia (Blume) Backer

科　名｜	水鱉科 Hydrocharitaceae		屬　名｜	水鱉屬 *Hydrocharis*
英文名｜	Frogbit		別　名｜	白蘋、馬尿花
文　獻｜	Cook & Lüönd, 1982a			

分布

　　南亞、東亞及澳洲東部，中國南、北各地均有分布。臺灣是否有水鱉的分布一直都有爭議，不過目前都是人為栽種的植株。

形態特徵

　　葉漂浮於水面，具有走莖，可行營養繁殖；冬季於節間形成越冬芽，隔年氣溫回升時，可重新生長。葉圓腎形，長約 3 ～ 5cm，寬約 4 ～ 5cm；具長柄，下表面具有一蜂窩狀的通氣組織，葉脈 5 條，具有一枚長約 3cm 的托葉。花單性，雌雄同株，花瓣 3 枚，白色，直徑約 1cm。果實圓球形，漿果狀，內有種子多數，種子橢圓形，表面有許多突起。

▲雌花。

▲古籍中對水鱉的描述為有馬蹄形的葉子及白色小花（雄花）。

植物小事典

　　水鱉屬植物在全世界有 3 個種類，非洲有一種，歐亞及北美有一種，另一種就是本種。與本種最近的種類是分布於歐洲的 *H. morsus-ranae* L.，中間隔著西側的喜馬拉雅山脈，可見其起源是完全不同的。臺灣有關水鱉的記載可追溯自 1914 年早田文藏博士的《臺灣植物圖譜》第四卷，不過裡面僅有一行文字敘述：生育地恆春（根據藏於臺大植物標本館的標本）。《臺灣植物誌》第一版及第二版則都根據川上瀧彌與伊藤於 1909 年在屏東恆春的採集紀錄，從植物地理分布的角度來看，臺灣應在其分布範圍之內，由於除前面所提的紀錄之外，並無任何新的記載，因此過去曾有質疑水鱉在臺灣是否真正存在過，或是可能將外形相近的水金英誤認為本種，筆者未曾見過相關的標本證據，故此處不作評論。

▲休眠芽於冬季形成。

▲果實。

▲種子。

▲葉下表面具蜂窩狀通氣組織。

茨藻屬**Najas**：約30～40種；臺灣有7種。

種檢索表

❶莖具刺；葉寬於2mm，葉緣齒牙狀 ——
大茨藻 *N. marina*

❶莖無刺；葉寬小於1.5mm，葉緣細齒狀

❷葉耳三角形

❸葉耳長三角形 ——
拂尾藻 *N. graminea*

❸葉耳短三角形 ——
布朗氏茨藻 *N. browniana*

❷葉耳圓形、截形至撕裂狀

❹葉耳圓形 ——
彎果茨藻 *N. ancistrocarpa*

❹葉耳截形至撕裂狀

❺果實及種子狹橢圓形，頂端稍彎曲；種子表面網紋狹扁呈梯狀排列 —— 小茨藻 *N. minor*

❺果實及種子橢圓形，不彎曲；種子表面網紋近方形或縱長形

❻種子表面網紋近方形 —— 印度茨藻 *N. indica*

❻種子表面網紋縱長形 —— 纖細茨藻 *N. gracillima*

瓜達魯帕茨藻

Najas guadalupensis (Sprengel) Magnus

科 名│ 水鱉科 Hydrocharitaceae

屬 名│ 茨藻屬 *Najas*

分布

原產美洲，臺灣為水族引進栽植供觀賞，亦有種植於池塘中作為沉水植物。

形態特徵

雌雄同株，莖多分枝，光滑，易斷，直徑小於 1mm。葉互生（近對生），叢生狀；線狀披針形，先端尖，長約 2.5～3cm，寬約 1～1.6mm，邊緣具細小的微齒；葉鞘圓形，邊緣具細小微齒。花腋生，雌花長約 1.5～2mm，柱頭 4 裂。種子長橢圓形，長約 1.2～2.5mm，網室橫寬形，約有 20 縱列。

▲葉緣具細小微齒，葉鞘圓形。

▲葉呈叢生狀生長。

▲植株多分枝，枝節易斷。

拂尾藻

Najas graminea Delile

科　名｜	水鱉科 Hydrocharitaceae	屬　名｜	茨藻屬 *Najas*
英文名｜	Bushy pondweed	別　名｜	塵尾藻

水鱉科

分布

　　分布於溫帶和熱帶的歐洲、非洲、亞洲和澳洲，目前已歸化於北美洲地區。臺灣主要生長於全島的水田、池塘和溝渠中。

形態特徵

　　一年生植物，植物體柔軟，纖弱，枝條容易斷。葉片線形，長約 1～3cm，寬約 1mm，邊緣微齒狀，葉基擴大成鞘，包住莖部，葉耳長三角形。花單性，腋生，雄花橢圓形，無佛燄苞，雌花無佛燄苞和花被。果實長橢圓形，種子上具有六角形的網紋。本屬植物個體都很小，且很相似，除葉片形態外，葉耳的形態常是鑑別的依據。

▲葉耳長三角形。

▲葉緣微齒狀。

▲種子。

▲拂尾藻是最常見的茨藻屬植物（可見左上之雄花及中間之雌花）。

415

印度茨藻

Najas indica (Willd.) Cham.

科 名	水鱉科 Hydrocharitaceae
英文名	Water-nymph

屬 名	茨藻屬 *Najas*
文 獻	Triest,1988

分布

熱帶、亞熱帶亞洲地區。臺灣分布於全島各地水田、溝渠及池塘中。

形態特徵

一年生沉水植物，植株纖細易折斷，莖圓柱狀，光滑。葉線形，長約 1～3cm，寬約 0.2～1mm，葉緣具細齒。葉鞘抱莖，葉耳截形，齒緣。花單性，腋生；雄花橢圓形，具佛燄苞，雄 1 枚，花藥 4 室；雌花橢圓形，無佛燄苞，花柱 2 叉。瘦果長橢圓形，長約 2～2.5mm。種子長橢圓形，表面具四方形網紋。

▲種子表面具橫向網格。

▲植株葉緣具鋸齒，可見雄花（左）與雌花（右）。

Triest & Uotila 在 1986 年根據日本的一份標本，發表一個新種東方茨藻 N. orientalis Triest & Uotila，角野康郎認爲這個植物和多孔茨藻 N. foveolate A. Br. 非常相似，對於東方茨藻種的獨立性存疑。Triest & Uotila 也認爲臺灣所產的印度茨藻應是東方茨藻的誤訂，《中國植物誌》第八卷（1992）則是將印度茨藻列爲東方茨藻的同物異名，角野康郎在《日本水草圖鑑》（1994）中則將印度茨藻列爲多孔茨藻的同物異名；楊遠波教授等（2001）在其《臺灣水生植物圖誌》中也提及《中國植物誌》（1992）曾將中華茨藻 N. chinensis Wang 列爲東方茨藻的同物異名，因此東方茨藻的有效學名應爲 N. chinensis，由於未見模式標本，並未有任何處理；不過楊遠波教授在《臺灣植物誌》第二版（2000）中使用的中名卻爲「中華茨藻」，學名仍用 N. indica。從上面的論述中不難發現，有關的問題仍需再釐清，才能確定這些植物種類間的定位。

▲葉耳截形，雌花生長於葉腋。

小茨藻
Najas minor Allioni

科　名	水鱉科 Hydrocharitaceae	屬　名	茨藻屬 *Najas*
英文名	Naiad		

分布

　　歐洲、非洲、亞洲和北美洲等溫暖的地區。臺灣分布於全島低海拔地區水田、溝渠、水池等地方。

形態特徵

　　一年生沉水植物，莖纖細，光滑。葉線形，扁平，頂端微彎，長約 0.7～2.2cm，寬約 0.6～1mm，先端漸尖，鋸齒緣；葉鞘長約 1～2mm；葉耳圓截形至撕裂狀，齒緣。花單性，單生於葉腋，雄花生於一瓶狀佛燄苞中；雌花無佛燄苞和花被，花柱 2 叉。種子長橢圓形，頂端微彎曲，網紋寬度大於長度。

植物小事典

　　臺灣的沉水性單子葉植物中，較小型葉輪生的種類，除了水王孫之外，就是「茨藻屬」植物，茨藻這類的植物大都長得很像，加上可以辨識的特徵不多且很微小，常需要藉助解剖顯微鏡來觀察，因此光從外觀並不容易辨識是什麼種類。茨藻的植株一般都很纖細而易斷，葉緣通常鋸齒狀，葉基部呈鞘狀，具有葉耳。葉耳的形態是第一個辨識茨藻的重要特徵，小茨藻的葉耳呈截形至撕裂狀，和它相似的種類有印度茨藻及纖細茨藻。第二個重要的特徵是種子的外形及上面的網紋，小茨藻的種子頂端微彎，種子表面的網紋呈橫扁的梯狀排列；而印度茨藻及纖細茨藻的種子不彎曲，種子表面網紋是縱長形或近方形。

◀葉緣具微齒，花腋生。

▲植物纖細易斷，葉耳截形。

▲種子（橫長的網格如梯子般）。

水車前草

Ottelia alismoides (L.) Pers.

科　名	水鱉科 Hydrocharitaceae	屬　名	水車前草屬 *Ottelia*
別　名	龍舌草	文　獻	Cook *et al.*,1984；Cook & Urmi-König,1984b

分布

　　亞洲熱帶及溫帶地區、澳洲。臺灣主要分布於北部及西部低海拔水田或池塘中。

形態特徵

　　一年生沉水植物。葉基生，膜質，翠綠色或深綠色；葉身窄橢圓形至廣卵形、卵狀橢圓形，長約 8 ～ 12cm，寬約 5 ～ 8cm，大小隨環境變化很大，葉身最長可達 40cm，寬可達 20cm；具有長柄，最長可達 50cm。花兩性，佛燄苞橢圓狀，長約 2 ～ 4cm，具 3 ～ 6 條縱翅；花單一，花瓣 3 枚，白色、淡粉紅色，倒卵形，長約 1.5cm；子房下位。果實圓柱狀，長約 2 ～ 5cm；種子細小，多數，紡錘狀。

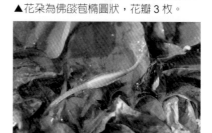

▲花朵為佛燄苞橢圓狀，花瓣 3 枚。

▲果實。

▲窄橢圓形至廣卵形、卵狀橢圓形的葉形與陸生的「車前草」相似而得名。

泰來藻

Thalassia hemprichii (Ehrenb.) Asch.

| 科 名 | 水鱉科 Hydrocharitaceae | 屬 名 | 泰來藻屬 *Thalassia* |

分布

　　東非、紅海、印度、斯里蘭卡至馬來西亞、南中國、臺灣、琉球等西太平洋地區。臺灣主要分布於南部南灣及後壁湖一帶海域潮間帶，離島綠島、小琉球也有分布。

形態特徵

　　多年生沉水植物，地下莖匍匐生長，具明顯的節與節間，節上長出直立短莖。葉帶狀，由短莖長出，長約 6～12cm，寬約 4～8mm，先端平圓，基部具膜質葉鞘。雌雄異株，具佛燄苞；雄花具長梗，雌花無梗。果實近球形，長約 2～2.5cm。

▲地下莖及根部。

▲植株葉基部呈鞘狀。

▲葉先端平圓。

▶植株生長於岩礁碎石灘地。

苦草

Vallisneria spiralis L.

科　名	水鱉科 Hydrocharitaceae		屬　名	苦草屬 *Vallisneria*
英文名	Ribbon-weed, Eel-grass		文　獻	Lowden, 1982

分布

　　歐洲及東南亞地區。臺灣的族群應為外來歸化的結果，主要生長在流動的溝渠中。

形態特徵

　　多年生沉水性單子葉植物，莖短不明顯。葉柔軟，叢生，帶狀，寬度通常少於1cm，先端鈍，邊緣有細鋸齒。雄佛燄苞卵形，扁平，具有1～2cm 的花梗，佛燄苞內含有多數的雄花；成熟時，佛燄苞頂端開裂，雄花脫離植株浮出水面。雌佛燄苞管狀，花梗甚長，螺旋狀，將花梗挺至水面。具有走莖可以迅速繁殖，常形成由單一個體營養繁殖而成的族群。

▶ 植株（雌花花梗呈螺旋狀生長）。

▲ 雄花序。

▲ 雄花從佛燄苞中釋放出來漂浮於水面上。

燈心草屬 Juncus：約315種；臺灣約有10種，水生約8種。

種檢索表

❶ 柱狀，葉退化，稈圓
- ❷ 稈直立生長，直徑 1.5mm 以上 —— 燈心草 *J. decipien*
- ❷ 稈柔軟，直立或傾斜，直徑 1mm 以下 —— 鴛鴦湖燈心草 *J. tobdeniorum*

❶ 葉片明顯
- ❸ 葉身側扁略呈鐮刀狀 —— 錢蒲 *J. prismatocarpus* subsp. *leshenaultii*
- ❸ 葉身扁線形、圓柱狀或絲狀
  - ❹ 葉身扁線形
    - ❺ 葉身禾草狀，約 5～6mm 寬 —— 禾葉燈心草 *J. marginatus*
    - ❺ 葉身寬僅約 1～2mm
      - ❻ 葉身寬約 1mm，花序聚繖狀 —— 小燈心草 *J. bufonius*
      - ❻ 葉身寬約 2mm，花序總狀 —— 郭氏燈心草 *J. kuohii*
  - ❹ 葉身圓柱狀或絲狀
    - ❺ 葉身圓柱狀，具隔板 —— 小葉燈心草 *J. wallichianus*
    - ❺ 葉身絲狀，不具隔板
      - ❻ 花序僅 1～3 朵花聚成頭狀 —— 玉山燈心草 *J. triflorus*
      - ❻ 花序聚繖狀
        - ❼ 葉身具縱溝，葉鞘邊緣半透明 —— 絲葉燈心草 *J. imbricatus*
        - ❼ 葉身不具縱溝，葉鞘邊緣綠色 —— 阿里山燈心草 *J. tenuis*

燈心草

Juncus decipiens (Buchenau) Nakai

科　名｜	燈心草科 Juncaceae
英文名｜	Common rush, Soft rush

屬　名｜	燈心草屬 *Juncus*
文　獻｜	Wilson & Johnson, 1997

分布

　　印度阿薩姆邦、寮國、泰國、馬來半島、中國東南、滿洲、韓國、日本、臺灣、菲律賓、婆羅洲、新幾內亞等地區。臺灣從低海拔至中海拔湖泊、池沼、水邊、路邊潮溼的地方均有分布。

形態特徵

　　多年生挺水或溼生植物，高約30～90cm 或 1m 以上；地下根莖短，橫走；稈直立，圓形，直徑約 1.5～3mm，成簇生長。葉呈鞘狀或鱗片狀，長約 1～20cm，帶棕色。聚繖花序假側生，總苞片生於頂端，似稈的延伸；花被片 6 枚，線狀披針形；雄蕊 3 枚，短於花被片。蒴果倒卵形至橢圓形，3 裂。

▶生育環境。

▲成熟果實。

▲稈直立，圓形，聚繖花序假側生。

423

絲葉燈心草

Juncus imbricatus Laharpe

歸化種

科 名｜ 燈心草科 Juncaceae

屬 名｜ 燈心草屬 *Juncus*

文 獻｜ Jung *et al*., 2012

分布

　　原產南美洲及墨西哥，現已歸化於南非、澳洲、葡萄牙等地區。臺灣最早主要發現於北臺灣，目前各地低海拔潮溼的地方亦有發現。

形態特徵

　　多年生草本，稈叢生，高約 15 ～ 45cm。葉短於花序頂端，絲狀，腹側具 1 寬約 0.6 ～ 1mm 的縱溝；葉頂端漸成圓筒狀，先端尖細。葉鞘約 1 ～ 6cm 長，邊緣膜質半透明，頂端耳狀。聚繖花序頂生，分枝位於同一側；最下方花序苞片與葉身相似，2.5 ～ 7cm 長。花被 6 枚，披針形，中肋綠色，邊緣透明狀，約 3mm 長，內側三枚略短於外側三枚。蒴果橢圓體狀，約 3mm 長，略短於花被或等長，頂端鈍圓至截狀。雄蕊 6 枚，花柱 1。種子褐色，卵狀橢圓形，約 0.4 ～ 0.6mm 長。

植物小事典

　　本種與阿里山燈心草極為相似，然本種葉身具縱溝及葉鞘邊緣半透明等特徵，與阿里山燈心草可明顯區別。

▲花序（果實已成熟）。

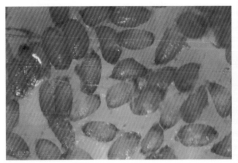
▲種子。

▶植株。

錢蒲

Juncus prismatocarpus R. Brown subsp. *leshenaultii* (Laharpe) Kirschner

科　名｜ 燈心草科 Juncaceae	屬　名｜ 燈心草屬 *Juncus*
文　獻｜ Snogerup *et al.*, 2002	

分布

　　廣泛分布於印度、東喜馬拉雅、中南半島、中國、堪察加、韓國、日本、臺灣、印尼、新幾內亞等地區。臺灣從平地到中、高海拔地區的稻田、溪流、溝渠、路邊、湖邊等潮溼及淺水的地方均有分布。

形態特徵

　　多年生溼生植物，稈圓柱形或稍扁，高約 10 ～ 60cm。葉線形，扁平，長約 10 ～ 20cm，寬約 5mm，先端漸尖，基部鞘狀。花序由多數頭狀花序排成聚繖狀；頭狀花序扁平，由 3 ～ 7 朵花組成；花被 6 枚，雄蕊 3 枚，柱頭 3 叉。蒴果三稜狀，種子倒卵形。

▲花序上的花朵。

▲生育環境（大甲溪河床）。

▲果實已成熟的花序。

鴛鴦湖燈心草

Juncus tobdeniorum Noltie

科　名 | 燈心草科 Juncaceae

屬　名 | 燈心草屬 *Juncus*

分布

　　印度及臺灣。臺灣僅發現於鴛鴦湖及其鄰近地區。

形態特徵

　　多年生溼生植物，地下根莖短，橫走；稈成簇生長，直立、傾斜至倒臥狀，圓柱狀，具一淺溝，直徑約 0.6～1mm，長度約 39～92cm，稈內髓心白色。葉鞘狀，包圍於稈基部，褐色，長約 2.5～10cm，先端斜截。聚繖花序假側生，排列疏鬆，花約 10～30 朵；總苞片生於頂端，似稈的延伸，長約 8～25cm，頂端針狀；小苞片 2 枚，寬卵形，長約 0.8～1mm，寬約 0.5mm，先端銳尖至凸尖；花被片披針形，長約 1.7～2.9mm，寬約 0.28～0.6mm，先端漸尖；雄蕊 3 枚，花絲長約 0.9mm，花藥長約 0.5mm；子房長約 0.9mm；花柱長約 0.9mm，約與子房等長，柱頭 3 叉。蒴果橢圓形，長約 2.4～2.7mm，頂端具長約 0.2～0.3mm 的尾狀突起。種子卵狀橢圓形，長約 0.48～0.52mm，寬約 0.22～0.28mm，黃褐色，表面具橫向網紋。本種稈纖細、植株常呈倒伏狀、花序的花數量少等特徵，可與燈心草明顯區別。

▲種子。

▲生育環境。

植物小事典

　　本種最早為林春吉 2000 年於鴛鴦湖畔發現，並將標本送給筆者處理，因當時手邊的資料及所得資訊不足，標本就這樣一直擱在櫃子裡。2004 年夏天筆者再度來到鴛鴦湖（第一次到鴛鴦湖是在 1982 年），才親自觀察並採得此一植物。一開始由於還沒有鑑定出種類學名，因此在撰寫本書的時候並沒有考慮要放入書中，後來覺得這種燈心草和其他的燈心草有很明顯不同，而且確定是一個新的紀錄或新種，所以又把它加入書中，並給它「鴛鴦湖燈心草」的中文名，但學名則未確定。在整理手中有關燈心草的一些新文獻時，發現 Noltie 在 1998 年所發表的一份文獻中記載了印度北方喜馬拉雅山區錫金的一個新種。詳細加以比對，鴛鴦湖這株燈心草除了植株較高外，其餘花部及果實、種子的特徵都符合，在所採得的標本中，部分較矮小的植株，也和 Noltie 所記載的最大植株高度接近。

▶花序排列稀疏。

▲果實已成熟的花序。

玉山燈心草

Juncus triflorus Ohwi

科　名｜　燈心草科 Juncaceae

屬　名｜　燈心草屬 *Juncus*

分布

　　高海拔 2300 ～ 3600 公尺山區潮溼的地方。

形態特徵

　　多年生草本，根莖極短，成簇生長，植物體纖細，斜上生長或下垂，長約 5 ～ 27cm。低出葉 1 ～ 3 枚，葉鞘狀，約 1 ～ 2cm 長，頂端退化成長約 0.5 ～ 2.5mm 的短尖頭或無。基生葉 1 ～ 2 枚，絲狀，略扁，長可達 27cm，具 2 ～ 3 條側脈，上表面中肋微凹，顯微鏡下葉先端為鈍頭；葉鞘 2 ～ 3.7cm 長，先端耳狀。稈圓柱狀，具稜，莖生葉 1 或 2 枚，長於花序頂端。花序頂生，1 ～ 3 朵花聚成頭狀，花無梗；具 2 枚卵形苞片，苞片先端尖，長約 4 ～ 7mm，寬約 3mm，褐色，有時最外一枚具長的芒尖且長於花序，全長約 1.5cm。花被片線狀披針形，長約 4 ～ 7mm，寬約 0.6 ～ 0.8mm，帶綠色，先端尖。雄蕊 6 枚，花絲細長，略短於花被片，長約 5mm；花藥長約 1.2 ～ 1.5mm。花柱短，0.4 ～ 0.8mm；柱頭三叉，約 0.4 ～ 1mm 長。果實倒卵狀橢圓形，三稜狀，略短於花被片或等長，約 4 ～ 6mm 長，淺黃色。種子外為一白色膜狀附屬物包覆，兩端呈長紡錘狀，全長約 1.6 ～ 2mm；種子卵狀橢圓形，長約 0.6mm，寬約 0.28mm。

▲植株。

植物小事典

　　玉山燈心草最早是由早田文藏博士根據中源原治（G. Nakahara）1905年採於玉山的標本，以學名 *Juncus maximowiczi* Buch. 記載於 1908 年的《臺灣高山植物誌》，此一學名的植物為分布於中國、日本、韓國等地區；而在 1911 年的「臺灣植物資料」中，早田文藏博士則將其更改為 *Juncus modicus* N. E. Brown，此學名植物為中國的特有種。至 1937 年大井次三郎（J. Ohwi）根據其在臺灣所採的標本，於《植物研究雜誌》發表新種 *Juncus triflorus* Ohwi，為臺灣特有種，並將 *Juncus modicus* N. E. Brown 列為它的同種異名。之後，佐竹義輔（Y. Satake）於 1938 年的《植物研究雜誌》以松田英二（E. Matuda）於 1919 年採於能高山的標本為模式，發表了一個新種的名稱 *Juncus takasagomontanus* Satake，並將早田文藏博士於「臺灣植物資料」中所記載的 *Juncus modicus* N. E. Brown 列為本種的同種異名。《臺灣植物誌》第一版（1978）及第二版（2000）則均採用 *Juncus triflorus* Ohwi 這個學名。鍾明哲 2013 年發表郭氏燈心草（*Juncus kuohii* M. J. Jung）新種時，在文中的檢索表中列出了學名 *Juncus maximowiczii* Buchenau，似乎是認為玉山燈心草應該是 *Juncus maximowiczii* Buchenau。比對佐竹義輔對 *Juncus takasagomontanus* Satake 的描述，似乎還是與大井次三郎所

◀花序由 1～3 朵花聚成頭狀。

▲植株呈下垂狀生長。

◀植株。

描述的 *Juncus triflorus* Ohwi 一樣，並無不同。倒是筆者觀察合歡山地區的玉山燈心草，花被片的頂端均是尖的（acute），並沒有看到如大井次三郎與佐竹義輔二者所敘述的花被片頂端是鈍的（obtuse）；其次，*Juncus modicus* N. E. Brown（多花燈心草）頭狀花序為 4～8 朵，玉山燈心草的頭狀花序為 1～3 朵花。與 *Juncus maximowiczii* Buchenau 相比較，玉山燈心草的植株略長於 *Juncus maximowiczii* Buchenau；玉山燈心草花被片的長度也長於 *Juncus maximowiczii* Buchenau，但花被片的寬度則較 *Juncus maximowiczii* Buchenau 為窄；此外，*Juncus maximowiczii* Buchenau 花被片頂端鈍，而玉山燈心草被片頂端是尖的。根據筆者的

觀察，玉山燈心草許多特徵仍不同於 *Juncus maximowiczii* Buchenau 與 *Juncus modicus* N. E. Brown，所以此處還是採用 *Juncus triflorus* Ohwi 這個學名。從文獻上來看，上述三者的特徵均有相似之處，也有不同的地方，要釐清此處的問題，除了對本身臺灣各地的玉山燈心草再做更多的觀察之外，最好也能同時再比對此三者的植物標本，在特徵的界定上也要有一致的標準。

▲種子。

▲潮溼山壁上的植株。

▲生長於潮溼山壁的族群。

小葉燈心草

Juncus wallichianus Laharpe

科　名	燈心草科 Juncaceae	屬　名	燈心草屬 *Juncus*
別　名	大井氏燈心草	文　獻	Wilson & Johnson, 1997

分布

臺灣分布於桃園、新竹地區沼澤溼地。

形態特徵

多年生溼生植物，高約20～60cm，地下根莖橫走；稈成簇生長，圓柱形，具明顯橫隔。葉基生或莖生，圓柱狀，具明顯橫隔；基部鞘狀，葉鞘上端邊緣耳狀。花序由多數頭狀花序排成聚繖狀；花被6枚，雄蕊3枚。蒴果橢圓形，頂端凸尖；種子長卵形，先端尖或短凸尖，具有明顯的四邊形網格。

植物小事典

大井氏燈心草原爲高木村先生1978年發表於《臺灣植物誌》第一版的新種，由於《臺灣植物誌》第一版中小葉燈心草所有的引證標本都是錢蒲 *J. prismatocarpus*，因此楊遠波教授等（2001）在其《臺灣水生植物圖誌》一書中，將「大井氏燈心草」處理爲「小葉燈心草 *J. wallichianus*」的同物異名。筆者在比對實物及標本後，也發現本種的種子爲「長卵形」，然而《臺灣植物誌》中對種子的描述則爲「倒卵形」，與實際的情形有所不同。從各部位特徵來看，本種應屬小葉燈心草。

▲稈圓柱狀。

▶果實已成熟的花序（蒴果頂端凸尖）。

431

田蔥

Philydrum lanuginosum Banks & Sol. *ex* Gaertn.

科　名｜ 田蔥科 Philydraceae　　　屬　名｜ 田蔥屬 *Philydrum*

英文名｜ Frogsmouth

分布

東南亞及澳洲。臺灣分布於新竹以北地區，主要生長在潮溼的沼澤地。

形態特徵

生長在潮溼地區的多年生植物，葉劍形，基部呈鞘狀，排成二列，植株看起來呈扁平狀。開花時高度可達 150cm 以上，花序穗狀，具有白色綿毛；花兩性，黃色，左右對稱，生於葉腋的苞片內；花被片 4 枚呈二列，外面 2 枚較內側 2 枚大；大的花瓣卵圓形，先端尖，長約 1.6cm，寬約 1.3cm；小的花瓣長約 8 ～ 9mm，寬約 2 ～ 3mm。雄蕊 1 枚，長約 8mm，花藥捲曲狀。子房密布白色綿毛，花柱光滑，柱頭單一。蒴果橢圓形，種子黑色。

▲葉片排列使得植株外觀呈扁平狀。

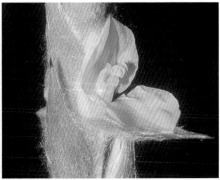

▲花朵。

◀花序穗狀，花黃色。

432

田蔥科

稗

Echinochloa crus-galli (L.) P. Beauv.

科　名｜ 禾本科 Poaceae

屬　名｜ 稗屬 *Echinochloa*

英文名｜ Barnyard grass

分布

　　熱帶亞洲及非洲。臺灣全島低海拔稻田、溝渠等潮溼的地方很常見。

形態特徵

　　一年生溼生植物，高約50～150cm，稈圓形，中空。葉線形，長15～40cm，寬1.2～1.4cm；葉鞘長約10～15cm，無葉舌。圓錐花序頂生，穗軸粗糙；小穗卵形，排列成指狀，基部具白毛；穎具微毛，脈上有粗剛毛，外穎長為小穗的1／2～1／3，內穎與小穗等長；下為外稃具0.5～4cm的芒。

▲小穗呈卵形。

▲葉鞘無葉舌。

▲如果不是農夫的除草，稗在水田中還是很強勢的。

水禾

Hygroryza aristata (Retz.) Nees *ex* Wight & Arn.

科　名 | 禾本科 Poaceae　　　　　屬　名 | 水禾屬 *Hygroryza*

英文名 | Wild floating rice

分布

　　印度、斯里蘭卡、印尼、馬來西亞、中國、臺灣等熱帶亞洲地區。臺灣僅發現於宜蘭蘇澳冷泉地區，現今全臺的個體都是外來引入。

形態特徵

　　多年生浮葉或挺水植物，莖匍匐生長，節處生根。葉身長卵形至長卵狀橢圓形，長約 2～5cm，寬約 0.5～1.7cm；葉鞘膨大呈囊狀，具橫隔脈；葉舌膜質，截形，長約 0.8mm。圓錐花序頂生，長約 2～5cm，小穗長約1.8～2cm，只有一朵花；穎退化；外稃與小穗等長，具長約 1cm 的長芒；外稃背部具細刺毛；內稃具刺毛。

▲葉鞘呈囊狀構造，可漂浮於水面。

▲水禾在臺灣僅發現於蘇澳冷泉。

柳葉箬

Isachne globosa (Thunb.) O. Kuntze

科　名 | 禾本科 Poaceae

英文名 | Globose zo-sasa

屬　名 | 柳葉箬屬 *Isachne*

分布

　　廣泛分布於東南亞、日本至澳洲。臺灣分布於各地平地水田、池塘、沼澤、灌溉溝渠旁等潮溼的地方，繁殖力極強。

形態特徵

　　多年生溼生植物，稈基部匍匐，上部直立，高約 30 ～ 60cm，常形成大片族群。葉披針形，長約 3 ～ 10cm，寬約 3 ～ 8mm，先端漸尖，基部鈍，兩面均被毛；葉鞘短於節間，葉鞘邊緣具毛；葉舌纖毛狀，長約 1 ～ 2mm。圓錐花序外觀呈卵狀，長約 3 ～ 11cm；小穗具 2 朵小花，卵狀球形，長約 2 ～ 2.5mm，淡綠色或成熟後帶紫褐色；外穎、內穎約等長，先端鈍或圓。穎果近球形。本種開花時，小花的花柱明顯呈紫紅色，成群生長非常顯目。

▲沼澤地成群生長的植物，開花期紫紅色的小毛很吸引人。

▲本種開花時，小花的花柱明顯呈紫紅色，成群生長非常顯目。

◀葉鞘邊緣有毛。

435

李氏禾

Leersia hexandra Sw.

科　名	禾本科 Poaceae
英文名	Bareet grass, Southern cutgrass

屬　名 | 李氏禾屬 *Leersia*

LC

分布

　　泛熱帶分布。臺灣全島低海拔水田、溝渠、池塘、沼澤溼地等潮溼的地方相當常見。

形態特徵

　　多年生挺水植物，稈下半部常匍匐於地面，或於開闊水面植株匍匐水面，稈挺水的部分近地面處常呈屈曲狀，節處膨大且有一圈白色毛。葉身長約 5～15cm，寬約 0.5cm，葉緣粗糙，常會割傷皮膚；葉舌短，膜質。圓錐花序頂生，小穗扁壓狀，只有一朵花，不具內外穎，無芒；外稃龍骨狀，舟形；內稃與外稃等長，龍骨上具刺毛。

▲穎果。

▲本種稈節處的一圈白毛，是明顯的辨識特徵。

▲生長於水邊，常游走於水面上。

野生稻

Oryza rufipogon Griff.

科　名｜ 禾本科 Poaceae	屬　名｜ 稻屬 *Oryza*
英文名｜ Native rice	文　獻｜ 范等, 2000；Duistermaat,1987

禾本科

分布

　　斯里蘭卡、印度、孟加拉、緬甸、泰國、越南、中國、馬來西亞、菲律賓、爪哇、婆羅洲、新幾內亞、澳洲、南美巴西等地區。臺灣僅分布於桃園地區，近年來已無野生個體。

形態特徵

　　多年生溼生或挺水植物，成簇生長或匍匐生長。稈傾伏生長、浮水，或斜上至直立生長，約70～90cm長，有時可達 3m。葉長約 27 ～ 60cm，寬 約 0.7 ～ 2.5cm，邊緣粗糙；葉舌三角形，長約 0.9 ～ 3.8cm。圓錐花序排列疏鬆、短縮，長約 12 ～ 30cm；小穗橢圓形至倒卵狀橢圓形、披針形，斜插於小穗軸上，長約 7.3 ～ 11.4mm，寬約 1.95 ～ 4.4mm；穎長約 0.3mm；外稃邊緣彎曲狀，被毛，芒長可達 11cm；內稃約與外稃等長，被毛。穎果橢圓形、披針形至倒卵狀披針形，長約 5.2 ～ 6.7mm，寬約 1.4 ～ 2mm。

植物小事典

　　根據研究顯示栽培的稻 *O. sativa* 是源自於野生稻，在部分地區野生稻仍被拿來食用，但並未被人工栽植。

▲開花植株。

▲野生稻的葉鞘與葉舌。

▲植株成簇生長。

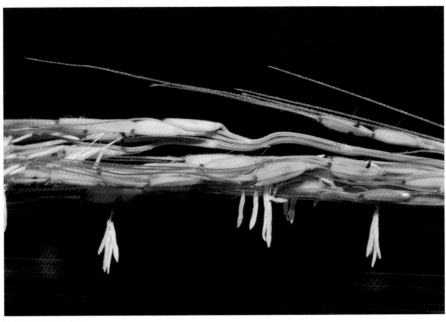

▲野生稻的花與芒。

稻

Oryza sativa L.

| 科　名┃ | 禾本科 Poaceae | 屬　名┃ | 稻屬 *Oryza* |

| 英文名┃ | Rice, Paddy rice |

禾本科

分布

　　亞洲地區，目前世界各地廣泛栽種，數千年前就被人們栽植為重要的食物，臺灣全島低海拔地區均有栽植。

形態特徵

　　一或多年生挺水或溼生植物，高約1m，稈圓柱形，中空，有節。葉身長約20～80cm，寬約1～1.2cm；葉舌長約1～2cm。圓錐花序頂生，成熟時下垂；小穗只有一朵花，長約7mm；穎極小，披針形，長約2～2.5mm；內稃與外稃等長，具刺毛；無芒。穎果長約5mm。本種和野生稻的區別在於花藥長約4～6.2mm，穎果寬約2.2～3.8mm；野生稻的花藥長約0.8～2.2mm，穎果寬約1.4～2.2mm。

▲每一個小穗只有一朵小花。

▲幼株。

植物小事典

　　稻米、小麥和玉米是人類食物三大來源，而稻米更是全世界一半以上人口的主要糧食，特別是在熱帶和亞熱帶地區，東南亞的水稻栽植歷史更是久遠。

　　根據考古資料，中國浙江河姆渡在公元前五千年到四千六百年左右，就有水稻的栽培。在神農氏時期（約公元前 2700 年左右），稻米已是五穀之一。在中國最早的詩歌集《詩經‧豳風‧七月》中就提到「六月食鬱及薁，七月亨葵及菽，八月剝棗，十月穫稻，為此春酒，以介眉壽。」《小雅‧白華》也提到「滮池北流，浸彼稻田，嘯歌傷懷，念彼碩人。」從這些詩句，可以看出古時候人們的生活與稻子的關係。

　　稻子成熟的果實稱為「穎果」，除去外面的稻殼（果皮）就是「糙米」，糙米再除去種皮（米糠）和胚就是「白米」。在臺灣，稻子仍然是人們三餐的主食，其品種非常多元，如俗稱在來種的秈稻、蓬萊種的稻等，這些都是雜交改良出來的品種。

　　水稻原是一種生長於溼地的禾本科單子葉一年生植物，一般是一年二期的耕作方式，過去第二期稻作時農夫均重新育苗播種插秧，近年來第二期稻作均留下一期稻的基部，使其再長新芽，而不重新播種。

▲一畦一畦的稻子已接近成熟。

▲每個小穗只有一朵小花。

▲圓錐花序成熟時下垂，穎果長約 5mm。

▲果實已成熟的植株。

海雀稗

Paspalum vaginatum Sw.

科　名｜　禾本科 Poaceae	屬　名｜　雀稗屬 *Paspalum*
英文名｜　Saltwater couch	

分布

舊世界熱帶及亞熱帶地區，臺灣分布於海岸地區潮水可到之沙地、岩石地或沙灘、池塘中。

形態特徵

一或多年生挺水植物，亦能生長在陸地上，稈匍匐狀。葉身長披針形，長約 3 ～ 15cm，寬約 3 ～ 8mm；葉鞘長於節間；葉舌膜質，截形，長約 0.5 ～ 1mm。花序總狀，2 或 3 枚；小穗單生，橢圓形，長約 4mm，無外穎，內穎與下位外稃等長；上位外稃舟狀，頂端具一束短毛。

▲ 潮間帶的草澤中常有海雀稗混生其中（顏色淺者為海雀稗，顏色深者為雲林莞草）。

▲ 海雀稗常見於沿海地區的水塘中。

▲ 植株。

442

蘆葦屬Phragmites：4種；臺灣有2種。

種檢索表

❶內穎長約5～10mm；小穗軸上的絲狀毛長約6～10mm，濃密具光澤 —
蘆葦 *P. australis*

❶內穎長約4～6mm；小穗軸上的絲狀毛長約4～7mm，較疏不具光澤 —
開卡蘆 *P. karka*

蘆葦

Phragmites australis (Cav.) Trin. *ex* Steud.

科 名	禾本科 Poaceae	屬 名	蘆葦屬 *Phragmites*
英文名	Common reed, Pampas reed		

分布

廣泛分布於全球溫帶及熱帶地區。臺灣常在沿海地區河口、河岸、水池、廢耕水田、沼澤等地區形成大面積的族群。

形態特徵

多年生挺水至溼生植物，植株高大，直立，無分枝，高約 1～2.5m；稈圓柱形，直徑約 4～8mm，中空，有節；具有發達的根莖。葉互生，具明顯的葉鞘，長於節間；葉身長披針形，先端尖細，長約 25～55cm，寬約 2～4.5cm。葉舌長約 0.5mm，上緣具撕裂狀絲狀毛。圓錐花序頂生，長約 20～50cm；小穗軸具有長約 0.6～1cm 的絲狀毛，相當密且具光澤。小穗長約 1～1.8cm，基部具 2 枚不孕穎片，上部軸上具有 3～6 朵無柄小花；最下面一朵花通常為雄花或不孕性。外穎卵狀披針形，長約 3～4.5mm；內穎披針形，長約 5～9mm。外稃：下部小花線狀披針形至線狀長橢圓形，長約 8～15mm；上部小花狹披針形，長約 9～13mm。

▲生長於紅樹林區的族群（臺中市大安）。

▲小穗軸上的絲狀毛濃密具光澤。

植物小事典

臺灣是否存在蘆葦的爭議，至少有一、二十年的時間。臺灣較早期的文獻記載爲許建昌教授所著《臺灣的禾草》（1975）一書，書中對蘆葦屬的兩種植物有詳細描述及手繪圖，並提供檢索表。後來的《臺灣植物誌》第一版（1978）及第二版（2000），所描述的內容可說是與《臺灣的禾草》一書相同，只是在第二版的學名處理上做了改變。

然而當我們從野外採回兩種蘆葦屬植物時，從上述的所有文獻中可能都無法鑑定出正確的歸屬。原因是這些文獻中兩種植物的特徵幾乎相同，而有些部位的特徵描述又欠缺。在楊遠波教授等（2001）所著的《臺灣水生植物圖誌》一書中即指出：從《臺灣的禾草》及《臺灣植物誌》中的描述及繪圖來看，兩者都是「開卡蘆」。因此《臺灣水生植物圖誌》只列出開卡蘆一種植物，然而描述的特徵仍然不足，且可能也混雜了兩種植物的特徵在裡面。這些問題長久以來，缺乏重新檢視兩種植物的特徵及詳細的加以記載，同時國內對禾本科植物的研究也顯得相當不足，這種問題當然也存在於其他許多地方，尚需要大家共同來關注。

▲花序具有濃密的絲狀毛。

▼植株。

445

本屬植物的特徵為植株呈高大直立狀，具有莖上葉；花序為兩性花，小穗最下面的小花為雄性或是不孕性。一般常將蘆葦和開卡蘆混淆，其實只要從它們生育的環境就可以輕易區分出這兩種植物。本島在濱海地區所看到的全都是蘆葦，而在內陸地區的河岸、溼地所看到的則是開卡蘆，二者生育的環境完全不同，沒有混雜的情形發生。其次，從檢索表所列的特徵也可以容易區分出兩者。

▲挺水生長的植株。

▲生長於堤防外的海灘上（臺中市清水高美）。

開卡蘆

Phragmites karka (Retzius) Trin. *ex* Steud.

科 名	禾本科 Poaceae	屬 名	蘆葦屬 *Phragmites*

英文名 ｜ Flute reed

分布

　　從西非至印度、馬來西亞、中國、日本及澳洲等地區。臺灣主要見於低海拔內陸地區河床、溪流、沼澤地。

形態特徵

　　多年生挺水至溼生植物，植株高大，直立，高約 1.5 ～ 4m，具有發達的根莖；稈圓柱形，中空，有節。葉互生，長約 40 ～ 55cm，寬約 1 ～ 2cm；葉舌極短，長約 0.3mm，頂端呈撕裂狀。葉鞘長於節間，近頂端的葉片葉鞘口兩側常具白色長毛。圓錐花序頂生，長約 30 ～ 45cm；小穗軸具有長約 4 ～ 7mm 的絲狀毛。小穗具 3 ～ 7 朵小花。外穎長約 2 ～ 4mm，內穎長約 4 ～ 6mm。外稃線狀長橢圓形至線狀披針形，長約 6 ～ 9mm，越上部的小花越狹窄；內稃長約 1.5 ～ 2.3mm。

▲小穗軸上的絲狀毛較疏不具光澤。

▲生育環境（新竹市青草湖）。

囊穎草

Sacciolepis indica (L.) Chase

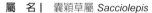
LC

| 科 名 | 禾本科 Poaceae | 屬 名 | 囊穎草屬 *Sacciolepis* |
| 英文名 | India cupscale grass | | |

分布

　　熱帶亞洲至澳洲。臺灣分布全島低海拔地區水田、溝渠旁、池塘邊等潮溼的地方。

形態特徵

　　一年生溼生植物，植株纖細，高約 20 ～ 60cm。葉線狀長披針形，長約 5 ～ 20cm，寬約 2 ～ 5mm；葉鞘短於節間，具稜脊；葉舌膜質，長約 0.2 ～ 0.5mm，頂端被短纖毛。圓錐花序緊縮，圓筒狀，長約 6 ～ 10cm；小穗卵狀披針形，長約 2 ～ 2.5mm，無毛或被疣毛；外穎卵形，為小穗的 1 ／ 3 至 2 ／ 3 長；內穎背面卵狀突出，約與小穗等長；外稃約與內穎等長，上位外稃約為小穗的 1 ／ 2 長。穎果橢圓形，長約 0.8mm，寬約 0.45mm。

▲植株。

◀圓錐花序緊縮呈圓筒狀。

▶囊穎草的葉片呈線狀長披針形，向前端漸窄。

秵薑

Sphaerocaryum malaccense (Trin.) Pilger

科 名 | 禾本科 Poaceae　　　屬 名 | 秵薑屬 *Sphaerocaryum*

英文名 | Water ball fruit

分布

　　南亞印度至馬來西亞、臺灣及中國南部。臺灣分布於低海拔平地至山區水田、池沼、湖泊等溼地。

形態特徵

　　多年生溼生或挺水植物，植株成群匍匐地面形成地毯狀。葉卵形，基部抱莖，先端漸尖，長約 1 ～ 2.5cm，寬約 1cm，近基部具緣毛；葉鞘短於節間，具纖毛；葉舌為一圈毛。圓錐花序開展，分枝多；小穗具一朵花，長約 1mm；穎無毛，早落，外稃及內稃具微毛；小穗軸具腺體。

▲花序。

▲植株。

▶葉卵形，基部抱莖。

鹽地鼠尾粟

Sporobolus virginicus (L.) Kunth

科 名 | 禾本科 Poaceae

英文名 | Saltwater smutgrass

屬 名 | 鼠尾粟屬 *Sporobolus*

分布

　　熱帶亞洲、非洲、美洲。臺灣海岸地區河口、潮間帶、沙灘等地區常大面積生長。

形態特徵

　　多年生挺水或溼生植物，高約15～60cm。葉革質，線形，尾部呈針狀，長約6cm，寬約1～2mm；葉鞘光滑；葉舌長約0.2mm，頂端纖毛狀。圓錐花序呈緊縮狀，長約4～10cm，分枝直立且貼近花序軸；小穗具一朵花，長約2.5mm，披針形，小穗軸粗糙；外穎長約1.2mm，披針形，紙質；內穎披針形；外稃卵狀披針形，長約2mm；內稃卵狀，上端平截。

▲生育環境（新竹市香山）。

▲植株成群生長於海灘上，漲潮時浸泡於海水中。

▲植株。

菰

Zizania latifolia (Griseb.) Turcz. *ex* Stapf

科　名	禾本科 Poaceae	屬　名	菰屬 *Zizania*

英文名｜　Water bamboo, Vegetable wild-rice, Manachurian water-rice

文　獻｜　陳 ,1998

分布

　　東亞及南亞，中國則是早在周代以前就有人們將其栽植為食物。臺灣低海拔各地常在水田、溝渠、池塘等地方廣泛栽種。

形態特徵

　　多年生挺水植物，高可達 2m，稈直立，粗壯。葉長帶狀，長約 50 ～ 100cm，寬約 3 ～ 4cm，中肋明顯，具多條明顯平行脈；葉鞘肥厚；葉舌三角狀，長約 1.5 ～ 2cm。圓錐花序頂生，長約 60cm，上部為雌花，下部為雄花；小穗具一朵花，穎甚小；外稃具長芒，長約 10 ～ 25mm。不易結果。莖被黑穗菌寄生而膨大，是為我們食用的「茭白筍」。

▲開花植株。

▶植株下半部除去葉鞘就是茭白筍（莖部）。

451

植物小事典

　　大家對「菰」這個名稱一定不熟悉，但說到「茭白筍」你一定知道。「菰」是中國的古名，原產中國，早在公元前三世紀周代就已經開始利用這種植物，不過當時並非食用莖這個部位，而是以其果實當作穀物，稱爲「菰米」，可以拿來當飯食用。

　　正常情況下，菰在秋天抽穗結實。然而現今的菰因被「黑穗菌」感染寄生，莖稈變得肥大，由於組織非常細嫩，所以被拿來當蔬菜，就是我們熟悉的「茭白筍」，爲夏季常見的蔬菜種類。黑穗菌的孢子成熟後會變成黑色，使得茭白筍看起來黑黑的稱爲「黑心」，常被誤以爲是汙泥跑到裡面。

▲植株下半部。

▲黑穗菌孢子已成熟，使得茭白筍中有黑點出現。

▲雌花小穗位於花序上端。

▲雄花小穗位於花序下端。

▲生育環境。

布袋蓮

Eichhornia crassipes (Mart.) Solms

科 名	雨久花科 Pontederiaceae	屬 名	鳳眼蓮屬 *Eichhornia*
英文名	Water hyacinth	別 名	浮水蓮花、鳳眼蓮、洋雨久花

分布

　　原產南美洲巴西，目前已歸化至全世界熱帶、亞熱帶及溫帶地區。臺灣分布於全島平地溪流、溝渠、池塘等地區。

形態特徵

　　多年生漂浮性植物，植物體蓮座狀，莖短縮，高可達 90cm，具有走莖。葉寬卵形，長約 5 ～ 12cm，革質。葉柄變化大，在生長稀疏的情況，葉柄膨大呈囊狀或球狀；在生長密度高時，葉柄呈長管狀，長度可達 80cm。穗狀花序腋生，數量約 5 ～ 30 朵；花淡紫色，基部合生，頂端裂成 6 枚裂片，直徑約 5.5cm；上端 1 枚裂片中央有一菱形黃色斑紋；雄蕊 6 枚，3 長 3 短。果實長約 1 ～ 1.5cm；種子橢圓形，長約 1.7mm，具有縱紋。

▲花苞。

▲布袋蓮在各地的水域相當常見。

454

植物小事典

　　文獻記載布袋蓮約在 1897 年左右進入臺灣，作為觀賞植物。大部分的水生植物都會藉無性生殖來繁衍族群，布袋蓮也不例外，它透過走莖繁殖的速度超越其他植物，常在短短的 2 ～ 3 個月之間，就將一條溝渠或一個水域完全覆蓋而不留下任何空隙。一百多年前，人們受到那豔麗動人的花姿所吸引，被漂洋過海帶到世界各個角落。而布袋蓮之所以能在世界各地生存並繁衍，除了它無性繁殖的特性之外，最重要的還是它對生長環境並不苛求，再加上它的天敵並未一起被帶出來，使得布袋蓮能在各地的水域增長，不僅造成水域生態完全改觀，同時依賴水域所從事的各項活動，如運輸、飲水、漁業、養殖等無不遭受嚴重的影響。

▲族群生長稀疏時葉柄膨大呈囊狀或球狀。

▲果實及種子。

▲開花後花軸向下彎曲。

布袋蓮吸引人的地方在於它豔麗的花朵，每一花朵上方的 1 枚花被片中間為藍紫色，中心還有一塊菱形的黃色斑點，使整個花朵看起來特別耀眼，由於其形狀猶如「鳳眼」，所以布袋蓮又有「鳳眼蓮」之稱，而其所構成的花序，又和風信子的花序很相似，在英文中將布袋蓮稱為水風信子（water hyacinth）。

在臺灣約 5 月分就可以看到布袋蓮開花，6、7 月盛夏季時期開花的數量最多，9 月以後開花就逐漸減少，12 月就看不到開花的情形了。開花的過程則可分為兩個階段，第一個階段是開花的過程，早上花朵綻開，傍晚花朵閉合，每一朵花的壽命均只有一天；第二個階段為花序軸下彎的過程，當花朵閉合後，軸就逐漸向下彎曲，第二天整個花軸約呈 180 度下彎。

▲夏季清晨花朵正要綻放。

▲花序。

鴨舌草

Monochoria vaginalis (Burm. f.) C. Presl *ex* Kunth

科　名｜	雨久花科 Pontederiaceae	屬　名｜	鴨舌草屬 *Monochoria*
英文名｜	Duck-tongue weed	別　名｜	學菜、田芋仔、薢菜
文　獻｜	Cook, 1989		

分布

　　印度、斯里蘭卡、馬來西亞、印尼、菲律賓、中國、臺灣、日本、新幾內亞及澳洲，目前已歸化至夏威夷、北美洲及歐洲等地區。臺灣全島平地稻田、沼澤溼地均可發現。

形態特徵

　　一年生草本，植株高約 20 ～ 50 cm，匍匐狀，莖短，具多匍匐分枝。葉寬卵形至卵狀披針形，先端尖，基部心形，長約 6 ～ 8 cm，寬約 3 ～ 5 cm。總狀花序，從葉柄處長出，花約 3 ～ 5 朵，花梗約 0.5 ～ 1 cm 長；花藍紫色，長約 0.8 ～ 1.5 cm；花被片 6 枚，外輪 3 枚寬約 3mm，內輪 3 枚寬約 5mm；雄蕊 6 枚，其中 5 枚花藥黃色，另 1 枚花藥紫黑色；花軸於開完花後向下彎；果實長卵形，長約 1 ～ 1.2 cm；宿存花被不捲曲，長於果實，卵狀披針形，先端尖；種子卵狀橢圓形，長約 1.032mm。

▲花序。

▶植物分株成匍匐狀生長。

植物小事典

　　臺灣目前有兩種不同形態的鴨舌草，兩者在植株大小及葉片特徵均相似。其不同處一為匍匐型：匍匐生長，花序上的花數較少，花朵呈半開狀，宿存花被不捲曲，果實呈長卵形。另一為直立型：直立生長，花序上花的數量較多，花朵完全展開，宿存花被呈捲旋狀將果實包覆，果實呈寬卵形。此外，匍匐型的種子明顯略長於直立型。匍匐型即前面所描述的鴨舌草（*Monochoria vaginalis*（Burm. f.）C. Presl *ex* Kunth），直立型為一般所稱的多花鴨舌草（*Monochoria sp.*）。目前相關研究及標本館的標本均未能明確區分此間的差異，後續仍有待更進一步探討。

▲果實成熟時，宿存花被伸直不捲曲。

▲稻田中的鴨舌草。

多花鴨舌草

Monochoria sp.

科　名丨	雨久花科 Pontederiaceae	屬　名丨	鴨舌草屬 *Monochoria*
英文名丨	Ducks tongus grass	別　名丨	學菜、田芋仔、薢菜

分布

　　印度、斯里蘭卡、馬來西亞、印尼、菲律賓、中國、臺灣、日本、新幾內亞及澳洲等地區。臺灣全島平地稻田、沼澤溼地均可發現，目前桃園、新竹以南及東部大多是本種。

形態特徵

　　一年生草本，植株莖短，單株直立或叢生，高約 30 ～ 45cm，側生分株直立，不具匍匐莖。葉卵狀披針形、卵形至寬卵形，長約 6 ～ 9cm，寬約 4 ～ 8cm，先端尖，基部心形。總狀花序，從葉柄處長出，花約 6 ～ 21 朵，花梗約 0.5 ～ 1.3cm 長；花藍紫色，長約 0.8 ～ 1.5 cm；花被片 6 枚，外輪 3 枚較窄，內輪 3 枚較寬；雄蕊 6 枚，其中 5 枚花藥黃色，另 1 枚花藥紫黑色；花軸於開完花後向下彎；果實寬卵形，長約 0.8 ～ 1.3 cm；宿存花被捲旋狀，包覆果實；種子卵狀橢圓形，長約 0.94mm。

▲果實包於捲旋狀的宿存花被中。

▲植株。

▲花序。

冠果眼子菜

Potamogeton cristatus Regel & Maack

科　名| 眼子菜科 Potamogetonaceae　　　　屬　名| 眼子菜屬 *Potamogeton*

文　獻| 李, 2021

分布

　　東亞特有種植物，只分布於俄羅斯遠東地區、韓國、日本、中國、臺灣等地區，臺灣是其分布的最南端，且僅發現於新竹竹北到新豐一帶。

形態特徵

　　浮水葉生於植株前端，近對生；頂芽具 2 透明苞片，苞片長三角形，長約 1 cm；葉具柄，葉柄長 8 ～ 11 mm；葉橢圓狀披針形至長卵形，先端尖，長 1.4 ～ 2.9 cm，寬 6 ～ 8 mm；葉基鈍至楔形；葉脈 7，平行，兩端最外側葉脈較不明顯；托葉鞘包圍莖部成管狀，長 1.2 ～ 1.7 cm。沉水葉無柄，互生，線形，先端尖，長 7 ～ 8.4 cm，寬約 1 mm。穗狀花序頂生，約 12 朵花，開花挺出水面，沉入水中結果；花被 4；離生心皮，雌蕊 4，心皮背部齒狀；雄蕊 4，生於花被片基部。果實扁平；具柄，約 1 mm 長；花柱宿存，1 ～ 1.5 mm 長；果實背部龍骨狀，具 2 ～ 5 枚不等長的齒狀突起，狀如公雞的雞冠。

▲生育地族群。

植物小事典

　　眼子菜和冠果眼子菜在外形上不易區分，然果實的特徵極為明顯易辨，冠果眼子菜果實具有明顯的果柄、細長的嘴喙（宿存的花柱）、背部長細齒狀的雞冠狀突起；而眼子菜果柄短、嘴喙（宿存花柱）短、背部無明顯齒狀突起。冠果眼子菜一度被認為已於臺灣地區滅絕，2019 年於野外再度被發現，然而族群及數量仍然相當稀少。

▲果實背部具長細齒狀的雞冠狀突起。

◀果實背部具不等長齒狀突起，嘴喙細長而直。

▲浮水葉呈橢圓狀披針形至長卵形，沉水葉線形。

異匙葉藻

Potamogeton distinctus Bennett

科　名｜　眼子菜科 Potamogetonaceae

英文名｜　Bog pondweed

屬　名｜　眼子菜屬 *Potamogeton*

分布

　　東亞韓國、日本、琉球、中國、臺灣等地區。臺灣主要分布於低海拔水田、溝渠等水淺、不流動的水域。

形態特徵

　　多年生浮葉植物，地下根莖發達。葉互生，卵狀橢圓形至長橢圓形，長約 5 ～ 10cm，寬約 1 ～ 3cm，先端尖；具有長柄；托葉膜質，長約 2 ～ 7cm，抱莖。穗狀花序頂生，挺出水面，長約 2 ～ 6cm，花被 4 枚，雄蕊 4 枚；雌 2 枚。果實廣卵形，長約 3.5mm，背部具有 3 條明顯的背脊。

▲果實。

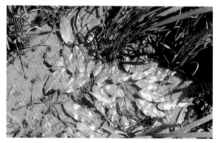

▲植株。

▲花序挺出水面。

▶花序（雌蕊已露出）。

眼子菜

Potamogeton octandrus Poir.

科 名 | 眼子菜科 Potamogetonaceae

英文名 | Pondweed

屬 名 | 眼子菜屬 *Potamogeton*

分布

熱帶非洲、亞洲、澳洲等地區。臺灣主要分布於低海拔溝渠、溪流等環境，最高可分布至鴛鴦湖等海拔約1600公尺的湖泊環境。

形態特徵

多年生沉水及浮葉植物，地下根莖發達，莖細長。葉兩型，沉水葉絲狀，長約 3～6cm，寬約 1mm；浮水葉橢圓形，先端尖，長約 1.5～3.5cm，寬約 0.5～1cm；具長柄；托葉膜質，長約 1cm，與葉離生。穗狀花序腋生，長約 1～1.5cm，花被4 枚。果實卵形，長約 2～3mm，背部具背脊，背脊鈍或齒狀，喙短。

▲成熟果實，背脊鈍無明顯齒狀突起，嘴喙（宿存花柱）短。

▲穗狀花序挺出水面。

▲眼子菜浮水葉橢圓形，沉水葉為絲狀線形。

465

柳絲藻

Potamogeton pusillus L.

LC

科　名｜	眼子菜科 Potamogetonaceae	屬　名｜	眼子菜屬 *Potamogeton*
英文名｜	Small pondweed		

分布

　　全世界廣泛分布，臺灣零星分布於低海拔溝渠及溪流等流動水域。

形態特徵

　　多年生沉水植物，莖細長，約 30～60cm。葉絲狀，長約 4～6cm，寬約 1mm，先端漸尖，全緣；托葉管狀，膜質，與葉離生，長約 0.5～1.2cm。穗狀花序頂生；花被片 4 枚；雌蕊 4 枚。果實倒卵形，背脊圓鈍，喙短。

　　本種與龍鬚草很相似，不過龍鬚草的托葉形成葉鞘，與葉身相連；柳絲藻的托葉與葉身分開，兩者不相連。

▲花序。

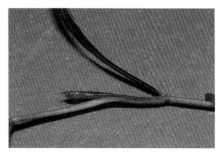
▲托葉管狀，與葉離生。

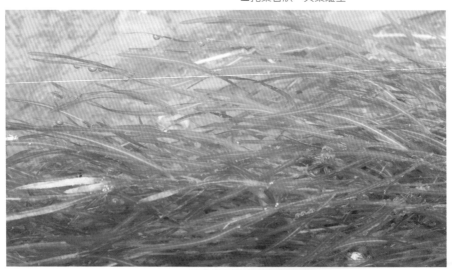
▲植株。

匙葉眼子菜

Potamogeton wrightii Morong

科　名｜ 眼子菜科 Potamogetonaceae

別　名｜ 凸尖眼子菜、馬來眼子菜

屬　名｜ 眼子菜屬 *Potamogeton*

文　獻｜ 李, 2021

分布

　　亞洲溫帶至熱帶地區，臺灣低海拔流動溝渠中常見。

形態特徵

　　多年生沉水或浮葉植物，地下根莖發達，莖細長，可達 2m 以上。葉互生，長橢圓形，長約 6 ～ 12cm，寬約 1.5 ～ 2.5cm，先端凸尖；沉水葉膜質，浮水葉紙質；托葉膜質，鞘狀，與葉離生，長約 2.5 ～ 3.5cm。穗狀花序頂生或腋生，挺出水面，長約 2 ～ 5cm；花被 4 枚，雄蕊 4 枚；雌蕊 4 枚，離生。果實球形，具 3 條明顯的背脊。

▲沉水葉較細長，可達 10cm 以上。

▲葉片先端凸尖。

▲葉片先端凸尖，因而有「凸尖眼子菜」之稱。

龍鬚草

Stuckenia pectinata (L.) Börner

科 名	眼子菜科 Potamogetonaceae	屬 名	篦齒眼子菜屬 *Stuckenia*
英文名	Fennel pondweed, Sago pondweed	文 獻	李, 2021

眼子菜科

分布

　　全世界廣泛分布。臺灣北部及西部低海拔溝渠及溪流等流動水域可以發現。

形態特徵

　　多年生沉水植物，莖細長，可達 100cm 以上。葉絲狀，長約 5 ～ 15cm，寬約 0.1 ～ 0.3cm，先端尖，基部與托葉合生成鞘狀；具葉鞘，長約 2 ～ 5cm，抱莖。穗狀花序頂生，3 ～ 5 輪，間斷排列。果實卵形，長約 3 ～ 5mm，喙短。本種無浮水葉，沉水葉的葉鞘抱莖，花序明顯數輪間隔，可與眼子菜明顯區別。

▲葉基部與托葉合生成鞘狀。

▲花序。

▲植株細長，常見於流動水溝中，果實卵形。

角果藻

Zannichellia palustris L.

科　名｜　眼子菜科 Potamogetonaceae

屬　名｜　角果藻屬 *Zannichellia*

英文名｜　Horned pondweed

分布

　　全球廣泛分布。臺灣僅南部高雄、屏東一帶有相關記載,生長在淡水或半鹹水水域,然並無相關標本可查;另在雲林口湖地區曾有標本採集記錄。近年來於南投地區草屯、埔里一帶有野外族群分布。

形態特徵

　　一或多年生沉水植物,莖細長,多分枝,長約 50cm。葉對生,枝條上端的葉聚集成近似輪生狀;葉線形,長約 5cm,寬約 1 ～ 2mm,1 條脈;葉基部具鞘狀托葉,膜質,離生或貼生。花腋生,雄花裸露,僅具 1 枚雄蕊。雌花生於杯狀花被中,具 4 ～ 5 枚離生心皮。果實彎月形,扁平,長約 3 ～ 6mm,脊部具鈍齒,花柱宿存。

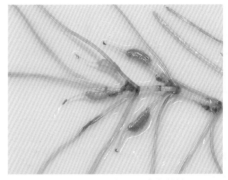

▲扁平彎月形的果實具有長的宿存花柱。

▲莖具分枝,葉基部具鞘狀托葉。

流蘇菜

Ruppia maritima L.

科　名	流蘇菜科 Ruppiaceae	屬　名	流蘇菜屬 *Ruppia*
英文名	Sea tassel, Widgeongrass	文　獻	Jacobs & Brock,1982

分布

　　全世界廣泛分布。臺灣分布於西部新竹以南，沿海地區池塘、溝渠、鹽田、魚塭、出海口等鹹水或半鹹水環境。

形態特徵

　　多年生或一年生沉水植物，莖細長，多分枝。葉互生或近對生，絲狀，長可達 10cm，基部成鞘狀。開花期花序穗狀，頂生；果實成熟時，呈繖形花序狀。花兩性，無花被；雄蕊 2 枚，對生，位於雌蕊兩側；雌蕊離生心皮 3 ～ 4 枚。果實成熟時果梗延長，4 ～ 12 枚，卵形，長約 2 ～ 3mm，頂端有如一短嘴狀。

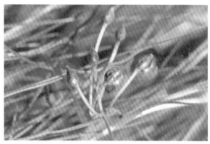

▲果實頂端呈短嘴狀突出。

▲雄花序。

▲流蘇菜是沿海地區鹹水環境常見的水生植物。

東亞黑三稜

Sparganium fallax Graebner

科　名｜	香蒲科 Typhaceae
英文名｜	Bur reed
屬　名｜	黑三稜屬 *Sparganium*
文　獻｜	王等, 1972

分布

中國、日本、印度北部、緬甸。臺灣生長於東北部山區的埤塘、湖泊中，例如：鴛鴦湖、神祕湖、崙埤、中嶺池及花蓮瑞穗林道等地區。

形態特徵

多年生挺水植物，植株具地下走莖，葉基生，長 60 ～ 80cm，寬約 1.2cm，先端鈍，橫切面三角形。花序軸由中間抽出，彎曲，花單性，花序頭狀，成球形，雄花球位於花序軸上部，雌花球位於花序軸下部，最下端之雌花球常具 0.5 ～ 2.5cm 之花軸。花軸上具有葉狀苞葉。雄花具雄蕊 3 枚；雌花柱頭喙狀，子房一室；果實堅果狀。

▲花序軸呈彎曲狀（上端為雄花，下端為雌花）。

▲雄花。

▶植株。

471

水燭

Typha angustifolia L.

科 名	香蒲科 Typhaceae	屬 名	香蒲屬 *Typha*
英文名	Narrowleaf cattail	別 名	水蠟燭

分布

　　主要分布於全世界溫帶及熱帶地區。臺灣全島低海拔河口、池塘、溝渠等土壤含鹽分的沼澤地都是它喜好的生長環境。

形態特徵

　　多年生挺水或溼生植物，植株高可達 270cm。葉鞘長約 20 ～ 60cm，上端近葉身交接處內面具有許多長條狀黏質腺體；邊緣膜質，向上漸呈耳狀，較老的葉片耳狀特徵則不明顯。葉身長條形，長約 90 ～ 200cm，寬約 0.5 ～ 1.4cm，橫切面呈彎月形，上端漸呈扁平狀。雌雄花序遠離，相距約 1 ～ 8（～ 15）cm，雄花序長約 15 ～ 22cm；雌花序長約 6 ～ 24cm，徑約 0.9 ～ 2.5cm，肉桂色或淺褐色。雄花通常具 2 枚雄蕊，亦可見 3 枚者，花藥約 1.8 ～ 2mm 長；小苞片長條形或楔形，末端常呈不規則狀或彎鉤狀或分岔呈叉狀。雌花具白色絲狀毛，長約 6 ～ 7mm，在子房柄下呈 3 ～ 5 輪排列。雌花小苞片絲狀，長約 6 ～ 8mm，褐色，著生於絲狀毛下方，易脫落；或下端白色半透明，上端淺褐色；小苞片末端扁平，褐色，稍寬於柱頭、或略與柱頭等寬、或略窄於柱頭，頂端平、或披針形、或微具小凸尖。每一小穗孕性雌蕊 1 枚，花柱淺褐色，絲狀，長約 1 ～ 2mm；

▲植株。

子房紡錘形，長約 1～2mm；子房柄長約 2.5～4.1mm，長於花柱。每一小穗不孕雌蕊 1 枚，不孕雌花子房倒圓錐狀，淺褐色，有些族群具褐色或黑色斑紋，頂端平，花柱處微凹；另有許多不孕雌蕊退化成細絲狀，僅於末端稍膨大呈淺褐色；尚有少數不孕雌花具 1～3 枚不孕雌蕊呈扁平苞片狀，淺褐色，有些族群具褐色或黑色斑紋。雌花柱頭及小苞片約與白色絲狀毛略長或等長。種子長卵形，淺褐色，長約 1～1.6mm。

植物小事典

水燭（*Typha angustifolia* L.）和長苞香蒲（*Typha domingensis* Pers.），過去通常以孕性雌花的小苞片長於絲狀毛，與柱頭近等長者為長苞香蒲；小苞片與絲狀毛近等長，短於柱頭者為水燭。《中國植物誌》（1992）採用 *Typha angustata* Bory *et* Chaubard 為長苞香蒲之學名，此學名為 1832 年法國學者 J. B. Bory 與 L. A. Chaubard 所發表。根據郭鑫與王東（2013）、王茹與王東（2013）的研究顯示，在中國標本館中關於 *Typha angustata* Bory & Chaub. 的標本幾乎均為水燭（*Typha angustifolia* L.）；王茹與王東（2013）也指出 Flora of China（2010）所描述的長苞香蒲（*Typha domingensis* Pers.），記述的性狀與水燭（*Typha angustifolia* L.）沒有本質上的區別；中國僅在甘肅和新疆有 *Typha domingensis* Pers. 的分布。

Typha domingensis Pers. 為法國學

▲雌、雄花序分開，中間有一段裸露的花軸。

473

者 C. H. Persoon 於 1807 年所發表，現今的文獻則都認同 *Typha angustata* Bory & Chaub. 為 *Typha domingensis* Pers. 之異名。過去我們根據《中國植物誌》（1992）的描述，將臺灣的水燭處理為 *Typha angustata* Bory & Chaub。重新檢視臺灣的植物，同時參考近年來更多的研究內容，無疑地臺灣的這個水蠟燭應為「水燭（*Typha angustifolia* L.）」。

水燭（*Typha angustifolia* L.）和長苞香蒲（*Typha domingensis* Pers.）最明顯的分辨特徵，為長苞香蒲雌花小苞片白色半透明或透明，寬匙形或披針形，寬於柱頭，先端明顯尖或凸尖，長於絲狀毛，與柱頭近等長（Cook, 1996；Cook, 2004；Halder *et al.*, 2014；Uotila *et al.*, 2010；王茹與王東，2013；郭鑫與王東，2013）；水燭雌花小苞片則為褐色不透明，寬披針形、匙形或條形，寬於柱頭，與絲狀毛近等長，短於柱頭或與柱頭近等長或稍長於柱頭（Halder *et al.*, 2014；王茹與王東，2013；郭鑫與王東，2013）。

◀上端的雄花序均已脫落。

香蒲

Typha orientalis C. Presl

科 名	香蒲科 Typhaceae	屬 名	香蒲屬 *Typha*
英文名	Cattail, Broad bulrush, Cumbungi	別 名	水蠟燭、寬葉香蒲、東方香蒲

分布

　　東亞、東南亞至澳洲。臺灣全島低海拔河床、廢耕水田、溝渠、沼澤等潮溼的地方都是它生長的環境。

形態特徵

　　多年生溼生或挺水植物，具有發達的根莖。葉二列，互生，長條形，全緣，上表面下凹，下表面凸起，橫切面呈新月形或半月形，具有長的葉鞘包住莖部。花單性，雌雄同株，穗狀花序，雄花序位於頂端；雌花序位於下端，長約 7 ～ 15cm。雌花具白色絲狀毛，長約 4 ～ 6mm，1 ～ 4 輪生長於子房柄上，無小苞片。每一小穗孕性雌花 1 枚，子房柄長約 1.8 ～ 2.5mm，淺褐色；子房紡錘形，長約 0.8 ～ 0.9mm，淺褐色；花柱長約 0.8 ～ 3mm，淺褐色，末端柱頭深褐色變寬扁呈披針形斜向一邊，柱頭高於絲狀毛或等長或略短於絲狀毛，花柱與子房柄略等長。每一小穗不孕雌花 1 ～ 3 枚，子房柄長約 2.5 ～ 3.8mm；不孕子房長橢圓狀卵形，長約 0.8 ～ 1mm，花柱約 0.12mm，柱頭高度短於絲狀毛。絲狀毛可藉由風力的作用，將種子散播到各地去。本種與水燭很相似，外觀上可以雌雄花序中間無裸露的花軸來區分。

▲ 花序（上端為雄花序，下端為雌花序）。

▲葉片生長排成二列。

▲本種與水燭很相似，雌雄花序中間無裸露
的花軸可以明顯區別。

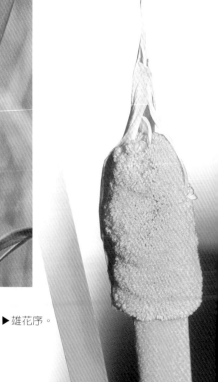

▶雄花序。

蔥草

Xyris pauciflora Willd.

CR

科 名	蔥草科 Xyridaceae	屬 名	蔥草屬 *Xyris*
英文名	Yellow eye grass	別 名	桃園草、黃眼草
文 獻	Kral, 1988		

分布

南亞和東南亞、澳洲。臺灣分布於北部臺北、桃園、新竹及中部南投日月潭等地區潮溼的環境。

形態特徵

一或多年生溼生植物，直立。葉基生，線形，扁平，長約 10～33cm，寬約 0.2～0.5cm，先端漸尖，葉片及邊緣具稀疏乳突；基部鞘狀，無葉舌。花軸長約 10～40cm，花序頭狀，卵形；苞片覆瓦狀排列，寬卵形至橢圓形；花萼 3 枚，側萼片舟狀，頂端銳尖，上部邊緣略具波狀或鋸齒狀；花瓣 3 枚，黃色，倒卵形；雄蕊 3 枚；雌蕊花柱頂端 3 叉。種子橢圓形，約 0.3～0.4mm，具縱紋。

▲植株。

▲果實已成熟的花序。

▲花瓣 3 枚，黃色。

野薑花

Hedychium coronarium Koenig

科 名	薑科 Zingiberaceae	屬 名	蝴蝶薑屬 *Hedychium*
英文名	Garland flower	別 名	穗花山奈、蝴蝶薑

分布

印度、馬來西亞、越南、中國、臺灣。臺灣全島低海拔平地及山區水邊相當常見。

形態特徵

多年生溼生植物，植株高約 1～3m，地下莖橫走，成叢生狀。葉長橢圓形至長橢圓狀披針形，長約 30～40cm，寬約 5～10cm。穗狀花序頂生，花序呈橢圓狀，具有苞片，每一苞片內有 2～3 朵花；花白色，具芳香味，基部合生成細筒狀，花筒長約 6～8cm，先端 3 裂，上端裂片較大，先端微凹，側面 2 枚裂片較小。果實 3 室，種子外具紅色假種皮。

▲植株。

▲成熟開裂的果實。

▲穗狀花序頂生，花白色，具芳香味。

甘藻

Zostera japonica Asch. & Graebn.

科　名	甘藻科 Zosteraceae	屬　名	甘藻屬 *Zostera*
英文名	Dwarf-grass wrack	文　獻	Tomlinson & Posluzny, 2001

分布

　　日本、琉球、臺灣、廣東、越南等東亞地區。臺灣分布於西海岸新竹香山、臺中高美等地區沙灘。

形態特徵

　　多年生沉水植物，地下莖橫走，埋於沙中，直徑約 0.1cm，黃褐色；節處長出直立莖，直立莖長約 1～1.5cm。葉基部呈鞘狀，長約 4.5cm，包住另 1 枚葉片；葉長約 14～22cm，寬約 1.5mm，2～3 枚一束長於直立莖上；葉先端圓頭。雌雄同株，穗狀花序長於葉鞘內，成二列。本種與單脈二藥藻很相似，葉先端常斷裂成破碎狀，易與其混淆。本種葉先端圓頭與單脈二藥藻成 3 叉有明顯不同；又生於葉鞘內的花序穗狀，與單脈二藥藻花單獨生長有很大不同。

▲花序呈二列，每隔 2 雄蕊而 1 雌蕊互生排列。

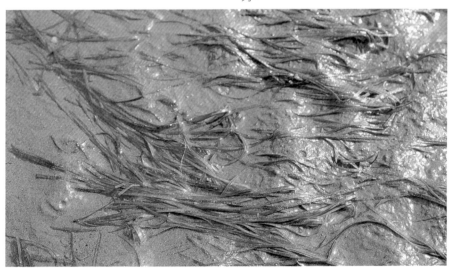

▲生長於海灘上的甘藻植株。

▲地下莖。

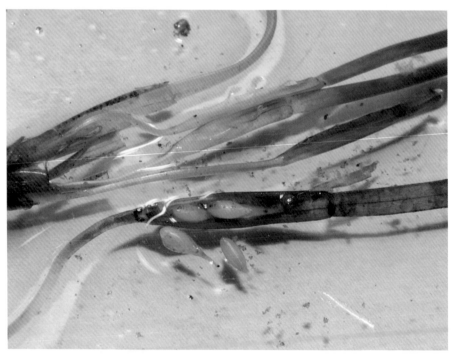

▲果實與種子。

植物用語圖示

葉部名稱

A 葉各部位名稱

1 先端　　2 葉緣　　3 基部

4 托葉　　5 側脈　　6 主脈

7 葉柄

B 托葉鞘

8 托葉鞘

C 禾本科葉部

9 葉身

10 葉舌

11 葉鞘

D 茨藻屬葉部

12 葉身

13 葉耳

14 葉鞘

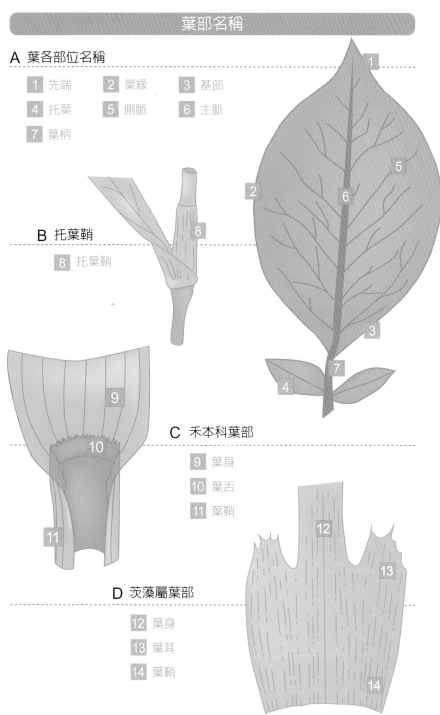

葉序

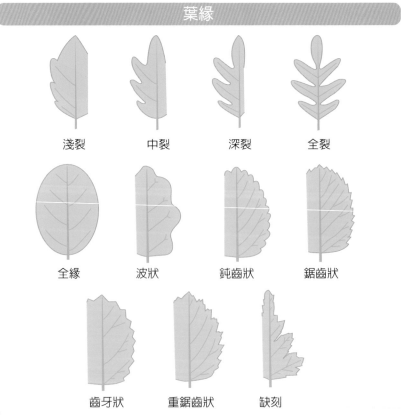

互生

叢生

對生

輪生

葉緣

淺裂　　中裂　　深裂　　全裂

全緣　　波狀　　鈍齒狀　　鋸齒狀

齒牙狀　　重鋸齒狀　　缺刻

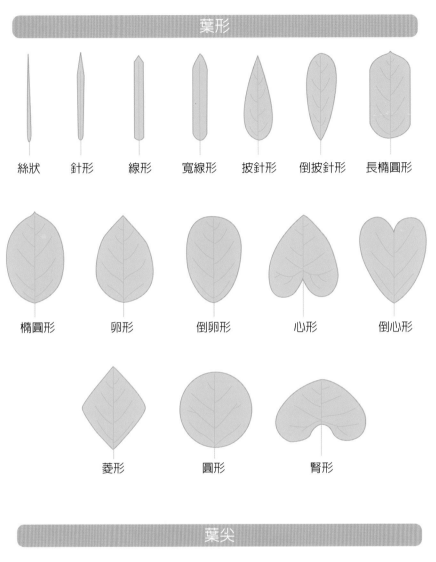

葉形

絲狀　針形　線形　寬線形　披針形　倒披針形　長橢圓形

橢圓形　卵形　倒卵形　心形　倒心形

菱形　圓形　腎形

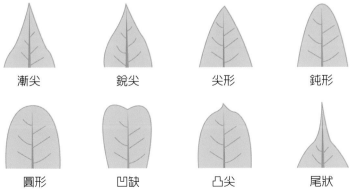

葉尖

漸尖　銳尖　尖形　鈍形

圓形　凹缺　凸尖　尾狀

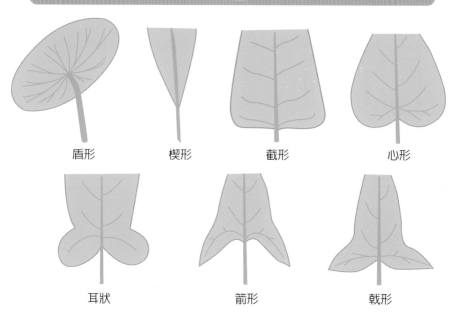

葉基

盾形　　　楔形　　　截形　　　心形

耳狀　　　箭形　　　戟形

複葉

三出複葉

二回羽狀複葉

一回羽狀複葉　　　掌狀複葉

花序

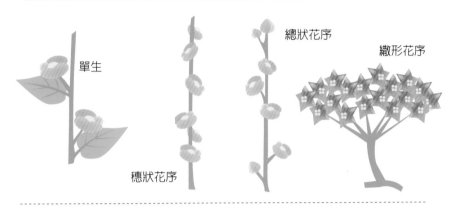

單生

總狀花序

穗狀花序

繖形花序

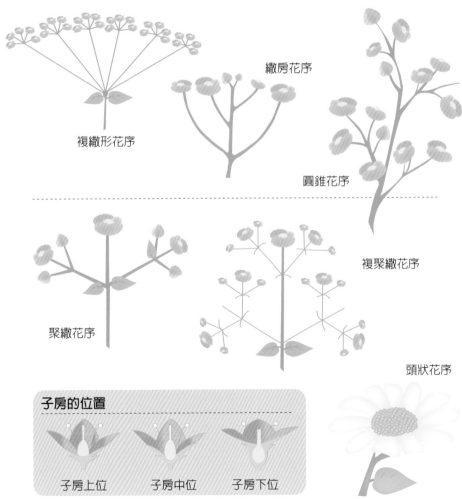

複繖形花序

繖房花序

圓錐花序

聚繖花序

複聚繖花序

頭狀花序

子房的位置

子房上位

子房中位

子房下位

花冠形狀

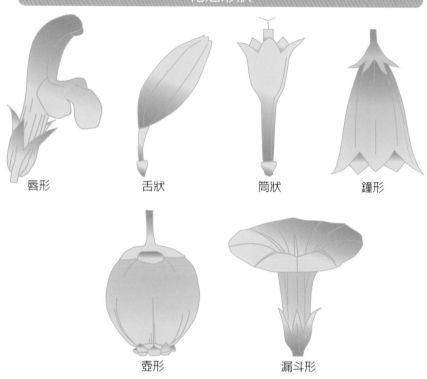

唇形　　　　　舌狀　　　　　筒狀　　　　　鐘形

壺形　　　　　　　漏斗形

穀精草屬花部構造

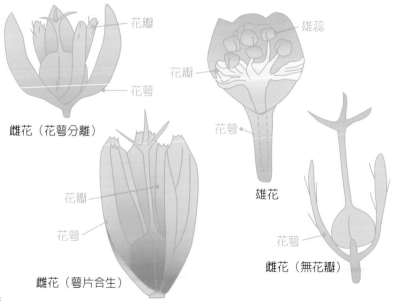

花瓣

花萼

雌花（花萼分離）

雄蕊

花瓣

花萼

雄花

花瓣

花萼

雌花（萼片合生）

花萼

雌花（無花瓣）

果實

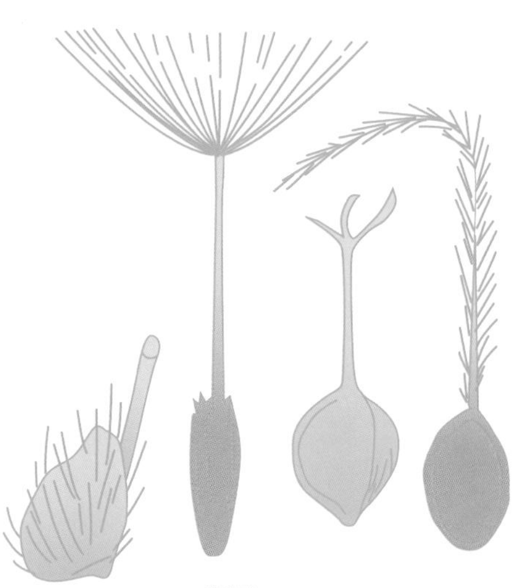

瘦果

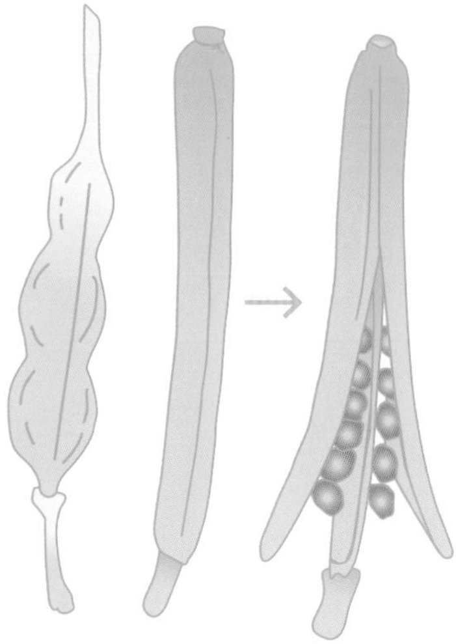

長角果

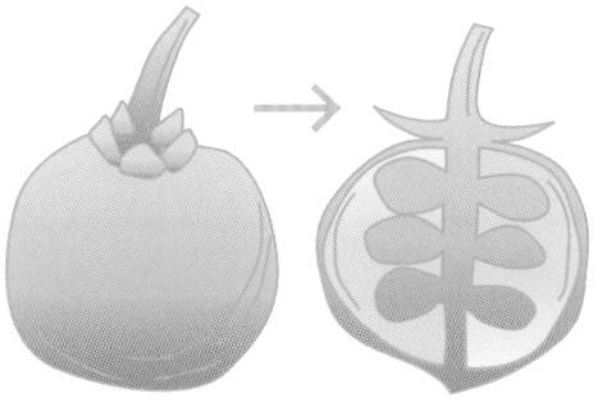

漿果

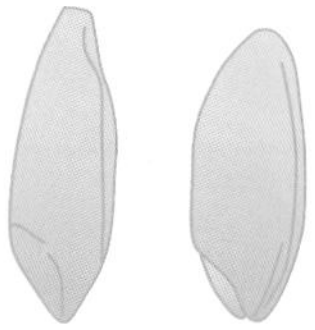

穎果

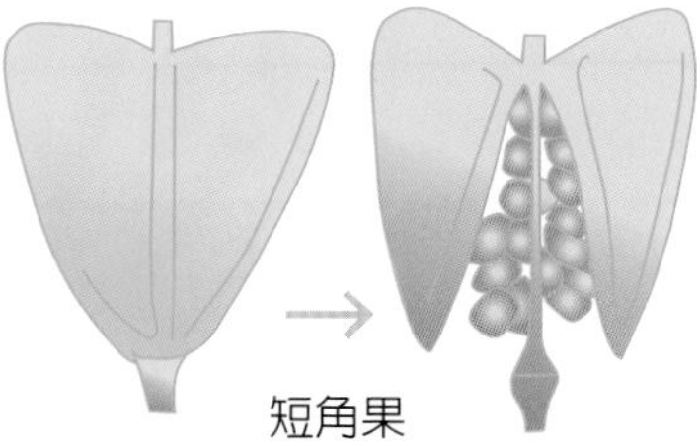

短角果

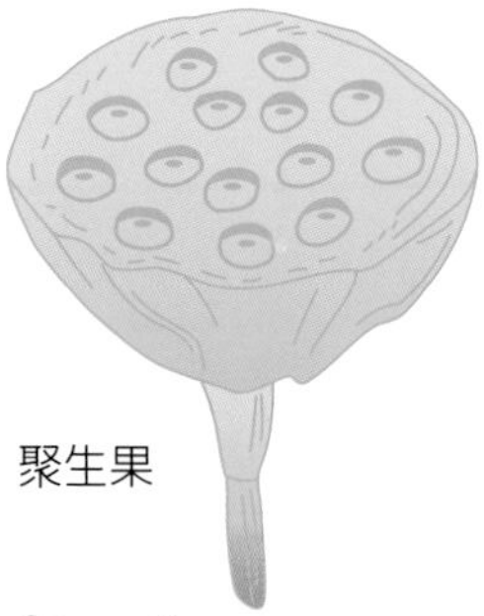

聚生果

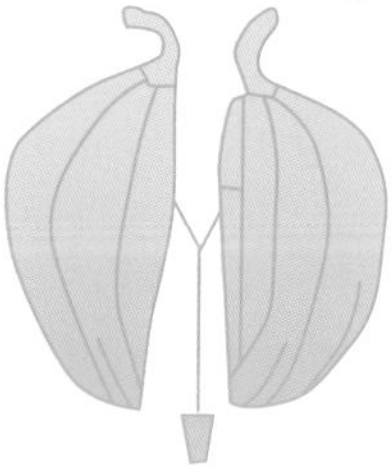

分生果

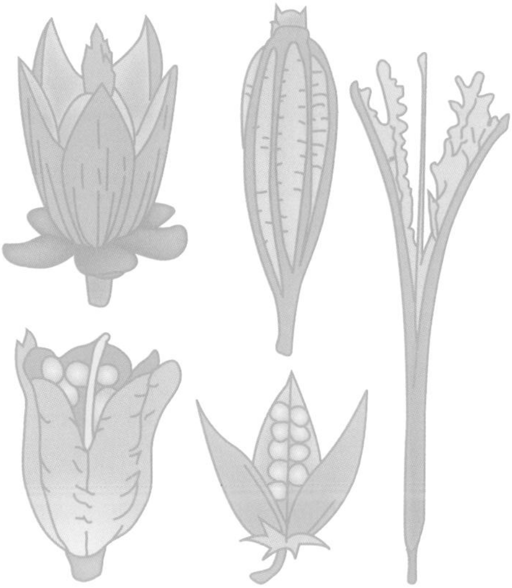

蒴果

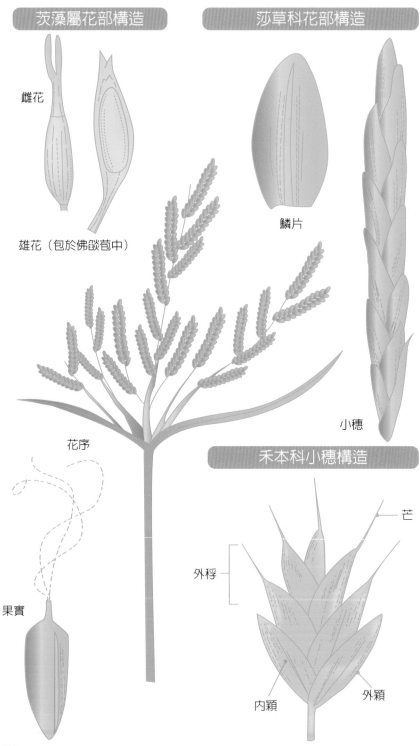

茨藻屬花部構造

雌花

雄花（包於佛燄苞中）

花序

果實

莎草科花部構造

鱗片

小穗

禾本科小穗構造

芒

外稃

內穎

外穎

中名索引

學名索引

學名索引

學名索引

498

學名索引

學名索引

・大末男、石戶忠（1980）日本水生植物圖鑑，北隆館，東京。

・王文采（1990）中國植物誌第六十九卷，科學出版社，北京。

・王忠魁、柳榾、徐國士、楊遠波（1972）黑三稜科──臺灣新發現的一科植物及其伴生之植物，中華林學季刊 5（4）：1～5。

・王唯匡、黃朝慶、蔣鎮宇（2000）臺灣特有水生植物大安水蓑衣族群分化與保育之探討，自然保育季刊 31：54～57。

・王茹、王東（2013）長苞香蒲的實名考證及分類訂正，水生生物學報37（4）：777～791。

・王震哲、楊智凱、張和明、林讚標、王偉聿、呂長澤、洪鈴雅、陳志雄、陳志輝、劉威廷、鄭憲燦、謝宗欣（2020）臺灣維管束植物野外鑑定指南（上冊、下冊），行政院農業委員會林務局羅東區管理處。

・牟善傑（1996）水生生態系的殺手──人厭槐葉蘋，自然保育季刊 16：38～45。

・角野康郎（1994）日本水草圖鑑，文一總合出版，東京。

・沈瑞琛（1996）臺灣產十字花科植物分類之研究，中興大學實驗林研究彙刊 18（1）：1～44。

・李安仁（1998）中國植物誌第二十五卷第一分冊，科學出版社，北京。

・李松柏（1998）臺灣稀有的水生植物─水薤，自然保育季刊22：38～42。

・李松柏（1999）臺中縣的濕地與水生植物，臺中縣自然生態保育協會，臺中縣。

・李松柏、曾美雲（2004）和水生植物做朋友，人人出版股份有限公司，臺北縣。

・李松柏（2005）臺灣水生植物地圖，晨星出版有限公司，臺中市。

・李松柏（2021）記臺灣極危的水生植物─冠果眼子菜，自然保育季刊115:4～17。

・吳國芳（1997）中國植物誌第十三卷第三分冊，科學出版社，北京。

・吳首賢（2003）南仁湖水生植群生態之研究，國立屏東科技大學森林系碩士論文。

・吳家勳、吳聲昱（2005）臺灣萍蓬蓮又見春天，財團法人桃園縣平興國小教育事務基金會，桃園縣。

・林春吉（2000）臺灣水生植物1自然觀察圖鑑，田野影像出版社，臺北市。

・林春吉（2000）臺灣水生植物2濕地生態導覽，田野影像出版社，臺北市。

・林春吉（2002）臺灣水生植物1蕨類、雙子葉植物，田野影像出版社，臺北市。

・林春吉（2002）臺灣水生植物2單子葉植物，田野影像出版社，臺北市。

・林春吉（2005）臺灣的水生與濕地植物，綠世界出版社，宜蘭縣。

・林春吉（2009）臺灣水生與溼地植物生態大圖鑑，天下文化。

・周富三、廖俊奎、王豫煌、林朝欽（2015）臺灣北部地區歸化植物圖鑑，行政院農業委員會林業試驗所。

・范樹國、張再君、劉林、劉鴻先、梁承鄴（2000）中國野生稻的種類、地理分布及其特徵特性綜述，武漢植物學研究 18（5）：417～425。

・柯智仁（2004）臺灣海草分類與分布之研究，國立中山大學生物科學系碩士論文。

・馬煒梁（1991）中國穀精草屬的新資料，植物分類學報 29（4）：289～314。

・孫祥鐘（1992）中國植物誌第八卷，科學出版社，北京。

・許建昌（1967）臺灣之蓼科、莧科、藜科及桑科牧草植物，國立臺灣大學植物學系。

・許建昌（1975）臺灣的禾草，臺灣省教育會，臺北市。

・許再文、郭長生（2000）臺灣產芋亞科（天南星科）之植物，載於：周延鑫等編「2000年海峽兩岸生物多樣性與保育研討會論文集」pp.537～543，國立自然科學博物館，臺中。

・郭方端（1968）臺灣之狸藻科植物，師大生物學報 3：27～42。

・郭方端（1974）臺灣水生植物的分類與生態，新竹師專學報 1：321～363。

・郭城孟（1997）臺灣維管束植物簡誌第壹卷，行政院農業委員會，臺北市。

・郭紀凡（1997）臺灣蓼屬植物之分類研究，國立中山大學生命科學系碩士論文。

・郭淑妙（2002）臺灣產毛茛屬植物之分類研究，國立臺灣師範大學生物研究所碩士論文。

・郭鑫、王東（2013）水燭的花部形態觀察—兼論與長苞香蒲的分類界定，植物科學學報31（4）：321～324。

・張惠珠、徐國士（1977）鴨池中的臺灣水韭及其伴生植物，中華林學季刊 10（2）：138～142。

・張惠珠、趙怡姍、柯智仁、楊遠波（2006）墾丁國家公園水生植物物種調查，國家公園學報 16（1）：19～31。

・陳擎霞（1986）桃園池沼地區水生植物生態研究（一），行政院農業委員會生態研究第009號。

・陳擎霞（1987）桃園池沼地區水生植物生態研究（二），行政院農業委員會生態研究第011號。

・陳世輝（1987）紀臺灣三種新歸化植物，中華林學季刊 20（1）：109～114。

・陳世輝（1990）東部水生植物（I）蕨類、雙子葉植物，花蓮師範學院，花蓮市。

・陳世輝（1992）蘭陽水生植物圖譜，花蓮師範學院，花蓮市。

・陳又君（1998）臺灣產鴨跖草科之分類研究，國立臺灣師範大學生物學研究所碩士論文。

・陳守良（1998）菰屬Zizania L.植物的系統分類研究，載於：邱少婷、彭鏡毅編「海峽兩岸植物多樣性與保育」pp.199～213，國立自然科學博物館，臺中市。

・陳家瑞（2000）中國植物誌第五十三卷第二分冊，科學出版社，北京。

・陳家瑞（2000）中國植物誌第五十二卷第二分冊，科學出版社，北京。

・陳奐宇（2001）臺灣產穀精草屬之分類研究，國立臺灣大學植物研究所碩士論文。

・黃世富（2001）菱科，載於：楊遠波、顏聖紘、林仲剛「臺灣水生植物圖誌」，pp.98～106，行政院農委會。

・黃世富（2002）菱屬植物之訂正，國立中興大學植物研究所碩士論文。

・黃淑芳、楊國禎（1991）夢幻湖傳奇：臺灣水韭的一生，內政部營建署陽明山國家公園管理處，臺北市。

・黃朝慶、李松柏（1999）臺灣珍稀水生植物，清水鎮牛罵頭文化協進會，臺中縣。

・黃建益（2001）臺灣產豬殃殃屬的分類研究，國立中興大學植物研究所碩士論文。

・黃朝慶（2001）弱勢族群—談臺灣的水生植物資源與保育，臺灣文獻 52（3）：143～170。

・萬文豪（2000）菱科，中國植物誌第五十三卷第二分冊，科學出版社，北京，1～26頁。

・楊遠波、顏聖紘、林仲剛（2001）臺灣水生植物圖誌，行政院農業委員會，臺北市。

・楊遠波（2006）墾丁國家公園水生植物圖鑑，墾丁國家公園管理處，屏東縣。

・葉慶龍、吳首賢、林哲緯（2011）臺灣產印度節節菜變種之觀察，中華林學季刊 33（2）:35～40。

・趙怡姍（2003）臺灣產狸藻科之分類研究，國立中山大學生物科學系碩士論文。

・歐辰雄（1985）臺灣雙子葉植物新見（九），中興大學實驗林研究報告 6：1～8。

・歐辰雄（1987）臺灣雙子葉植物新見（十），中興大學實驗林研究報告 8：11～30。

・蔡思怡（2013）臺灣產車前科石龍尾屬之分類研究，國立臺灣師範大學生命科學系碩士論文。

・劉世強、曾喜育、曾彥學（2011）臺灣新歸化狸藻科植物—禾葉挖耳草，林業研究季刊 52（2）：184-189.33（2）：29-34。

・賴明洲、陳學潛（1976）圓葉澤瀉之生育環境與種內形態變異之研究，中華林學季刊9（4）：91～98。

・應紹舜（1989）臺灣產龍膽科植物之分類研究，臺大實驗林研究報告 3（2）：87～111。

・Aston, H. I.（1973）Aquatic Plants of Australia. Melbourne University Press, Carlton, Victoria.

・Backer, C. A.（1951）Typhaceae In: van Steenis, C .G. G. J.（Ed.）, Flora Malesiana. Ser.I. Vol. 4（3）. Noordhoff-Kolff N. V., Batavia. pp. 242～244.

・Barrett, R. L. & A. Lowrie（2013）Typification and application of names in *Drosera* section

Arachnopus（Droseraceae）. Nuytsia 23: 527～541.

· Biffin, Ed, W. R.（Bill）Barker, B. Wannan & Y. S. Liang（2018）The phylogenetic placement of Australian Linderniaceae and implications for generic taxonomy. Australian Systematic Botany 31: 241～251.

· Bogin, C.（1955）Revision of the genus *Sagittaria*. Mem. New York Bot. Garden 9：179～233.

· Chaw, S. M. & M. T. Kao（1989）*Lindernia dubia* var. *anagallidea*（Michaux）Pennell（Scrophulariaceae）- a newly naturalized plant in Taiwan. J. Taiwan Mus. 42（2）：95～100.

· Chang, M. C., C. T. Huang, C. C. Tsai & W. Y. Kao（2020）Molecular identification and morphological traits of the native and exotic *Azolla* species in Taiwan. Taiwania 65（3）: 382～390

· Chen, S. H. & M. J. Wu（2007）Notes on four newly naturalized plants in Taiwan. Taiwania 52（1）:59～69.

· Choraka, G. M., L. L. Doddb, N. Rybickic, K. Ingramd, M. Buyukyoruka, Y. Kadonoe, Y. Y. Chenf & R. A. Thum（2019）Cryptic introduction of water chestnut（*Trapa*）in the northeastern United States. Aquat. Bot. 155:32～37.

· Clayton, W. D. & S. A. Renvoize（1986）Genera *Graminum*：Grasses of the World. Kew Bulletin Additional Series XIII. Royal Botanic Gardens, Kew. London.

· Conard, H. S.（1905）The waterlilies：a monograph of the genus *Nymphaea*. Publ. Carnegie Inst. Wash. 4：1～279.

· Cook, C. D. K.（1979）A resivion of the genus *Rotala*（Lythraceare）. Boissiera 29：1～156.

· Cook, C. D. K. & R. Lüönd（1982a）A revision of the genus *Hydrocharis*（Hydrocharitaceae）. Aquatic Bot. 14：177～204.

· Cook, C. D. K. & R. Lüönd（1982b）A revision of the genus *Hydrilla*（Hydrocharitaceae）. Aquatic Bot. 13：485～504.

· Cook, C. D. K. & R. Lüönd（1983）A revision of the genus *Blyxa*（Hydrocharitaceae）. Aquatic Bot. 15：1～52.

· Cook, C. D. K. & K. Urmi-König（1984a）A revision of the genus *Egeria*（Hydrocharitaceae）. Aquatic Bot. 19：73～96.

· Cook, C. D. K. & K. Urmi-König（1984b）A revision of the genus *Ottelia*（Hydrocharitaceae）. I. The species of Eurasia, Australasia and America. Aquatic Bot. 20：131～177.

· Cook, C. D. K., J.-J. Symoens & K. Urmi-Koig（1984）A revision of the genus *Ottelia*（Hydrocharitaceae）I. Generic considerations. Aquatic Bot. 18：263～274.

・Cook, C. D. K.（1989）A revision of the genus *Monochoria*（Pontederiaceae）. In Tan, Mill & Elias（eds.）, Plant Taxonomy, Phytogeography and related subject. The Davis & Hedge Festschrift. Edinburgh Univ. Press, pp.149〜184.

・Cook, C. D. K.（1990）Aquatic Plant Book. SPB Academic Publishing, The Hague, The Netherlands.

・Cook, C. D. K.（1996）Aquatic and Wetland Plants of India. Oxford University Press, Oxford, New York, Delhi.

・Cook, C. D. K.（2004）Aquatic and Wetland Plants of southern Africa. Backhuys Publishers, Leiden, The Netherlands.

・Cowie, I. D., P. S. Short & M. O. Madsen（2000）Floodplain Flora. ABRS, Canberra/PWCNT, Darwin.

・Crow, G. E & C. B. Hellquist（2000）Aquatioc and Wetland Plants of Northeastern North America Vol. 2. Angiosperms: Monocotyledons. The University of Wisconsin Press.

・DeVol, C. E.（1972a）*Isoetes* found on Taiwan. Taiwania 17（1）：1〜7。

・DeVol, C. E.（1972b）A correction for *Isoetes taiwanensis* DeVol. Taiwania 17（3）：304〜305。

・De Wilde, W. J. J. O. & B. E. E. Duyfjes（2012）The lesser-sized *Lobelias* of Asia and Malesia. Thai For. Bull.（Bot.）40:38〜56.

・Ding, B. Y. & X. F. Jin（2020）Taxonomic notes on genus *Trapa* L.（Trapaceae）in China. Guihaia 40（1）: 1〜15.

・Duistermaat, L.（1987）A revision of *Oryza*（Gramineae）in Malesia and Australasia. Blumea 32：157〜193.

・Editorial Committee of the Flora of Taiwan, Second Edition.（1993〜2003）Flora of Taiwan, 2nd., Vol. 1〜6. Department of Botany, National Taiwan University, Taipei.

・Fischer, E., Schäferhoff B. & Müller K.（2013）The phylogeny of Linderniaceae – The new genus *Linderniella*, and new combinations within *Bonnaya*, *Craterostigma*, *Lindernia*, *Micranthemum*, *Torenia* and *Vandellia*. Willdenowia 43: 209〜238.

・Graham, S. A.（1985）A revision of *Ammannia*（Lythraceae）in the western hemisphere. J. Arnold. Arbor. 66（4）：395〜420.

・Haynes, R. R. & L. B. Holm-Nielsen（1992）The Limnocharitaceae. Flora Neotropica Monograph No. 56. The New York Botanical Garden, New York.

・Haynes, R. B. & L. B. Holm-Nielsen（1994）The Alismataceae. Flora Neotropica Monograph No. 64. The New York Botanical Garden, New York.

・Halder, S., P. Venu & Y. V. Rao（2014）The distinct *Typha angustifolia*（Typhaceae）ignored in Indian floras. Rheeda 24（1）:16〜20.

・Hayasaka, E. & C. Sato（2004）A new species of *Schoenoplectus*（Cyperaceae）from Japan. Journ. Jap. Bot. 79（5）:322〜325.

・Hayasaka, E.（2012）Delineation of *Schoenoplectiella* Lye（Cyperaceae）, a genus newly segregated from *Schoenoplectus*（Rchb.）Palla. Journ. Jap. Bot. 87（3）:169〜186.

・Hsu, C. C.（1973）Some noteworthy plants found in Taiwan. Taiwania 18（1）：62〜72.

・Hsu, T.-C., Z.-H. Chen and Y.-S. Chao（2017）New additions of the Bladderworts（Lentibulariaceae）in Taiwan. Taiwania 62（1）: 99〜104.

・Hsu, T. W., C. I Peng, T. Y. Chiang & C. C. Huang（2010）Three newly naturalized species of the genus *Ludwigia*（Onagraceae）to Taiwan. Taiwan Journal of Biodiversity 12（3）:303〜308.

・Huang, S. F. & T. C. Huang（1993）Notes on the flora of Taiwan（15）-the *Veronica* L.（Scrophulariaceae）. Taiwania 38：5〜18.

・Huang, T. C.（1994）Notes on the Flora of Taiwan：17. *Elatine* L.（Elatinaceae）. Taiwania 39

（1-2）：55～56.

· Huang, J. C., W. K. Wang, K. H. Hong and T. Y. Chiang.（2001）Population differentiation and phylogeography of *Hygrophila pogonocalyx* based on RAPDs fingerprints. Aquatic Bot. 70（4）：269～280.

· Iwatsuki, K., T. Yamazaki, D. E. Boufford & H. Ohba（1993）Flora of Japan Vol. IIIa. Kodansha Ltd., Tokyo.

· Jacobs, S. W. L. & M. A. Brock（1982）A revision of the genus *Ruppia*（Potamogetonaceae）in Australia. Aquatic Bot. 14：325～337.

· Jung, M. J., M. K. Chu, T. C. Hsu, R. C. Kao & S. H. Dai（2012）Four newly naturalized grasses and rushes in Taiwan. Taiwania 57（4）：426～433.

· Jung, M. J.（2013）*Juncus kuohii*（Juncaceae）, a new species from Taiwan. Phytotaxax 81（2）:49-54.

· Kadono, Y.（1987）A preliminary study on the variation of *Trapa* in Japan. Acta Phytotax. Geobot. 38：199～210.

· Koyama, T.（1980）The genus *Bolboschoenus* Palla in Japan. Acta Phytotax. Geobot. 31:139～148.

· Kral, R.（1988）The genus *Xyris* in Venezuela and contiguous northern South America. Ann. Missouri Bot. Gard. 75:522～722.

· Kudo, Y. & S. Sasaki（1931）An ecological survey of the vegetation of the border of Lake Jitsugetsutan. Annual Reports of the Taihoku Botanic Garden 1: 1～50.

· Kuo, S. M., T. Y. A. Yang & J. C. Wang（2005）Revision of *Ranunculus cantoniensis* DC. and allied species（Ranunculaceae）in Taiwan. Taiwania 50（3）：209～221.

· Kuo, J（2020）Taxonomy of the genus *Halophila* Thouars（Hydocharitaceae）: a review. 9（12）: 1732.

· Lai, M. J.（1976）*Caldesia parnassifolia*（Alismataceae）, a neglected monocot in Taiwan. Taiwania 21（2）：276～278.

· Lammers, T. G.（1992）Systematics and biogeography of the Campanulaceae of Taiwan. In C. I. Peng（ed.）, Phytogeography and Botanical Inventory of Taiwan. Institute of Botany, Academia Sicina Monograph Series No. 12, pp. 43～61, Taipei.

· Les, D. H.（1986a）The evolution of achene morphology in *Ceratophyllum*（Ceratophyllaceae）. I. Fruit variation and relationships of *C. demersum, C. submersum,* and *C. apiculatum.* Syst. Bot. 11：549～558.

· Les, D. H.（1986b）Systematics and evolution of the *Ceratophyllum* L.（Ceratophyllaceae）: A monograph. Ph.D. dissertation, The Ohio Stata University, Columbus.

· Les, D. H.（1988a）The evolution of achene morphology in *Ceratophyllum*（Ceratophyllaceae）. II. Fruit variation and systematics of the " spiny-margined" group. Syst. Bot. 13：73～86.

· Les, D. H.（1988b）The evolution of achene morphology in *Ceratophyllum*（Ceratophyllaceae）. III. Relationships of the " facially-spined" group. Syst. Bot. 13：509～518.

· Les, D. H.（1988c）The origin and affinities of the Ceratophyllaceae. Taxon 37（2）：326～345.

· Les, D. H.（1989）The evolution of achene morphology in *Ceratophyllum*（Ceratophyllaceae）. IV. Summary of proposed relationships and evolutionary trends. Syst. Bot. 14：254～262.

· Li, H. L., T. S. Liu, T. C. Huang, T. Koyama & C. E. DeVol（1975～1979）Flora of Taiwan, Vol. 1～6. Epoch Publishing Co., Taipei.

· Li, S. P., H. Y. Chen, C. C. Lin, W. T. Cheng & C. F. Hsieh（2000）*Eriocaulon taishanense* F. Z. Li, a new record for the flora of Taiwan. Taiwania 45（3）：276～279。

· Li, S. P., T. H. Hsieh & C. C. Lin.（2002）The genus *Nymphoides* Séguier （Menyanthaceae）. Taiwania 47（4）：246～258.

· Li, Z. Y. & C. F. Hsieh.（1996）New materials of the genus *Myriophyllum* L.（Haloragaceae）in Taiwan. Taiwania 41（4）：322～328.

· Liang, Y. S. & J. C. Wang（2014）A systematic study of *Bonnaya* section *Bonnaya* （Linderniaceae）. Australian Systematic Botany 27: 180～198.

· Liu, Y. C. & C. M. Kuo（2007）*Phymatosorus longissimus* （Blume） Pic. Serm. （Polypodiaceae）：Rediscovered in Taiwan. Taiwania

· Lowden, R. M.（1982）An approach to the taxonomy of *Vallisneria* （Hydrocharitaceae）. Aquatic Bot. 13：269～289.

· Lowden, R. M.（1986）Taxonomy of the genus *Najas* L.（Najadaceae）in the Neotropics. Aquatic Bot. 24：147～184.

· Lu, F. Y.（1979） Contributions to the dicotyledones plants of Taiwan （5）. Quart. J. Chinese Forest. 12（4）:73～89.

· Lye, K. A.（2003）*Schoenoplectiella* Lye, gen. nov.（Cyperaceae）. Lidia 6（1）：20～29.

· Mantiquilla, J. A., H. Y. Lu, H. C. Shih, L. P. Ju, M. S. Shiao & Y. C. Chiang 2022. Structured populations of critically endangered yellow water lily (*Nuphar shimadai* Hayata, Nymphaeaceae). Plants 11:2433.

· Masuyama, S. & Y. Watano（2010）Cryptic species in the fern *Ceratopteris thalictroides* （L.）Brongn.（Parkeriaceae）. IV. Taxonomic revision. Acta Phytotax. Geobot. 61（2）：n75～86.

· Mok, H. K., J. D. Lee & C. P. Lee（1993）A new record of seagrass, *Halophila decipiens* Ostenfeld in Taiwan. Bot. Bull. Acad. Sin. 34（4）：353～356.

· Nakano, H.（1964）Further studies on *Trapa* from Japan and its adjacent countries. Bot. Mag. Tokyo 77：159～167.

· Nakai, T.（1942）Notula ad Plantas Asia Orientalis （XXI）. J. Jap. Bot. 18（8）:421～437.

· Nakano, H.（1913）Beitäg zur kenntnis der variationen von *Trapa* in Japan. Bot. Jahrb. 50:440-458.

· Nakano, H.（1964） Further studies on *Trapa* from Japan and adjacent countries. Bot. Mag. Tokyo 77:159～167.

· Noltie, H. J.（1998）New species of *Juncus* （Juncaceae） from the Sino-Himalay. Edinb. J. Bot. 55（1）：39～44.

· Ohashia, H & K. Ohashi（2018） Grona, a genus separated from *Desmodium* （Leguminosae Tribe Desmodieae）. J. Jap. Bot. 93（2）：104～120.

· Oginuma, K., A.Takano & Y. Kadono（1996） Karyomorphology of some species of Trapaceae in Japan. Acta Phytotax. Geobot. 47（1）：47～52.

· Orgaard, M.（1991）The genus *Cabomba* （Cabombaceae）：a taxonomic study. Nordic J. Bot. 11（2）：179～203.

· Padgett, D. J.（1997）A biosystematic monograph of the genus *Nuphar*. Ph. D. dissertation. University of New Hampshire. Durham, NH.

· Padgett, D. J.（2003）Phenetic studies in *Nuphar* Sm.（Nymphaeaceae）：variation in sect. Nuphar. Plant Syst. Evol. 239：187～197.

· Padgett, D. J.（2007）A monograph of *Nuphar*（Nymphaeaceae）. Rhodra 109（937）: 1-95.

· Park, C. W.（1988）Taxonomy of Polygonum Section *Echinocaulon*. Mem. New York Bot. Garden 47：1～82.

· Peng, C. I.（1983）Triplodidy in *Ludwigia* in Taiwan, and the discovery of *Ludwigia adscendens*（Onagraceae）. Bot. Bull. Acad. Sin. 24：129～134.

· Peng, C. I.（1987）*Murdannia spirata*（L.）Bruckner（Commelinaceae）, a neglected species in the flora of Taiwan. Journ. Taiwan Museum 40（1）：51～56.

· Peng, C. I.（1990）*Ludwigia × taiwanensis*（Onagraceae）, a new species from Taiwan, and its origin. Bot. Bull. Acad. Sin. 31：343～349.

· Peng, C. I., C. H. Chen, W. P. Leu & H. F. Yen.（1998）*Pluchea* Cass.（Asteraceae：Inuleae）in Taiwan. Bot. Bull. Acad. Sin. 39：287～297.

· Philcox, D.（1970）A taxonomic revision of the genus *Limnophila*. Kew Bull. 24：101～170.

· Sainty, G. R. & S. W. L. Jacobs（2003）Waterplants in Australia, 4th Edition. Sainty and Associates Pty Ltd., Australia.

· Sculthorpe, C. D.（1967）The Biology of Aquatic Vascular Plants. Edward Arnold Publishers Ltd., London.

· Simpson, D. A. & C. A. Inglis（2001）Cyperaceae of economic, ethnobotanical and horticultural importance: a checklist. Kew Bull. 56：257～360.

· Sivarajan, V. V., S. M. Chaw & K. T. Joseph.（1989）Seed coat micromorphology of Indian species of Nymphoides（*Menyanthaceae*）. Bot. Bull. Acad. Sin. 30：275～283.

· Sivarajan, V. V. & K.T. Joseph.（1993）The genus *Nymphoides* Séguier（Menyanthaceae）in India. Aquatic Bot.45：145～170.

· Slocum, P. D.（2005）Waterlilies and Lotuses. Timber Press, Porland, Cambridge.

· Snogerup, S., P. F. Zika & J. Kirschner（2002）Taxonomic and nomenclatural notes on *Juncus*. Preslia. Praha. 74：247～266.

· Stephens, K. M. & R. M. Dowling（2002）Wetland Plants of Queensland. CSIRO Publishing, Australia.

· Taylor, P.（1989）The genus *Utricularia*-a taxonomic monograph. Kew Bull. Add. Ser. 14：1～724.

· Tomlinson, P. B. & U. Posluzny（2001）Generic limits in the seagrass family Zosteraceae. Taxon 50: 429～437.

· Triest, L. & P. Uotila（1986）*Najas orientalis*, a rice field weed in the Far East and introduced in Turky. Ann. Bot. Fennici 23：169～171.

· Triest, L.（1988）. A revision of the genus *Najas* L.（Najadaceae）in the Old World. Academie Royale des Sciences d'Outre-Mer, Class des Sciences Naturelles et Médicales（Bruxelles）. Mèmories in 8°, nouvelle serie, 22（1）：1～178.

· Triest, L.（1988）A revision of the genus *Najas* L.（Najadaceae）in the Old World. Brussells: Academie Royale des Sciences d'Outre-Mer. Classe des Sciences naturelles et medicales, 22, 1～172.

· Uotila, P., T. Raus, G. Tomovic & M. Niketic（2010）*Typha domingensis*（Typhaceae）new to Serbia. Botanica Serbica 34（2）：111～114.

· van Bruggen, H. W. E.（1968a）Revision of the genus *Aponogeton*：I. The species of Madagascar. Blumea 16（1）：243～263.

· van Bruggen, H. W. E.（1968b）Revision of the genus *Aponogeton*：II. A new species of

Aponogeton from India. Blumea 16（1）：265.

· van Bruggen, H. W. E.（1969）Revision of the genus *Aponogeton*：III. The species of Australia. Blumea 17（1）：121〜137.

· van Bruggen, H. W. E.（1970a）Revision of the genus *Aponogeton*：IV. The species of Asia and Malesia. Blumea 18（2）：457〜486.

· van Bruggen, H. W. E.（1970b）V. New data on *Aponogeton tenuiapicatus*. Blumea 18（2）：487.

· van Bruggen, H. W. E.（1985）Monograph of the genus *Aponogeton*. Bibl. Bot. 137：1〜76.

· Wiersema, J. H.（1987）A monograph of Nymphaea subgenus *Hydrocallis*. Syst. Bot. Monog. 16：1〜112.

· Wiegleb, G. and Z. Kaplan. 1998. An account of the species of *Potamogeton* L. （Potamogetonaceae）. Folia Geobotanica 33:241〜316.

· Wilmot-Dear, M.（1985）*Ceratophyllum* revised, a study in leaf and fruit variation. Kew Bull. 40 （2）：243〜271.

· Wilson, K. L. & L. A. S. Johnson（1997）The genus *Juncus* （Juncaceae） in Malesia and allied septate-leaved species in adjoining regions. Telopea 92（2）:357〜397.

· Yamazaki, T.（1974）*Ammannia auriculata* var. *arenaria* found in Kyushu and Taiwan. Journ. Jap. Bot. 49（7）：32

· Yamazaki, T.（1981）Revision of the Indo-Chinese species of *Lindernia*. J. Fac. Sci. Univ. Tokyo Bot. 13：1〜64.

· Yamazaki, T.（1985）A revision of the genera *Limnophila* and *Torenia* from Indochina. J. Fac. Sci. Univ. Tokyo, Bot., 13（5）：575〜625.

· Yang, T. Y. A. & S. P. Li.（1998）The genus *Gallium* L. （Rubiaceae） in Taiwan. Bull. Nat. Mus. Nat. Sci. 11：101〜117.

· Yang, Y. P.（1974）New records of *Najas* in Taiwan. Taiwania 19（1）：106〜108.

· Yang, Y. P.（1987）A synopsis to the aquatic angiospermous plants of Taiwan. Bot. Bull. Acad. Sin. 28：191〜209.

· Yang, Y. P., S. H.Yen & S. Huang（1987）New additions of aquatic plants in Taiwan：*Potamogeton maackianus* （Potamogetonaceae） and *Utricularia minor* （Lentibulariaceae）. Bot. Bull. Acad. Sin. 28; 49〜53.

· Yang, Y. P., S. C. Fong & H. Y. Liu（2002）Taxonomy and distribution of seagrasses in Taiwan. Taiwania 47（1）：54〜61.

· Yen, S. H. & Y. P. Yang（1994）*Deinostema* （Scrophulariaceae） in Taiwan. Bot. Bull. Acad. Sin. 35：61〜63.

· Yen, S. H. & Y. P. Yang（1997）Notes on *Limnophila* （Scrophulariaceae） of Taiwan. Bot. Bull. Acad. Sin. 38：285〜295.

· Yonekura, K. & H. Ohashi（1997a）New combinations of east Asian species of *Polygonum* s. l. J. Jpn. Bot. 72：154〜161.

· Yonekura, K. & H. Ohashi（1997b）Correct author names for combinations in east Asian species of *Polygonum* s. l. （Polygonaceae）. J. Jpn. Bot. 72：301〜308.

· Yonekura, K.（2012）Notes on Polygonaceae in Japan and its adjacent regions （II）. Journ. Jap. Bot. 87（3）:151〜168.

· Zhang, Z.（1999）Monographie der Gattung *Eriocaulon* in Ostasien. Diss. Bot. Band 313.

難字讀音

蕁 ㄔㄨㄣˊ	鱧 ㄌㄧˇ	蕼 ㄏㄢˇ	蓼 ㄌㄧㄠˇ	戟 ㄐㄧˇ	芮 ㄖㄨㄟˋ
蕺 ㄐㄧˊ	虻 ㄇㄥˊ	繖 ㄙㄢˇ	蕹 ㄩㄥ	蘘 ㄖㄤˊ	莞 ㄍㄨㄢ
莎 ㄙㄨㄛ	藺 ㄌㄧㄣˋ	蒿 ㄏㄠ	蒭 ㄔㄨˊ	箬 ㄖㄨㄛˋ	稃 ㄈㄨ
菰 ㄍㄨ	簀 ㄗㄜˊ	薺 ㄐㄧˋ 菜	荸薺 ㄅㄛˊ ㄑㄧˊ